工程应用型高分子材料与工程专业系列教材
高等学校“十二五”规划教材

功能高分子材料

陈卫星　田威　等编

雷亚萍　主审

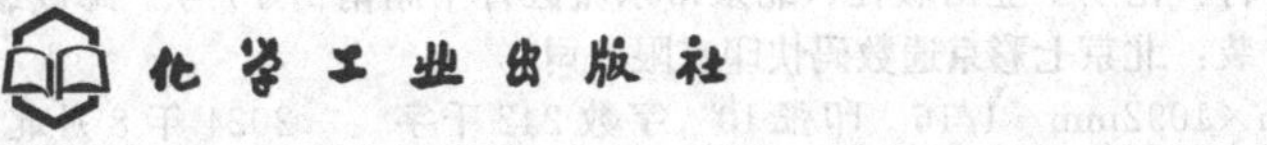

·北京·

与通用高分子材料相比，功能高分子材料表现出与众不同的性质，比如，功能高分子材料具有吸水性、液晶性、生物相容性及光电转化等特性，而通用高分子材料大多数是惰性的并且是电绝缘体。正是功能高分子材料这些独特的功能引起人们的广泛重视，成为当前材料科学界研究的热点之一。

本教材所涵盖的是一些新型功能高分子材料，包括膜分离材料、导电高分子材料、有机光伏材料、医用高分子材料、药物载体材料等，通过学习可以让学生了解到当前功能高分子材料发展的最新概况，特别是将高分子材料用作新能源材料——有机光伏器件活性层材料。

本教材内容能够满足应用型高分子材料与工程专业及相关本科专业作为教材的需求，也可以作为其他相关专业本科、专科学生的参考用书。

图书在版编目（CIP）数据

功能高分子材料/陈卫星，田威等编．—北京：化学工业出版社，2013.12（2024.8重印）
高等学校“十二五”规划教材．工程应用型高分子材料与工程专业系列教材
ISBN 978-7-122-18691-1

Ⅰ.①功…　Ⅱ.①陈…②田…　Ⅲ.①功能材料-高分子材料-高等学校-教材　Ⅳ.①TB324

中国版本图书馆CIP数据核字（2013）第243760号

责任编辑：杨　菁　　文字编辑：徐雪华
责任校对：蒋　宇　　装帧设计：尹琳琳

出版发行：化学工业出版社（北京市东城区青年湖南街13号　邮政编码100011）
印　　装：北京七彩京通数码快印有限公司
787mm×1092mm　1/16　印张10　字数242千字　2024年8月北京第1版第9次印刷

购书咨询：010-64518888　　售后服务：010-64518899
网　　址：http：//www.cip.com.cn
凡购买本书，如有缺损质量问题，本社销售中心负责调换。

定　　价：36.00元

前言

《功能高分子材料》一书是由教育部高分子材料与工程教学指导委员会组织，为普通高等学校工程应用型高分子材料与工程专业学生编写的一部教材。

功能高分子材料是高分子科学与工程领域中的重要研究方向。与通用高分子材料相比，功能高分子材料表现出与众不同的性质，比如，通用高分子材料大多数是惰性的并且是电绝缘体，而功能高分子材料却具有吸水性、液晶性、生物相容性及光电转化等特性。正是功能高分子材料这些独特的功能引起人们的广泛重视，成为当前材料科学界研究的热点之一。

加快功能高分子材料的研究与应用是当前世界化学工业发展的重要趋势，特别是化学工业比较发达的国家更是先行一步，在这方面投入了大量人力物力，并取得了很大进展。我国在这方面虽然起步较晚，但随着化学工业产业结构的调整，加快功能高分子材料的研究与生产，满足各种高技术产业的需要，已经成为我国高分子行业发展的必然趋势。当前随着对功能高分子材料研究的不断深入，其种类日益繁多，让学生了解一些新型的功能高分子材料以扩大学生的专业视野，就显得很迫切。高分子材料与工程专业以前使用的教材，部分内容已不能适应当前的教学要求。相对来说，本教材所涵盖的是一些新型功能高分子材料，包括导电高分子材料、医用高分子材料、有机光伏材料等，通过学习可以让学生了解到当前功能高分子材料发展的最新概况，特别是高分子材料作为新能源材料——有机光伏材料。其内容能够满足工程应用型高分子材料与工程专业及相关本科专业作为教材的需求，也可以作为其他相关专业本、专科学生的参考用书。

本教材中第 1、2、3 章由陈卫星编写，第 4 章由颜海燕、张东华编写，第 5 章由王奇观、陈卫星编写，第 6 章由马爱洁编写，第 7 章由田威结合自己研究成果所著，全书由陈卫星统稿，由雷亚萍教授进行审核。

真挚的感谢参考文献的作者，为引用您的成果使本书得以增辉而深感荣幸。为来源于互联网上的文献成就但却不知道作者而深感抱歉，在此一并表示感谢。

由于时间仓促，编者水平有限，不足之处在所难免，恳请各位专家同行批评指正！

编者

2013 年 8 月 5 日于西安

目录

第1章 绪 论

高分子材料从20世纪40～50年代开始发展以来，至今已在国民经济和国防建设的各个领域获得了广泛的应用，成为不可缺少的材料。它已经与金属材料、陶瓷材料和复合材料构成了材料中的四大支柱材料。

从工程应用观点出发，可将高分子材料分为结构高分子材料和功能高分子材料。结构高分子材料最基本的特性是具有高的刚度、强度和韧性，其构件能承受高的载荷而不变形或断裂，因此可代替金属作为结构材料，如我们所熟知的工程塑料和纤维增强树脂基复合材料(即纤维增强塑料)。

功能高分子材料一般指具有传递、转换或贮存物质、能量和信息作用的高分子及其复合材料，或具体地指在原有力学性能的基础上，还具有化学反应活性、光敏性、导电性、催化性、生物相容性、药理性、选择分离性、能量转换性、磁性等功能的高分子及其复合材料。功能高分子材料是20世纪60年代发展起来的新兴领域，是高分子材料渗透到电子、生物、能源等领域后开发涌现出的新材料。近年来，功能高分子材料的年增长率一般都在10%以上，其中高分子分离膜和生物医用高分子的增长率高达50%。

1.1 功能高分子材料的分类

1.1.1 功能高分子材料的分类

1.1.1.1 按照功能特性分类

当向材料输入的能量和信息与从材料输出的能量和信息属于同一形式时，即材料仅起能量和信息传递作用时，材料的这种功能称为一次功能。日本著名功能高分子专家中村茂夫教授认为，功能高分子按照功能特性可分为以下四类。

(1) 力学功能材料

① 强化功能材料，如超高强材料、高结晶材料等；

② 弹性功能材料，如热塑性弹性体等。

(2) 化学功能材料

① 分离功能材料，如分离膜、离子交换树脂、高分子络合物等；

② 反应功能材料，如高分子催化剂、高分子试剂；

③ 生物功能材料，如固定化酶、生物反应器等。

(3) 物理化学功能材料

① 耐高温高分子，高分子液晶等；

② 电学功能材料，如导电性高分子、超导高分子、感电子性高分子等；

③ 光学功能材料，如感光高分子、导光性高分子、光敏性高分子等；

④ 能量转换功能材料，如压电性高分子、热电性高分子等。

(4) 生物化学功能材料

① 人工脏器用材料，如人工肾、人工心肺等；

② 高分子药物，如药物活性高分子、缓释性高分子药物、高分子农药等；

③ 生物分解材料，如可降解性高分子材料等。

按照此分类方法，可以将功能高分子的特性、种类及应用归纳如表 1-1 所列。

表 1-1 功能高分子材料的分类

功能特性		种类	应用
化学	反应性	高分子试剂、可降解高分子	高分子反应、环保塑料制品
	吸附和分离	离子交换树脂螯合树脂、絮凝剂	水净化、分离混合物
		高吸水树脂	保水和吸水用品
光	光传导	塑料光纤	通讯、显示、医疗器械
	透光	接触眼镜片、阳光选择膜	医疗、农用膜
	偏光	液晶高分子	显示、记录
	光化学反应	光刻胶、感光树脂	电极、电池材料
	光色	光致变色高分子、发光高分子	防静电、屏蔽材料、接点材料
电	导电	高分子半导体、高分子导体、高分子超导体、导电塑料、透明导电薄膜、高分子聚电解质	透明电极、固体电解质材料
	光电	光电导高分子、电致变色高分子	电子照相、光电池
	介电	高分子驻极体	释电
	热电	热电高分子	显示、测量
磁	导磁	塑料磁石、磁性橡胶、光磁材料	显示、记录、储存、中子吸收
热	热变形	热收缩塑料、形状记忆高分子	医疗、玩具
	绝热	耐烧蚀塑料	火箭、宇宙飞船
	热光	热释光塑料	测量
声	吸音	吸音防震材料	建筑
	声电	声电换能材料、超声波发振材料	音响设备
机械	传质	分离膜、高分子减阻剂	化工、输油
	力电	压电高分子、压敏导电橡胶	开关材料、机器人触感材料
生物	身体适应性	医用高分子	外科材料、人工脏器
	药性	高分子药物	医疗卫生
	仿生	仿生高分子、智能高分子	生物医学工程

必须指出，许多高分子材料同时兼有多种功能，如纳米塑料、液晶高分子；不同功能之间也可以相互转换和交叉，如光电效应实质上是一种可逆效应，具有光电效应的材料可以说具有光功能，也可以说具有电功能。因此，以上划分也不是绝对的。

1.1.1.2 按其性质、功能或实际用途分类

此分类方法是国内普遍采用的方法，具体可划分为八种类型。

(1) 反应性高分子材料　包括高分子试剂、高分子催化剂和高分子染料，特别是高分子固相合成试剂和固定化酶试剂等。

(2) 光敏型高分子　包括各种光稳定剂、光刻胶、感光材料、非线性光学材料、光导材料和光致变色材料等。

(3) 电性能高分子材料　包括导电聚合物、能量转换型聚合物、电致发光和电致变色材料以及其他电敏感性材料等。

(4) 高分子分离材料　包括各种分离膜、缓释膜和其他半透性膜材料、离子交换树脂、高分子螯合剂、高分子絮凝剂等。

(5) 高分子吸附材料　包括高分子吸附性树脂、高吸水性高分子、高吸油性高分子等。

(6) 高分子智能材料　包括高分子记忆材料、信息存储材料和光、磁、pH、压力感应材料等。

(7) 医药用高分子材料　包括医用高分子材料、药用高分子材料和医药用辅助材料等。

(8) 高性能工程材料　如高分子液晶材料、耐高温高分子材料、高强高模量高分子材料、阻燃性高分子材料和功能纤维材料、生物降解高分子等。

1.1.1.3 按照输入和输出的能量形式分类

当向材料输入的能量和材料输出的能量形式不同时，材料起能量转换作用，这种功能称为二次功能。有人只把具有二次功能的材料称为功能材料。二次功能按能量交换形式又可分为：

(1) 机械能与其他形式能量的交换　如压电效应、反压电效应、磁致伸缩效应、反磁致伸缩效应、摩擦发热效应、热弹性效应、形状记忆效应、摩擦发光效应、机械化学效应、声光效应、光弹性效应等。

(2) 电能和其他能量的转换　如电磁效应、电阻发热效应、热电效应、光电效应、电化学效应等。

(3) 磁能和其他形式能量的转换　如热磁效应、磁冷冻效应、光磁效应等。

(4) 热能和其他形式能量的转换　如激光加热、热刺激发光、热化学反应等。

(5) 光能和其他形式能量的转换　如光化学反应、光致抗蚀、光合成反应、光分解反应、化学发光、光电效应等。

在功能高分子材料中，可分为结构型和复合型两大类。结构型功能高分子材料是指室温下处于玻璃态和结晶态的功能聚合物。而复合型功能高分子材料，是由没有功能性的聚合物作为基体，与功能材料进行复合而制得的一种新型材料。

功能高分子材料是一门应用性很强的综合性学科。其主要任务是：根据社会发展的需求，融合和应用高分子科学和相关科学的理论和知识，开展如下的研究：

一是分子设计和合成相应的聚合物；聚合物的结构与性能、功能之间的关系；聚合物的加工工艺和应用等。

二是复合型功能塑料的组分设计和优化；复合工艺和加工工艺，塑料的组织、加工工艺与性能、功能之间的关系、应用等。

1.1.2 高分子材料的功能设计和制造方法

所谓功能设计，就是赋予高分子材料特定功能的科学方法。概括起来有以下三种方法：

1.1.2.1 通过分子设计合成功能高分子

对高分子而言，分子设计包括其近程结构（一次结构）和远程结构（二次结构）设计。近程结构是决定高分子功能的基本因素，因此功能高分子的设计首要的是其近程结构的设计。这里讨论的分子设计，实际上是指近程结构设计。

在功能高分子的设计中，较为简单和成熟的是官能基的设计。例如在高分子链上引入感光基团，可得到感光树脂；引入离子基团可得到离子交换树脂；引入光解基团可得到光降解树脂等。

但是有些重要的功能高分子，其功能性取决于特殊的近程结构，典型的例子是电功能聚合物，其分子链设计成共轭结构，这是因为共轭结构的π电子有较高的离域程度，既表现出足够的电子亲和力，又表现出较低的电子离解能。当它与电子受体或电子给予体掺杂时，高分子链可被氧化（失去电子）或被还原（得到电子），从而获得导电功能。因此，导电高分子的结构特征是高分子链的共轭结构和与链非键合的一价对阴离子（p-型掺杂）或对阳离子

(n-型掺杂)组成的，其分子结构的可设计性必然呈现多样化，包括共轭结构高分子的多样化和掺杂的多样化。

共轭结构高分子(典型的是聚苯乙炔)不仅具有导电性，而且还有电致发光，甚至有受激激光的功能(这种受激激光现象被称为塑料激光)。从本质上看，共轭结构聚合物的导电、发光和激光功能都是由共轭结构中的π电子状态决定的。对共轭结构聚合物的结构与其功能性之间关系认识的不断深入，极大地推动了多功能聚合物的设计和合成。

分子设计完成后，应选择适当的合成方法。功能高分子的合成主要通过两种途径：一是含有功能基的单体或选择适当的单体经过加聚或缩聚等反应制取；二是利用现有的合成或天然高分子，通过高分子化学反应引入预期的功能基。

用加聚或缩聚等反应合成功能高分子的优点是，可依据不同的高分子结构，选择相应的单体，因此分子可设计性宽。另一优点是，如果合成时采用的是含功能基的单体，则所得的高分子功能基含量高(每一个链节都含有功能基)，功能基在高分子链上的分布均匀。但一般说来功能基单体合成较为困难，功能基和可聚合的基团(如乙烯基)都有反应活性，在合成过程要注意保护，因此这些单体比较贵。

由于许多功能聚合物分子链刚性很大，难于熔融或溶解，因此在制备这些聚合物时，常采用控制聚合或缩合反应的方法，先合成可溶性前驱体聚合物或预聚体，然后将其加工成制品，再通过热处理等方法进一步转化为预期的聚合物。

利用高分子化学反应制取功能高分子，主要优点是合成或天然高分子骨架是现成的，可选择的高分子母体品种多，来源广，价格低廉。例如聚苯乙烯、聚乙烯醇、聚丙烯酸及其衍生物、尼龙、淀粉、纤维素、甲壳素等合成和天然高分子，均可作为高分子母体。但是在进行高分子化学反应时，反应不可能100%地完成，尤其在多步的高分子化学反应中，制得的产物中可能含有未反应的官能基，即功能基较少；功能基在分子链上的分布也不均匀。尽管如此，许多功能高分子材料还是利用各种高分子母体进行高分子化学反应来制备的。

1.1.2.2 通过特殊加工赋予高分子的功能特性

许多聚合物通过特定的加工方法和加工工艺，可以较精确地控制其聚集状态结构，从而实现某些功能性。例如，将高透明性的丙烯酸酯聚合物，经熔融拉丝使其分子链高度取向，可得到塑料光导纤维。又如，许多通用塑料(如聚乙烯、聚丙烯等)和工程塑料(如聚碳酸酯、聚砜等)通过适当的制膜工艺，可以精确地控制其薄膜的孔径，制成具有分离功能的多孔膜和致密膜。正是这些塑料分离膜的出现，才奠定了现代膜分离技术的发展。

1.1.2.3 通过普通聚合物与功能材料的复合，制成复合型功能高分子材料

这是目前制造功能高分子材料广泛采用的方法。这种方法具有工艺简单，材料来源丰富，价格低廉的优点。例如，将绝缘塑料(如聚烃、环氧树脂等)与导电填料(如炭黑、金属粉末)共混可制得导电塑料；与磁性填料(如铁氧体或稀土类磁粉)共混可制得磁性塑料。

这种材料具有复杂的结构。但基本上由三种不同结构的相态组成，即：由聚合物基体组成的连续相，由填料组成的分散相以及由聚合物和填料之间构成的界面相。这三种相的结构与性能，它们的配置方式和相互作用以及相对含量决定了塑料的性能。因此，为了获得某种功能或性能，必须对材料的组分和复合工艺进行科学的设计和控制，从而获得与该功能和性能相匹配的材料结构。例如，在导电塑料中，导电填料粉末必须均匀分散于聚合物连续相

中，且其体积含量必须超过某一定值，以致在整个材料中形成网络结构，即导电通路时，材料才具有最大的导电性。

以上讨论的功能材料的设计和制造方法均属传统的方法。随着功能高分子材料向高功能化发展，人们总是希望能够更准确地设计功能高分子材料，并予以精确地制备。近年来，在材料制备中发展起来的分子自组装技术可以实现上述理想。

1.1.3 高分子纳米材料和分子自组装

纳米材料（其尺寸为1～100nm）是介于宏观物体与微观分子之间的介观系统，它所具有的体积效应、表面效应、量子尺寸效应和宏观量子隧道效应使它在力学、电学、磁学、热学和化学活性等方面具有奇特的性能和功能。因此纳米材料最有可能成为高性能和高功能的材料。

纳米高分子材料的研制始于20世纪80年代末，90年代已有很大的发展，研制的纳米高分子材料大多是以无机纳米粒子和聚合物复合而成。传统的制造方法有原位聚合法、原位生成法和溶胶-凝胶法。采用这些方法制得了磁功能和电功能的纳米高分子材料，不过这些纳米高分子材料大多是微球和薄膜。

对纳米高分子而言，意义重大的是制备高功能（电、磁、光）纳米高分子。现已制得了聚乙炔、聚吡啶、聚噻吩和聚苯胺等纳米粒子，正在向纳米管（nanotubes）方向发展。纳米管可作为分子导线，这对微电子技术的发展至关重要。1991年制成的碳纳米管就是世界上最细的分子导线，其直径仅1.5nm。目前，仅制备出聚乙炔、聚噻吩和聚苯胺等微管，如何制备纳米管仍是难题。

纳米材料的发展依赖于分子设计和制造手段。传统的制造方法难以精确调控纳米材料的结构和形态。1988年美国科学家Cram和法国科学家Lehn在诺贝尔颁奖会上发表的演说中，提出了用分子识别引导分子自组装来合成材料的新路。从此，分子自组装技术在合成纳米材料和其他新材料中很快发展起来。合成了许多纳米级的金属、陶瓷、聚合物和复合材料。

所谓分子自组装，是指在平衡条件下分子间通过非共价的相互作用（即氢键、静电力和配位键）自发缔合形成稳定结构的超分子聚集体的过程。若在分子聚集体中进一步引发成键，则可得到具有高度精确的多级结构的材料。如果将这种精确操作用于高分子材料的合成，则可以准确地实现高分子的设计。

实际上，分子自组装普遍存在于生物体系之中，是形成复杂的生物结构的基础。因此，分子自组装还可以模拟生物体的多级结构，从而有可能获得新功能的高分子材料。

近十年来，用分子自组装技术合成了许多纳米塑料和新的功能高分子材料，其中，能规模生产的、廉价的纳米插层材料是最具典型的例子之一。

纳米插层材料的制备过程为，将单体（客体）插入到具有层状结构的硅酸盐黏土（如蒙脱土）主体中，活性中心在后者层间的纳米反应器中进行定量原位聚合，实现纳米相的分散和分子链自组装排列，从而形成二维有序的纳米复合材料。此外，在某些情况下，聚合物分子链也可使黏土层剥离，其层片在聚合物基体中无序分散，形成纳米塑料。显然，相比之下，单体插层原位聚合更能实现自分自组装。

目前，已制备了许多以热塑性树脂和热固性树脂为客体，蒙脱土为主体的纳米插层材料。它们综合了无机、有机和纳米化带来的特性，具有许多优良的性能和功能。其中以最早合成的具有代表性的聚酰胺/蒙脱土纳米塑料。在蒙脱土层间的聚酰胺分子链整齐地线性排列，其分子链一端的氮鎓离子与蒙脱土片层表面上的负电荷形成了离子键，增强了界面键合。这种纳米塑料（其中黏土质量含量仅为5%）与纯聚酰胺塑料相比，具有更高的耐热性和力学性能以及对气体的抗渗透性，可作为结构材料和阻隔材料。另一方面，如果将相关的单体在层状氧化物、黏土等中进行原位氧化聚合，则可制得具有光、电、磁功能的纳米塑料。由于可供选择的自组装主、客体很多，以及许多纳米尺寸效应尚未被发现，因此纳米插层材料的许多功能尚待挖掘和开发。

分子自组装在合成高分子方面的进展是设计和合成液晶高分子。传统观念认为，液晶高分子主要有两类，即介晶基元位于直链的主链型液晶高分子和介晶基元位于侧链的侧链型液晶高分子。但是，随着人们对液晶现象的深入研究，发现了糖类分子和某些不含介晶基元的柔性聚合物也可以形成液晶，其液晶性是由于体系在熔融状态时存在着分子间氢键作用而形成的有序分子聚集体所致。这种由分子间氢键作用形成的液晶相高分子可称为第三类液晶高分子。其实，分子间相互作用不仅限于氢键，还有静电力等。靠分子间非共价相互作用而使分子自组装形成液晶高分子，是近年来液晶高分子设计和合成的重要手段。这类新型液晶高分子具有高度的有序性和热稳定性。

目前，分子自组装技术及其应用正处于蓬勃发展阶段，今后将会有更多的新型纳米材料和新型高分子材料被研究出来。

1.2 功能高分子材料的发展与展望

1.2.1 功能高分子发展的背景

1.2.1.1 经济发展的需要

自从1920年施道丁格（H. Staudinger）建立大分子概念以来，高分子材料以惊人的速度得到发展。至20世纪60年代，高分子材料工业化已基本完善，解决了人们的衣着、日用品和工业材料等需求。通用高分子和工程用高分子的世界总产量已超过几千万吨/年，特种高分子则为几十万吨/年。

1973年和1978年两次世界性的石油大危机，使原油价格猛涨。以石油为主要原料的高分子材料成本呈直线上升，商品市场陷入极为困难的处境。在这样的经济背景下，迫使人们试图用同样的原材料，去制备价值更高的产品。功能高分子在这种外部条件促使下迅速地发展了起来。

从表1-2的数据可以看出，发展功能高分子材料可以获得较高的经济效益。

表1-2 各种高分子材料的产量和价格比[①]

品种	主要产品举例	产量/(万吨/年)	价格比
通用高分子材料	LDPE,HDPE,PVC,PP,PS	>1000	1
中间高分子材料	ABS,PMMA	100～1000	1～2
工程高分子材料	PA,PC,POM,PBT,PPO	20～80	2～4
特种高分子材料	有机氟材料,耐热性高分子,各种功能高分子	1～20	10～100

①价格比以通用高分子为1计。

1.2.1.2 科学技术发展的需求

20世纪80～90年代，科学技术有了迅速发展。能源、信息、电子和生命科学等领域的发展，对高分子材料提出了新的要求。即要求高分子材料具有迄今还不曾有过的高性能和高功能，甚至要求既具有高功能亦具有高性能的高分子材料。

新能源的要求。太阳能和氢将成为今后的主要能源。光电转换材料就成为太阳能利用的关键。硅材料已进入了实用阶段。然而，按现在的能量转换效率，对单晶硅的需要量实在太大。以日本为例，若利用太阳能达到当前日本电力的1%，就需100μm的单晶硅至少2.7万吨。这相当于日本目前单晶硅总产量的90倍。为此，人们把注意力转向可高效转换太阳能的功能高分子材料。如换能型高分子分离膜的利用。

交通和宇航技术的要求。既高速又节约能源是交通运输和宇航事业迫切需要解决的课题。采用功能高分子材料，在一定程度上解决了该难题。就目前的成就来看，波音757，767飞机采用Kavlar增强材料（一种由高分子液晶纺丝而成的高强纤维增强的材料），可省油50%。汽车工业采用高分子材料而实现轻型化，从而达到省油和高速的目的。

微电子技术的要求。高度集成化是微电子工业发展的趋势。存储容量将从目前的16K发展到256K。此时相应的电路细度仅为1.5μm。因此，高功能的光致抗蚀材料（感光高分子）已成为微电子工业的关键材料之一。

生命科学的要求。人类对生命奥秘的探索，对建立一个洁净、安全的世界的渴望，对征服癌症等疾病的努力，均对高分子材料提出了功能的要求。例如，生物分离介质的研制成功，使生命组成的各种组分能得以精细地分级，对生命科学的贡献将是十分重大的。可降解性高分子材料的问世，将大大减缓白色公害对人类的危害。

总之，功能高分子材料在国民经济建设和日常生活中将发挥越来越重要的作用，发展前景不可估量。当然，目前的成就尚处于十分初级的阶段，有待于进一步研究和探索。

1.2.2 功能高分子的发展历程与展望

虽然功能高分子材料的发展可以追溯到很久以前，如光敏高分子材料和离子交换树脂都有很长的历史。但是作为一门独立的完整的学科，功能高分子是从20世纪80年代中后期开始发展的。

最早的功能高分子可追溯到1935年离子交换树脂的发明。20世纪50年代，美国人开发了感光高分子用于印刷工业，后来又发展到电子工业和微电子工业。1957年发现了聚乙烯基咔唑的光电导性，打破了多年来认为高分子材料只能是绝缘体的观念。

1966年Little提出了超导高分子模型，预计了高分子材料超导和高温超导的可能性，随后在1975年发现了聚氮化硫的超导性。

1993年，俄罗斯科学家报道了在经过长期氧化的聚丙烯体系中发现了室温超导体，这是迄今为止唯一报道的超导性有机高分子。

20世纪80年代，高分子传感器、人工脏器、高分子分离膜等技术得到快速发展。

1991年发现了尼龙11的铁电性，1994年塑料柔性太阳能电池在美国阿尔贡实验室研制成功，1997年发现聚乙炔经过掺杂具有金属导电性，导致了聚苯胺、聚吡咯等一系列导电高分子的问世。这一切都反映了功能高分子日新月异的发展。

其中从20世纪50年代发展起来的光敏高分子化学，在光聚合、光交联、光降解、荧光以及光导机理的研究方面都取得了重大突破，特别在过去几十年中有了飞快发展，并在工业上得到广泛应用。比如光敏涂料、光致抗蚀剂、光稳定剂、光可降解材料、光刻胶、感光性树脂，以及光致发光和光致变色高分子材料都已经工业化。近年来高分子非线性光学材料也取得了突破性的进展。

反应型高分子是在有机合成和生物化学领域的重要成果，已经开发出众多新型高分子试剂和高分子催化剂应用到科研和生产过程中，在提高合成反应的选择性、简化工艺过程以及化工过程的绿色化方面做出了贡献。更重要的是由此发展而来的固相合成方法和固定化酶技术开创了有机合成机械化、自动化、有机反应定向化的新时代，在分子生物学研究方面起到了关键性作用。

电活性高分子材料的发展导致了导电聚合物、聚合物电解质、聚合物电极的出现。此外超导、电致发光、电致变色聚合物也是近年来的重要研究成果，其中以电致发光材料制作的彩色显示器已经被日本和美国公司研制成功，有望成为新一代显示器件。此外众多化学传感器和分子电子器件的发明也得益于电活性聚合物和修饰电极技术的发展。

高分子分离膜材料与分离技术的发展在复杂体系的分离技术方面独辟蹊径，开辟了气体分离、苦咸水脱盐、液体消毒等快速、简便、低耗的新型分离替代技术，也为电化学工业和医药工业提供了新型选择性透过和缓释材料。目前高分子分离膜在海水淡化方面成为主角，已经拥有制备18万吨/日纯水设备的能力。

医药用功能高分子是目前发展非常迅速的一个领域，高分子药物、高分子人工组织器官、高分子医用材料在定向给药、器官替代、整形外科和拓展治疗范围方面做出了相当大的贡献。

功能高分子材料是一门涉及范围广泛，与众多学科相关的新兴边缘学科，涉及内容包括有机化学、无机化学、光学、电学、结构化学、生物化学、电子学甚至医学等众多学科，是目前国内外异常活跃的一个研究领域。可以说，功能高分子材料在高分子科学中的地位，相当于精细化工在化工领域内的地位。因此也有人称功能高分子为精细高分子，其内涵指其产品的产量小，产值高，制造工艺复杂。

功能高分子材料之所以能成为国内外材料学科的重要研究热点之一，最主要的原因在于它们具有独特的“性能”和“功能”，可用于替代其他功能材料，并提高或改进其性能，使其成为具有全新性质的功能材料。

可以预计，在今后很长的历史时期中，功能高分子材料研究将代表了高分子材料发展的主要方向。

1.2.3 其他功能高分子材料

还有部分高分子材料能够感知环境变化，自我判断和做出响应，再自动执行，这类材料称为智能高分子材料。

其特点是当受到环境的物理、化学甚至生物信号刺激时，其结构和性能能够做出相应的响应。因此，智能材料向智能高分子方向发展是必然的趋势。

目前研究很活跃的智能高分子是高分子凝胶。当它受到环境刺激时，凝胶网络内链段的构象会发生较大的变化，形成溶胀相向收缩相或相反的转变。因此凝胶的体积会发生突变，即体积相转变。而当环境刺激消失时，凝胶又会自动恢复到内能较低的稳定状态。高分子凝胶这种智能性，在柔性执行元件、微机械、药物释放体系、分离膜、生物材料方面有广泛的应用前景。

由于智能本身的复杂性，开发智能高分子无疑是一项十分深刻和艰难的任务，这有赖于智能机制的深入研究，寻找出实现材料智能化的途径。在这方面，深入剖析生物智能性的分子机理，从而进行仿生分子设计和合成可能是开发智能高分子最重要的途径。另一方面，还应发掘现有功能高分子（比如导电高分子）的特性，使其智能化。

还有，生物降解型高分子材料，按其制备方法可分为微生物合成型、化学合成型和天然高分子型。前二种合成型聚合物主要是脂肪族聚酯。如聚3-羟基丁酸酯（PHV）（微生物合成型）、聚己内酯（PCL）和聚乳酸（PLA）等（化学合成型）。这些聚酯均为热塑性塑料，可用传统的方法成型，但其缺点是价格较高。

完全生物降解性塑料通常由天然物质如淀粉、纤维素和甲壳质作为主要原料并经改性制得，由于其原料皆为可再生资源，不依赖于石油化学工业，自然成为人们关注的热点，在这类降解性塑料中，全淀粉塑料（淀粉质量分数大于90%）以其可热塑性加工，原料易得和价格低廉而引起了各国的重视，美、日和意大利等发达国家已形成了规模化的生产。我国是农业大国，应该善用剩余农作物和其废弃物，开发出能取代通常塑料、价格适中的一次性使用完全降解型塑料制品。

以上仅对一些重要的功能高分子材料发展作了简短的介绍。应该看到，由于高分子材料结构及结构层次的多样性，内容十分丰富，其功能性远未被充分挖掘，因此还有极大的发展空间，而不断深入探讨高分子结构与功能性之间的关系，应用准确的分子设计来设计高分子的各层次结构，并发展精确的合成方法是今后开发新功能高分子材料的原则。

1.3 功能高分子材料的研究方法

1.3.1 功能高分子材料的结构与组成

任何材料的性能都是与其化学和物理结构紧密相关的。因此，分析与研究功能高分子材料的化学组成和分子结构，以及聚合物的次级结构自然就成为功能高分子化学研究的重要内容之一，因为只有清晰了解了材料的结构才能进行构效分析。这方面研究的主要内容包括化学成分分析、化学结构分析、聚合物晶态结构分析、聚合物聚集态结构分析和宏观结构分析等，属于分析化学范畴。

1.3.1.1 功能高分子材料的化学成分分析

功能高分子材料的化学成分分析包括元素组成分析和化学组成分析。前者是研究材料的元素级组成，后者是研究材料是由哪些分子构成。与其他材料的分析一样，可以采用化学分析法、元素分析法、质谱法和色谱法。不同点在于，由于是聚合物大分子分析，往往要借助于热裂解法，将聚合物在无氧条件下进行加热分解，然后用各种物理化学方法对分解产物进行分析。通过化学分析和元素分析法可以得到聚合物化学组成信息；质谱法除了可以得到元素组成信息之外，根据被电子轰击造成的碎片离子的质量和丰度数据，对聚合物结构推断也可以提供有用信息。色谱法既可以对裂解碎片进行分离分析，并可以将其收集纯化，作进一步结构研究之用，是热裂解分析中最常用的分析方法。色谱法也可以对聚合物中的小分子进行分离鉴定。聚合物的分子量采用质谱测定比较困难，一般多采用端基分析法、渗透压法、黏度法和凝胶渗透色谱法测定，得到的是平均分子量。用不同方法得到的分子量具有不同的含义。其中渗透色谱法在有标准样品时可以得到绝对分子量，准确度最高，速度也比较快。其他方法得到的一般都是相对分子量。

1.3.1.2 功能高分子材料的化学结构分析

化学结构分析是了解分子中各种元素的结合顺序和空间排布情况的重要手段，而这种结构顺序和空间排布是决定材料千变万化性质的主要因素之一。过去化合物的结构分析常用化学分析法（官能团分析）和合成模拟法。随着一些近代仪器分析方法的出现和完善，仪器分析法目前已经作为主要的结构分析工具。红外光谱法、紫外光谱法、核磁共振谱法和质谱法被称为近代化学结构分析的四大光谱。在功能高分子结构分析中，红外光谱主要提供分子中各种官能团的信息，核磁共振谱和质谱主要提供分子内元素连接次序和空间分布信息，紫外光谱可以提供分子内发色团、不饱和键和共轭结构信息。光电子能谱对于测定有机和无机离子，以及元素的价态也是非常好的工具。聚合物的不易溶解特性，多种材料的复合性是功能高分子结构分析的一个特点，在分析时应加以注意。

1.3.1.3 功能高分子晶态结构分析

聚合物的晶态结构直接影响到材料的物理和化学性质，特别是对于聚合物液晶、高分子分离膜和导电聚合物等材料，其晶态结构在其功能的发挥方面往往起着重要作用。功能高分子晶相分析的主要方法包括 X 射线衍射法、小角度 X 射线散射法、电子显微镜法等。这些方法都可以从不同角度给聚合物的晶态结构分析提供信息。其中 X 射线法是通过衍射图形分析测定晶体结构参数最有力的工具。核磁共振法中通过观察相邻质子耦合常数和化学位移的变化来判断聚合物的结晶度和分子在晶体中的排列情况。高分子的晶态结构不同于小分子晶体，晶体的完整性比较差。因此得到的晶体衍射图形不如小分子晶体的图形清晰，晶胞常数的准确计算也比较困难。

1.3.1.4 功能高分子聚集态结构分析

功能高分子材料的聚集态结构包括聚合物的结晶态、取向态结构、液晶态结构和共混体系的织态结构。高分子聚集态结构分析最有力的工具是电子显微镜和扫描电镜。电子显微镜和扫描电镜的高分辨率，可以观察到分子几个纳米以下的结构，可以提供大量可靠的聚集态结构信息。除了电子显微镜外，X 射线衍射、小角度 X 散射、热分析法等也可以为聚集态结构分析提供补充信息。

1.3.1.5 功能高分子材料的热性质分析

测定功能聚合物的热性质可以得到许多有关聚合物晶态结构、聚集态结构、相态转变以及化学反应性质的数据。热分析方法主要包括差热分析法（DAT）、示差扫描量热（DSC）、热失重分析（TGA）。其中：DAT 可以测定试样在程序升温时，放出热量的变化；任何物质当发生相变、晶态变化、化学变化都会伴有热量的变化；因此从 DAT 分析得到的热量与温度曲线，可以得到聚合物各种物理化学变化发生的温度和程度信息。根据 DSC 对聚合物各种物理化学变化产生的热量进行定量分析，可以得出这些变化与反应性质和程度的定量数据。TGA 测定的是被测物受热后样品质量发生的变化；根据 TGA 分析，可以得到被测物温度与质量的关系曲线和加热时间与质量的关系；当聚合物受热后发生的物理和化学变化伴有质量变化时，比如分解、挥发等过程，从 TGA 分析可以得到准确的热力学信息。聚合物的热性质也可以通过色谱法测定，比如相转变、结晶等热力学数据测定。聚合物的扩散系数等也可以通过色谱法测定。

1.3.1.6 功能高分子宏观结构分析

功能高分子材料的宏观结构是指建立在聚合物化学结构、晶体结构和聚集态结构之上的相对大尺寸结构。对于高分子膜材料的膜厚、孔形和孔径，高分子吸附材料的空隙率、孔径和外形，复合材料的相关尺寸等属于这一范畴。这些性质对于依靠表面特征发挥功能作用的那些功能高分子材料来说有着特殊的重要意义。比如用于化学反应的高分子试剂和高分子催化剂；用于分析、分离、收集痕量化学物质用的高分子吸附剂；用于气体和液体分离的高分子膜材料等都属于这一类。聚合物的表面结构可以用电子显微镜，或者光学显微镜测定。空隙率和比表面积可以用吸附或吸收法测定。对于多功能复合法得到的功能高分子材料的宏观结构，比如电极表面多层修饰制备的各种装置，除了用上述方法分析外，还可以通过电分析、光分析等手段间接测定。

1.3.2 功能高分子材料的测定方法

功能高分子材料的构效关系，即性能和作用机理研究是功能高分子材料化学研究最重要的内容之一，是材料评价、性能改进、完善理论、拓展应用领域的基础。但是功能高分子材料的性能测定和机理研究，由于其应用领域广，涉及学科多，影响因素复杂，是功能高分子材料化学中最难进行系统归纳的内容。下面仅给出分析研究的基本原则，详细内容将在以后各章中介绍。

1.3.2.1 功能高分子性能测定

一般来说，功能高分子性能测定要依赖于材料所应用领域的科学研究成果和分析测定手段。比如，导电高分子要采用电导测定方法测定其导电能力，高分子功能膜材料要用真空渗透等方法测定透过能力，光敏高分子材料要用光学和化学方法测定其对光的敏感度和光化学反应程度，高分子药物和医用高分子材料要用生物学和医学方法检验其临床效果，高分子催化剂和高分子试剂要用各种反应动力学和化学热力学测定方法分析其反应活性和催化能力。功能材料的性能测定，首先要考虑实际应用的需要和应用环境的限制，使测定的结果具有实际应用意义；同时也要考虑高分子的特点，充分发挥其特长。比如，虽然目前得到的多数聚合物电解质的导电能力还赶不上常用液体电解质，但是聚合物的良好机械性能，使其能够制作成面积大、厚度薄、结构系数大的薄膜型固体电解质，电导率的绝对值达到甚至超过液体电解质。显然单纯比较两者电导率是不合适的。再比如在固相合成中使用的高分子试剂，与小分子试剂相比，反应速度和收率可能不如后者，但是，前者易于分离纯化和可以使用大大过量试剂的特点，不仅可以弥补上述缺点，而且带来其他良好性质。

1.3.2.2 功能高分子材料作用机理研究

功能高分子的作用机理研究是功能高分子化学研究的最高层次，是本研究领域最活跃的前沿领域，自然难度是相当大的；不仅要求研究手段要先进，而且会碰到许多以现有理论难以解释的现象。作用机理研究一般要将性能研究与上面给出的化学与物理结构分析结合，才能给出作用机制模型。功能高分子表现出的所谓功能都是分子内各功能基、聚合物骨架、材料的形态结构等因素综合作用的结果，而表现出的性能则是其结构的外在表现形式。一般来说，材料的结构性质包括元素决定的基本性质、化学基团和结构决定的化学性质、分子间力表现出的机械和力学性质、分子有序排列产生的光学和磁学性质、材料表面和界面性质等直接产生的性质，以及各种材料经过复杂组合产生的综合性质。由于功能高分子材料性质研究具有广泛的多学科性，需要了解其化学性质和结构的基础上，进行应用性质研究，常常需要能够借鉴和移植其他学科的成果和技术，善于利用逆向思维等思考方式。

参 考 文 献

[1] 蓝立文．功能高分子材料．西安：西北工业大学出版社，1994.
[2] 刘引烽．特种高分子材料．上海：上海大学生出版社，2001.
[3] 马建标．功能高分子材料．北京：化学工业出版社，2010.
[4] 焦剑，姚军燕．功能高分子材料．北京：化学工业出版社，2009.

[5] 何天白，胡汉杰．功能高分子与新技术．北京：化学工业出版社，2001.
[6] Massey J. Power K. N.，Manners I.，et al. J Am Chem Soc.，1998，120 (37)：9533-9540.
[7] 朱英，万梅香，江雷．高分子通报，2011，(10)：15-32.
[8] 蔡元霸，梁玉仓．结构化学，2001，20 (6)：425-438.
[9] 段旭，赵晓鹏．材料导报，2001，15 (4)：44-47.
[10] 辛志荣，韩冬冰．功能高分子材料概论．北京，中国石化出版社，2009.
[11] 李青山．功能与智能高分子材料．北京，国防工业出版社，2006.
[12] 罗祥林．功能高分子材料．北京：化学工业出版社，2010.
[13] 孙酣经．功能高分子材料及应用．北京，化学工业出版社，1990.
[14] 黄根龙．化学进展，1998，10 (2)：215-227.
[15] 赵文元，王亦军．功能高分子材料化学．第 2 版．北京：化学工业出版社，2003.

第2章　高吸水性树脂

水是生物生存的必要条件，没有水就没有生命。而吸水性物质与人类生活、生产及工作等的关系也十分密切。如：医药卫生用的脱脂棉、海绵、餐巾、毛巾、卫生纸、纱布等；作为水凝胶使用的冻胶、明胶、琼脂等；作吸湿干燥用的硅胶、氯化钙、石灰、活性炭、硫酸等。这些材料多为天然材料或经简单加工，通常价廉、来源广，但只能吸收自身的几倍至十几倍水，保水能力差，加压容易失水。

20世纪60年代，由美国农业部北方研究所开发出一种高吸水性树脂，它是由淀粉-丙烯腈接枝共聚物的水解产物。这种树脂具有优越的吸水能力，吸水后形成的膨润凝胶的保水性很强，加压也不与水分离，从此人们开始了对高吸水性树脂的研究，先后由日本的三洋化成、住友、花王石碱、触媒化学公司等相继成功开发了各种类型高吸水性树脂。

高吸水性树脂由于其优异的吸水保水性能，用途极为广泛，无论是农林、园艺、石油化工、日用品化工或者是建筑材料工业、医疗卫生、交通运输均可应用。

从20世纪70年代至今，人们为提高吸水树脂的性能进行了不断的探索研究，各国研究人员分别采用不同的原料，不同的合成方法制备出各种性能的高吸水性树脂，如溶液法、反相悬浮法、反相乳液法等。在这许多不同类型的高吸水树脂中，聚丙烯酸系高吸水树脂由于其原料来源广泛，价格低廉，所得高吸水树脂具有高的吸水率和吸水速率，因而具有广泛的应用前景。

2.1　高吸水性树脂概况

2.1.1 高吸水性树脂的发展史

高吸水性树脂是20世纪60年代后期美国农业部北方研究所开始研究的，最早是淀粉接枝丙烯腈水解物。将淀粉加水在60～95℃糊化0.5～2h，冷却到25℃，加入丙烯腈，用硝酸铈盐做引发剂，在25～75℃下反应2～4h，生成接枝共聚物。该聚合物在碱性条件下皂化水解4～6h，接枝的丙烯腈变成了丙烯酰胺或丙烯酸盐，经中和、分离、烘干后得到高吸水性树脂产品。在此制备过程中，由于水解时反应物料十分黏稠，操作和控制均十分困难。以后Grain-Processing公司、General Mills Chem公司、Daisell化学等进行改良。如Grain-Processing公司提出用水-甲醇混合溶剂进行水解的方案，解决了水解中操作困难的问题，而且也使树脂的吸水速度有所提高，只是吸水能力稍有降低。后由亨克尔股份公司（Henkel corporation）工业化成功，其商品名为SGP(starch graft polymer)。

20世纪70年代中期，日本开展了以纤维为原料制造高吸水性树脂的研究，1976年海格利斯（Hercules）公司，Personal Products公司等用丙烯腈接枝纤维素进行了一系列的研究，得到了片状、粉末状和丝状的产品。除此之外，也有和淀粉产品一样将丙烯酰胺、丙烯酸等接枝在纤维分子链上制备高吸水树脂的。

除了利用淀粉、纤维等天然高分子材料采取接枝聚合的方法制备高吸水性树脂以外，人们又开发了采用不同交联方法所制备的聚丙烯酸型高吸水性树脂的方法，所得产物性能很好，并研究了多种单体共聚的情况。如日本住友化学公司以丙烯酸与醋酸乙烯共聚制取超强吸水剂，美国DOW公司采取将丙烯酸、丙烯酸乙酯共聚得到的聚合物溶液与环氧氯丙烷混合的方法，得到膜状高吸水性树脂，大大改善了聚合物的性能，使合成体系的吸水剂得到更大的发展。

1977年前美国Ucc公司提出以放射线处理交联各种氧化烯烃聚合物，合成了非离子型高吸水树脂，其吸水能力为2000倍。也有采用聚乙烯醇交联方法制成不溶性的吸水性树脂，其吸水倍率为100倍。

高吸水性树脂合成的发展，促进了其应用研究的发展。1973年，美国Ucc公司开始将其应用于农业方面，如土壤保水，然后，又应用于农林园艺中的土壤保水、苗木培育及输送育种等方面。法国研制了一种水合土，吸水能力达200倍，用于改良沙漠。在生理卫生方面，日本、美国进行了大量应用研究，不仅将高吸水性树脂用于餐巾、止血塞，而且还被大量用于卫生巾、襁褓、抹布、毛巾纸等。近年来，许多国家也开始将高吸水性树脂用作油水分离剂、重金属离子吸附剂、室内芳香剂的水凝胶、建材中的防结露剂、天花板材料等，还有些国家在研究将其应用作为农药、肥料、香料、药物的缓释剂，塑料难燃剂，灭火剂，食品保鲜包装材料，医药锭剂的崩坏剂，湿度调节剂，人工肾的过滤材料，酶的固定载体等。

2.1.2 高吸水性树脂的种类

高吸水性树脂通常是带有亲水基团的聚合物，它具有一定的交联度。吸水性树脂种类繁多，其分类方式也多种多样。从其制备过程中所用的原料出发，可分为天然淀粉类、纤维素类衍生物和合成树脂三大类，其中合成树脂包括聚丙烯酸盐系、聚乙烯醇系、聚氧化乙烯系等，这种分类方式最为常用，如表2-1所示。

表2-1 高吸水性树脂按原料来源分类

	品种	主要产品	优点	存在问题
天然高分子系列	淀粉系	淀粉接枝丙烯腈 淀粉接枝丙烯酸盐 淀粉接枝丙烯酰胺 淀粉羧甲基化反应 其他	原料来源广泛，成本低，吸水率高，可生物降解	工艺复杂，吸水后凝胶强度低，长期保水性差，易受微生物分解而失去吸水、保水能力
天然高分子系列	纤维素系	纤维素羧甲基化 纤维素接枝丙烯腈 纤维素接枝丙烯酸盐 纤维素黄原酸化接枝丙烯酸盐	原料来源丰富，价格低廉	耐盐性差，吸水倍率低，易受微生物的分解而失去保水性能
天然高分子系列	多糖	透明质酸 琼脂糖		
天然高分子系列	蛋白质	胶原蛋白 其他蛋白		
合成树脂系列	聚丙烯酸类	聚丙烯酸(盐) 聚丙烯酰胺 丙烯酸与丙烯酰胺共聚	聚合工艺简单，单体转化率高，吸水能力高，保水能力强	生物降解性差
合成树脂系列	聚乙烯醇类	聚乙烯醇-酸酐交联共聚 聚乙烯醇-丙烯酸接枝共聚 醋酸乙烯-丙烯酸酯共聚水解		
合成树脂系列	异丁烯-马来酸酐共聚物类			

从制备过程的反应类型来分，可分为接枝共聚、羧甲基化以及水溶性高分子交联。

从亲水化方法分类：可分为四类：①亲水性单体的聚合；②疏水性聚合物的羧甲基化反应；③疏水性聚合物上接枝聚合亲水性单体；④氰基、酯基等的聚合物水解，见表2-2。

表2-2 高吸水性树脂按亲水化的方法分类

类 型	重 要 品 种
亲水性单体的聚合	聚丙烯酸盐 聚丙烯酰胺 丙烯酸-丙烯酰胺共聚 醋酸乙烯与顺丁烯二酸酐共聚
疏水性聚合物的羧甲基化反应	淀粉羧甲基化反应 纤维素羧甲基化反应 纤维素羧甲基化后用环氧氯丙烷交叉交联 聚乙烯醇-顺丁烯二酸酐交联
疏水性聚合物上接枝聚合亲水性单体	淀粉接枝丙烯酸盐 淀粉接枝丙烯酰胺 纤维素接枝丙烯酸盐 纤维素接枝丙烯酰胺 淀粉、丙烯酸、丙烯酰胺、顺酐接枝共聚
氰基、酯基的水解反应	淀粉接枝丙烯腈后水解 纤维素接枝丙烯腈后水解 丙烯酸酯与醋酸乙烯酯共聚后再水解 丙烯腈、甲基丙烯酸、*N*-甲基丙烯酰胺共聚合后水解

从交联方法分类，可分为：①用交联剂进行网状化反应；②自交联网状化反应；③放射线照射网状化反应；④水溶性聚合物导入的疏水基或结晶结构，见表2-3。

表2-3 高吸水性树脂按交联的方法分类

类 型	重 要 品 种
用交联剂进行网状化反应	聚乙烯醇用顺丁烯二酸酐进行交联 纤维素羧甲基化后用环氧氯丙烷进行交联 聚丙烯酸用多价金属阳离子(铁、铝、钙、锌等)、*N*,*N*-二甲基甲酰胺、甘油、乙二醇、表氯醇、1,3-二氯异丙醇等交联剂进行交联 聚乙烯醇用蛋白质交联或用正磷酸处理
自交联网状化反应	丙烯酸钠(或钾)盐自交联聚合反应
放射线照射网状化反应	聚乙烯醇用放射线交联 聚氧化乙烯通过放射线照射而进行交联
水溶性聚合物导入 疏水基或结晶结构	

按照产品的形状来分可分为粉末状、颗粒状、薄片状和纤维状。

2.2 高吸水性树脂的制备

2.2.1 淀粉类高吸水树脂的制备

淀粉类高吸水树脂主要是通过糊化淀粉与有机单体的接枝共聚得到的，接枝方法主要采用铈盐法、锰盐法和辐射法。淀粉包括玉米淀粉、豆类淀粉和薯类淀粉，或经羧甲基化、原酸化、氰乙基化、交联化等化学处理的淀粉。有机单体则为丙烯腈、丙烯酸、丙烯酸盐或酯、丙烯酰胺、醋酸乙烯酯、苯乙烯等。有关淀粉与丙烯腈的接枝研究最多，其次是丙烯酸盐和丙烯酰胺，也有研究多种单体混用（如部分中和的丙烯酸和丙烯酰胺）合成高吸水树脂的。研究结果表明，甲基丙烯酸甲酯、丙烯腈接枝率最高，丙烯酸、丙烯酸酰胺、醋酸乙烯次之，其他单体很难进行接枝共聚。利用硝酸铈铵引发淀粉与丙烯腈的接枝共聚制备高吸水性凝胶是研究的最早和最多的一种方法，其制备流程示意如下：

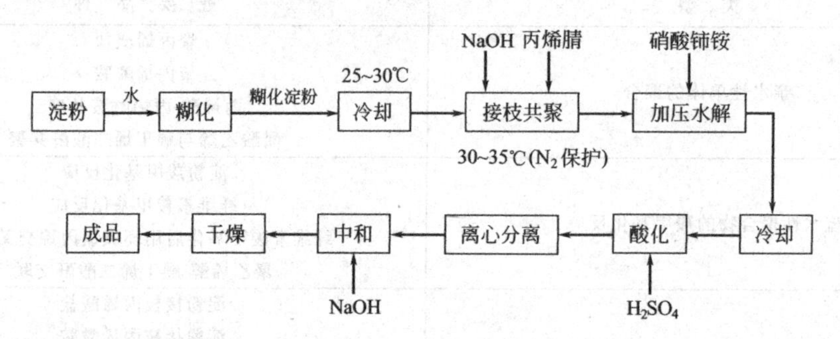

许多实验表明，在硝酸铈铵的引发下，淀粉很容易与丙烯腈接枝共聚，接枝率也比较高，而且淀粉和丙烯腈的价格也比较便宜，因此淀粉接枝丙烯腈的研究和生产都很活跃。但是由于要经过皂化水解，生产工序多，且水解过程由于反应物高度黏稠而操作困难，再加上存在未反应的有毒单体丙烯腈，洗涤繁琐，因此，使得人们转向研究直接使用丙烯酸、甲基丙烯酸等含羧基的烯类单体与淀粉进行接枝共聚反应，这就不需要皂化，大大简化了工序，而且丙烯酸类单体的毒性也低。下式是大连合成纤维研究所合成淀粉-丙烯酸-丙烯酸钠接枝共聚物吸水树脂的反应式，他们还研究了树脂交联度等对吸水能力的影响。

$$CH_2{=}CH{-}\overset{\displaystyle O}{\overset{\|}{C}}{-}OH \xrightarrow{NaOH} CH_2{=}CH{-}\overset{\displaystyle O}{\overset{\|}{C}}{-}O(Na)_x$$

$$\text{淀粉}+CH_2{=}CH{-}\underset{\displaystyle O}{\underset{\|}{C}}{-}O(Na)_x+\text{交联剂}\longrightarrow \text{淀粉}\!\left[\!CH_2{-}\underset{\displaystyle COO(Na)}{\underset{|}{CH}}\!\right]_x$$

反应机理示意图如下：

(淀粉) $\xrightarrow{Ce^{4+}}$ (络合物) $\longrightarrow$ 自由基 $+Ce^{2+}+H^+$

$$\xrightarrow{\text{丙烯腈}} \text{淀粉}{-}CH_2{-}\underset{\displaystyle CN}{\underset{|}{CH}}{-} \xrightarrow[H_2O]{NaOH} \text{淀粉}{-}CH_2{-}\underset{\displaystyle COONa}{\underset{|}{CH}}{-}CH_2{-}\underset{\displaystyle CONH_2}{\underset{|}{CH}}{-}$$

淀粉与丙烯酰胺在铈盐或^{60}Co辐射引发下进行接枝共聚可得非离子型吸水树脂，其具有很强的吸水能力，吸蒸馏水最高可达自身质量的5086倍。如将其进行皂化处理，可进一步得到含羧酸基和酰胺基的吸水树脂。这种类型的树脂很多，比如还可通过淀粉接枝聚醋酸乙烯水解物而得到。非离子型吸水树脂的优点是pH值及离子对其吸水性能影响较小，性能稳定。

淀粉接枝丙烯酸酯类的吸水剂也有很多种，如丙烯酸甲酯、丙烯酸乙酯、丙烯酸丙酯、丙烯酸羟乙酯、丙烯酸羟丙酯、甲基丙烯酸酯等。目前研究者众多，但发展缓慢，这是由于单体价格远比丙烯腈、丙烯酸类高，而且制造过程不及丙烯酸类简单，但从理论方面研究其接枝反应的很多。如小麦淀粉接枝丙烯酸羟乙酯、大米淀粉接枝甲基丙烯酸丙酯、淀粉接枝醋酸乙烯酯等。

利用多种单体或者带多种亲水性基团的单体与淀粉接枝共聚来合成吸水性树脂的研究也较多。实验证明，具有多种亲水基团的产品，其吸水性能更好。这种吸水剂范围很广，有多种单体在高分子链上接枝共聚，有带多种基团的单体均聚、共聚及多基团单体与单基团单体共聚。如美国的G. F. Fanta等详细研究了丙烯酰胺、丙烯腈分别和2-丙烯酰胺-2-甲基丙磺酸($AASO_3H$)在淀粉上的接枝共聚，及其单体配比和制造条件对产品吸水性的影响。

淀粉还可以和非聚合性的亲水性低分子物反应制造吸水材料（有时也叫水凝胶材料）。因为淀粉上有很多羟基，其本身就是亲水性基团，大量羟基的存在，使它能够与某些低分子物进行化学反应，生成淀粉衍生物。如果低分子物带有亲水基团，则生成的产物就是含多种亲水基团的淀粉衍生物，这就能大大改善淀粉的吸水性能。虽然它达不到某些接枝共聚物几千倍的吸水性能，但也有几十倍，甚至几百倍的吸水能力。这种淀粉衍生物可以直接作为吸水材料，也可代替普通淀粉和有机单体进行接枝共聚。这一类吸水树脂有羧基淀粉（如羧甲基淀粉、羧乙基淀粉等）、淀粉酯（如淀粉有机酸酯：淀粉醋酸酯、淀粉甲酸酯、淀粉丙酸酯等；淀粉无机酸酯：淀粉硫酸酯、淀粉磷酸酯、淀粉黄原酸酯等）、羟基淀粉醚（如用环氧乙烷、环氧丙烷或其他环氧化合物与淀粉反应生成醚）：

$$\text{淀粉}-OH + \underset{\diagdown O \diagup}{CH_2-CH_2} \xrightarrow{NaOH} \text{淀粉}-O\text{+}CH_2-CH_2-O\text{+}_xH$$

其他淀粉衍生物还有很多，如阳离子淀粉、氧化淀粉、双醛淀粉、α-淀粉、环糊精等，它们有的可直接用作吸水材料，有的可作合成吸水剂的原料。

合成淀粉接枝高吸水树脂除最早使用的铈盐引发方法外，人们又研究了其他如锰盐引发，步骤和铈盐法类似，其优点在于以廉价的锰盐取代昂贵的铈盐，成本较低，但以其引发的淀粉接枝率低，吸水性稍差。另外，还有氯化亚铁、五价钒盐；以及过氧化物引发剂（如过氧化苯甲酰、过氧化氢、过硫酸铵、过硫酸钾、过氧化月桂酰等），氮类引发剂（如偶氮二异丁腈、偶氮二异戊酸等），氧化还原引发剂（如过氧化氢-L-抗坏血酸等）均可作淀粉接枝共聚反应的引发剂。除了以引发剂热引发聚合淀粉接枝物以外，也有研究用放射线法（如电子射线、γ射线等）、微波法引发来制备淀粉接枝聚合物高吸水树脂的。其中辐射法是近年来研究比较多的一种方法，一般是利用^{60}Co的射线来引发接枝共聚，从而制备吸水性树脂。制备过程为：先将原料、水混匀，装入密闭容器中，减压充入氮气，并在水中冷却，以避免过度聚合，然后用γ射线进行辐照，达到预定剂量之后即取出试样，将产物粉碎并洗去未接枝的单体，抽滤，烘干，在100℃的氢氧化钠中水解，得到浅黄色黏稠胶体，再用乙醇水溶液洗涤，低温干燥，即制得吸水树脂，辐射法的聚合反应迅速，转化率也很高，适合于大规模的工业化生产。

2.2.2　纤维素类高吸水树脂的制备

纤维素类吸水性凝胶的制备与淀粉很相似，接枝方法有铈盐法、锰盐法、辐射法等，但纤维素类吸水性材料的吸水率一般仅为自重的几十倍。比无机凝胶的吸水性要强一些，而比淀粉类吸水树脂则差得远，所以提高纤维素类的吸水率是急待解决的问题。许多不同种类的纤维素基质都可用来制备吸水性树脂，如铈离子催化剂漂白的软木纸浆接枝聚丙烯腈，然后用碱水解可制得吸水率为 40 倍的吸水性树脂，用高锰酸钾作引发剂使木质纤维素与丙烯腈接枝共聚，经碱性水解，可制得吸水率为 70 倍的吸水树脂，用^{60}Co作 γ 射线引发剂，使丙烯酸和甲基丙烯酸直接与人造丝和棉纤维接枝共聚可得到吸水率为 50 倍的吸水树脂。

2.2.3 合成聚合物类高吸水性树脂的制备

合成聚合物类高吸水性树脂的单体主要是丙烯酸、丙烯酸盐、醋酸乙烯酯、环氧乙烷等，产品有均聚物也有多种单体的共聚物。聚合时可用交联剂或辐射交联，常用的引发剂为过硫酸盐和过氧化苯甲酰等。由于聚合单体的种类比较多，制得的吸水性树脂的类型也比较多，如聚丙烯酸类、聚丙烯酰胺类、聚丙烯腈类、改性聚乙烯醇类、聚氧乙烯类等。典型的制备工艺为反相乳液聚合和反相悬浮聚合。采用反相乳液聚合法，可制备自交联型聚丙烯酸钠的吸水性树脂，通过改变丙烯酸中和度，调节引发剂用量，能使吸水率增大到 1200～1700 倍，即使对 0.9% NaCl 溶液的吸收量也达到 75～143 倍，由丙烯酸甲酯和醋酸乙烯酯制备的吸水树脂也有较高的吸水性。研究表明，制备条件对合成树脂类吸水性凝胶的吸水性有较大的影响，但一般吸水率都在 1000～2000 倍。

合成树脂类高吸水性树脂可以在交联剂存在下，由单体进行聚合，聚合方法可采用本体聚合法、溶液聚合法和反相悬浮聚合法。

(1) 聚丙烯酸盐类　这是目前生产最多的一类合成高吸水性树脂，由丙烯酸或其盐类与具有二官能度的单体共聚而成。制备方法有溶液聚合和悬浮聚合两种。这类产品吸水倍率较高，一般均在千倍以上。

聚丙烯酸盐系高吸水性树脂的制备方法主要采用丙烯酸直接聚合皂化法、聚丙烯腈水解法和聚丙烯酸酯水解法三种工艺路线，最终产品均为交联型结构。

(2) 聚丙烯腈水解物　将聚丙烯腈用碱水解，再用甲醛、氢氧化铝等交联剂交联成网状结构分子，也是制备高吸水性树脂的有效方法之一。这种方法较适用于腈纶废丝的回收利用。如武汉大学研制的将废腈纶丝水解后用氢氧化钠交联的产物，即为此类。由于氰基的水解不易彻底，产品中亲水基团含量较低，故这类产品的吸水倍率一般不太高，在 500～1000 倍左右。

(3) 醋酸乙烯酯共聚物　将醋酸乙烯酯与丙烯酸甲酯进行共聚，产物用碱水解后得到乙烯醇与丙烯酸盐的共聚物，不加交联剂即可成为不溶于水的高吸水性树脂。这种树脂是由日本住友化学公司开发的。这类树脂在吸水后有较高的机械强度，对光和热的稳定性良好，且具有优良的保水性，适用范围较广。

通过聚丙烯酸酯的水解引入亲水性基团是目前制备聚丙烯酸盐系高吸水性树脂最常用的方法。这是因为丙烯酸酯品种多样，自聚、共聚性能都十分好，可根据不同聚合工艺制备不同外形的树脂。用碱水解后，根据水解程度的不同，就可得到粉末状、颗粒状甚至薄膜状的吸水能力各异的高吸水性树脂。其中最常用的是将丙烯酸酯与二烯类单体在分散剂存在下进行悬浮聚合，再用碱进行部分水解的方法。变更交联剂用量和水解程度，产物的吸水率可在 300～1000 倍范围内变化。

(4) 改性聚乙烯醇类　这类高吸水性树脂由聚乙烯醇与环状酸酐反应而成，不需外加交联剂即可成为不溶于水的产物。这类树脂由日本可乐丽公司首先开发成功。吸水倍率为

150～400倍，虽吸水能力较低，但初期吸水速度较快，耐热性和保水性都较好，故也是一类适用面较广的高吸水性树脂。

2.2.4　非离子系高吸水性树脂

近年来相继开发了一系列的含醚键、羟基、酰胺基的非离子型高吸水性树脂，如聚环氧乙烷交联得到的含醚键的高吸水性树脂，由于是非电解质，耐盐性强，对盐水几乎不降低其吸水能力；将聚乙二醇辐射交联可得到含醚键的吸水树脂；将丙烯酸钠同 *N*,*N*-亚甲基双丙烯酰胺辐射交联，可制得含酰胺基的吸水性树脂。但这类树脂的吸水能力有限，一般不超过50倍，因而通常用作水凝胶，用于人造水晶和固定化酶方面。

2.3　高吸水性树脂的结构与性能

2.3.1　高吸水性树脂的性能

高吸水性树脂最突出的性能是它的高吸水性，考察其吸水性可从吸水率和吸水速度两方面进行，本节先对吸水率及其他一些性能进行介绍，吸水速度在第五节做详细介绍。

2.3.1.1　吸水率

吸水率是指高吸水树脂一定条件下所吸收的水分。一般树脂吸水可达自身质量的500～1000倍，最高时可达5300倍。树脂的最大吸水量同树脂自身的电荷密度、亲水性、交联度、水解度以及水的pH值、含盐量有关。

(1) 交联度的影响　在树脂的制备过程中，交联反应是相当重要的。未交联的聚合物是水溶性的，无吸水性，而交联度过大时，空间网络过小，吸水量也会降低，因而须将交联度控制在一定的范围内。图2-1是交联剂三乙二醇双丙烯酸酯（TEGDMA）用量对部分水解的聚丙烯酸甲酯吸水率的影响。可见随着交联度的提高，吸水率先增加，后降低。这种树脂对盐溶液、合成尿、合成血的吸收能力与交联剂的关系也遵循上述的关系。

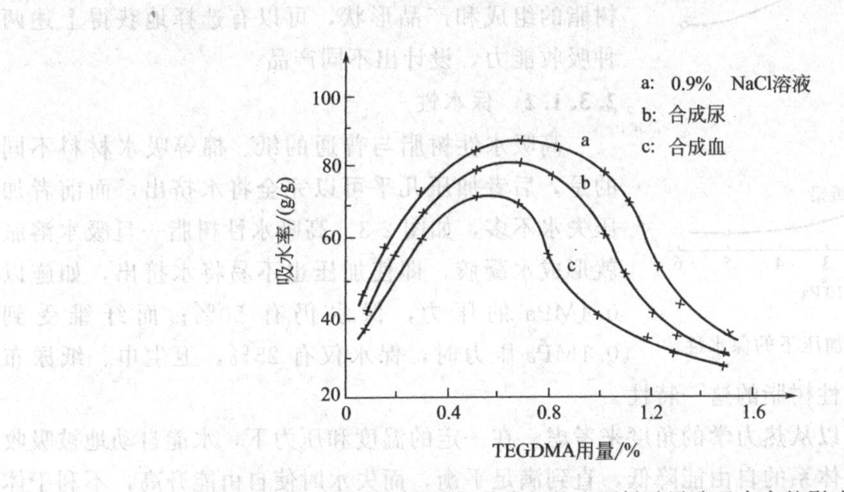

图2-1　交联剂用量对部分水解的聚丙烯酸甲酯吸水率的影响

(2) 水解度的影响　高吸水性树脂的吸水率一般随水解度的增加而增加。但事实上，往往当水解度高于一定数值后，吸水率反而下降。这是因为随着水解度的增加，亲水性基团的数目固然增加，但往往交联部分也将发生水解而断裂，使树脂的网格受到破坏，从而影响吸水性。

(3) 被吸液性质的影响 由前面的吸水机理分析可知，高吸水性树脂受被吸液的组成的影响很大，与吸去离子水的能力相比，吸0.9%NaCl溶液的能力下降很大，如图2-2。它的吸水量还受溶液pH值的影响。因此，高吸水性树脂对纯水的吸水率最大，对电解质溶液的吸水率比纯水明显下降。此外高吸水性树脂的吸水能力还同外界条件及产品形状有关。

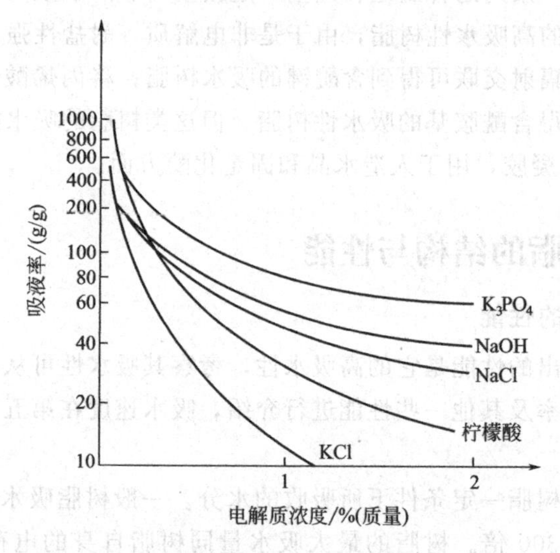

图 2-2 高吸水树脂对电解质溶液的吸收能力

所谓吸收能力，是指树脂在溶液中溶胀和形成凝胶以吸收和保持液体的能力（即保水率），它可用饱和吸水量来表示，并含有下述两方面意思：一是高吸水性树脂从接触表面吸入水分发生溶胀的能力（吸水率）；二是使被吸收的水分呈凝胶状并失去流动性的凝结能力（即凝胶力）。通过改变树脂的组成和产品形状，可以有选择地获得上述两种吸收能力，设计出不同产品。

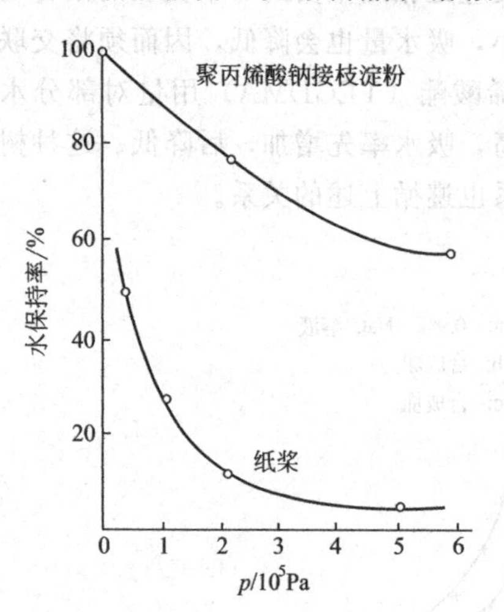

图 2-3 不同材料加压下的保水性

2.3.1.2 保水性

高吸水性树脂与普通的纸、棉等吸水材料不同的是，后者加压几乎可以完全将水挤出，而前者加压失水不多，如图2-3。高吸水性树脂一旦吸水溶胀就形成水凝胶，即使加压也不易将水挤出，如施以0.4MPa的压力，保水仍有50%；而纤维受到0.1MPa压力时，保水仅有25%，卫生巾、纸尿布等正是利用了高吸水性树脂的这一特性。

关于这一点，可以从热力学的角度来考虑。在一定的温度和压力下，水能自动地被吸收到高吸水性树脂中，体系的自由能降低，直到满足平衡，而失水时使自由能升高，不利于体系的稳定，因此在常温下高分子网络的束缚作用，使水封闭在水凝胶的网络中，加压时也不易挤出。只有在水分子的热运动超过网络的束缚力时，水才能挥发逸出。高吸水性树脂吸收的水分，在150℃时，仍有50%的水封闭在水凝胶中，当温度达200℃以上时，才可挥发出来。

如对吸收了500倍水的高吸水性树脂分别加上$45gf/cm^2$和$160gf/cm^2$（$1gf=9.8\times$

$10^{-3}N$）的压力，吸水量只降低到树脂自重的430倍和380倍，而对吸收了18倍水的纸浆，分别加上上述同样的压力，结果吸水量分别降低到纸浆自重的2倍和1倍，所吸的水几乎完全被挤出来。

另外，将吸水性后的高吸水性树脂置于大气中。其水分也缓慢蒸发，直至大气中蒸汽的分压达到饱和值为止。但其蒸发速度比通常水的蒸发速度慢得多，这一特性在土壤保湿方面很有用。

2.3.1.3　吸水状态下的凝胶强度

高吸水性树脂的凝胶强度用受压后凝胶的破碎程度来衡量。因树脂具有一定的交联度，因而其凝胶有一定的强度。如饱和吸水500倍的聚丙烯酸钠的压坏强度是10～20kPa，同样状态下的日本住友树脂的压坏强度是50kPa。

2.3.1.4　无毒性

经动物口服实验，无死亡、无异常表现，对皮肤和黏膜无刺激、无过敏反应。

2.3.1.5　吸氨能力

高吸水性树脂是含有羧基的阴离子物质，残存的羧基（约30%）往往使树脂显示弱酸性，并可吸收氨类等弱碱性物质。这一特性有利于纸尿裤等的除臭，也可将土壤中氮肥的利用率提高10%。

2.3.1.6　增黏性

粒状高吸水性树脂吸水后得到的水凝胶为粒状凝胶的集合体，如果水分过量，粒状凝胶在水中呈悬浮状态。但在水分未过量时，可获得比使用普通水溶性高分子系列增黏剂更高的黏度，在化妆品中利用了高吸水性树脂这一增黏性。

2.3.1.7　与其他树脂的混合物

高吸水性树脂可与其他树脂混合的这一特性，大大拓展了其应用领域。可混合的树脂各不相同，如住友公司生产的高吸水性树脂与PVC相混合，得到水膨胀性PVC共混料；与丙烯酸乙烯酯共聚物和丁苯橡胶共混，得到的Agua Quell膨胀型材料用于密封填料，乙烯-醋酸共聚物、橡胶等与一定量的高吸水性树脂共混可赋予水膨润性，防雾性等新性能，制成功能性吸水树脂。

2.3.2　高吸水树脂的结构

关于高吸水树脂的结构研究的报道不多，文献资料也比较少。吸水树脂属于高分子化合物，因此它具有一般高分子化合物的特性，如分子量大（聚合度高）；分子量具有多分散性，多以平均值表示其分子量，有重均分子量M_w、黏均分子量M_η、数均分子量M_n、Z均分子量M_z等不同的表示方法；结构复杂，多种多样，有线形，支链形，体形结构，有光学异构和几何异构，多为无定形，但也有结晶结构，因此它有复杂的一次结构，也有多种二次结构，同时也具有三次结构，有的甚至还有四次结构。

不同种类的高吸水树脂其结构也不同，但大致来说，其一次结构一般含有大量的亲水基团，如—OH，—COOH，—CONH—等；二次结构为轻度交联的网络结构或支链结构；三次结构一般为无定型结构，但对于疏水缔合型吸水树脂，其中既有亲水链段形成的非晶相无定型结构，也有疏水链段形成的结晶结构，且如前所述，结晶相作为物理交联点，使树脂形成一个网络结构。

2.3.2.1　淀粉接枝物和纤维素接枝物

淀粉和纤维素属于多糖类，是由葡萄糖结构单元结合成的大分子，丙烯酸类单体与它们

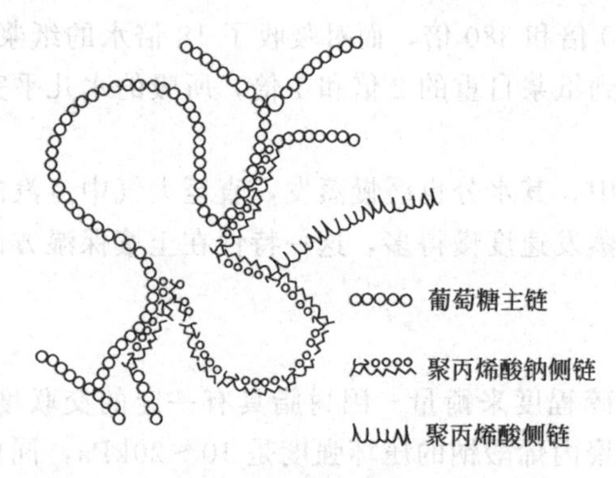

图 2-4　淀粉-丙烯酸接枝物的推定结构

接枝聚合，就使它们形成支链聚合物。日本三洋化成工业公司温品谦二等根据 Von E. Gruber 的方法探讨了淀粉接枝丙烯酸的聚合物结构，从接枝聚合物的侧链的分子量、溶解性的比较等研究结果推出如图 2-4 所示结构。即淀粉的葡萄糖环在约 2000 个单元中用一个单元接枝丙烯酸，每个葡萄糖环用两个分子以上的丙烯酸通过氢键沿淀粉链生长构成聚合度约 2400 的侧链。又因侧链部分体型结构化，并用氢氧化钠中和，所以侧链中的钠盐部分从淀粉中游离出来，而侧链中的未中和部分通过氢键结合在淀粉主链上，并且可推定这种钠盐和酸是互相交换的。

2.3.2.2　聚酰胺

K. Hashimoto 等指出聚酰胺膜的吸水和透水性优越的根源在于其分子结构，对于聚 BOL 膜（聚四氢呋喃二亚胺碳酰膜）吸水形态研究表明，其结构中包括极性的亲水性微区和非极性的疏水性微区，它们呈嵌段状交替分布。其分子结构和排列以及有关水分子沿极性基方向的形态如图 2-5 所示。

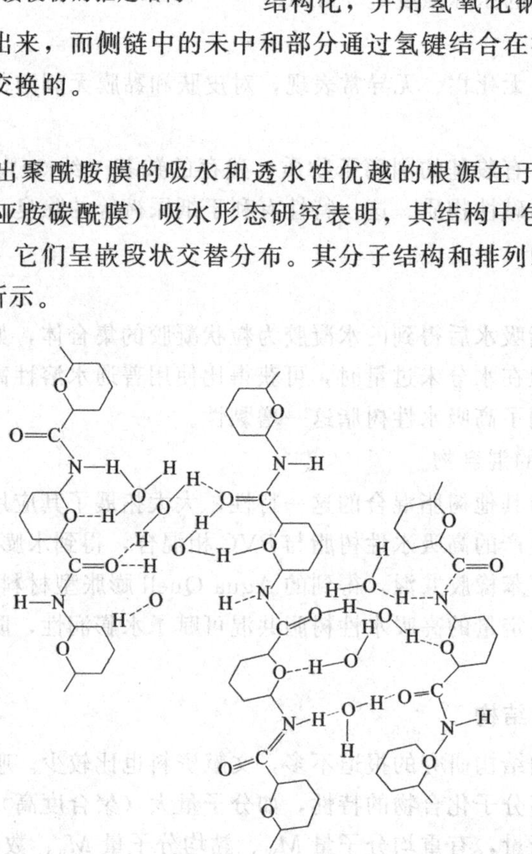

图 2-5　聚 BOL 的亲水性微区中的吸水形态模式图

2.3.2.3　甲基丙烯酸甲酯-醋酸乙烯共聚合物水解产物

甲基丙烯酸酯与醋酸乙烯酯共聚后，进行水解得到的共聚体的结构模型如图 2-6 所示。这是一种块状共聚体，水解后既有甲基丙烯酸钠单元结构，又存在乙烯醇单元结构。这两者形成海岛状结构，甲基丙烯酸钠单元连接的部分为岛（非结晶微区），落在乙烯醇单元连接部分（结晶微区）的海中，后者由于结晶结构的原因，也起到交联剂引起的体型结构化同样的效果。也有人认为水解时产生的羧基和羟基进行酯化而形成体型结构化。

2.3.3　高吸水性树脂吸水机理

从热力学观点来说，标准化学位之差 $\Delta\mu^{\circ}<0$ 时，水在高吸水性树脂内稳定，所以水渗

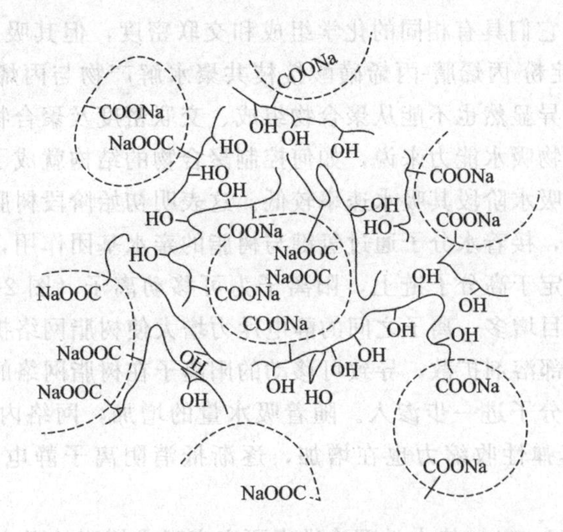

图 2-6　皂化后 MMA-醋酸乙烯共聚物的结构模型

入高分子内，具备这种高分子结构的前提是存在易于生成的氢键基团，若存在离子性基团，这种倾向更大。这时如果存在有相反的作用使 $\Delta\mu^{\circ}$ 限制在适当的负值，则高吸水树脂的膨胀就受到限制。对线形高分子来说，结晶区就起这种作用，即靠物理交联，然而大部分的高吸水树脂靠化学交联，其中主要是共价键交联或离子键交联。

高吸水性树脂的组成不同，其吸水的机理亦不同，对于离子型的高吸水性树脂来说，它主要是依靠渗透压来完成吸水过程，而非离子型的高吸水性树脂则是依靠亲水基团的亲水作用来完成的。

离子型高吸水性树脂是由高分子电解质构成。由于分子链上的固定离子与反离子的水合作用，遇水后放出热量促使分子链运动加快，如干的聚丙烯酸钠，缩短了分子链松弛时间，以便于树脂吸水膨胀。此类树脂吸水后形成一种透明凝胶，使本来高度折叠的分子链充分伸展，形成具有一定尺寸的网络，网络中容纳着大量水分。由于高分子电解质电荷的吸引力，使反离子的浓度在高吸水性树脂内部始终比外部高，形成一定的渗透压，从而外部的水分可自动进入到体系内，吸水树脂交联网随着进入水量的加大而膨胀，但是该树脂的吸水量又受到交联结构弹性回复的限制，是有限的。因此，树脂的实际吸水量是渗透压和弹性限度这两种因素平衡的结果。基于一系列的研究，Flory 提出用下面的公式计算高吸水性树脂的吸水能力。

$$Q^{5/3}=\frac{(i/2V_{\mu}S^{1/2})^{2}+(1/2-X_{1})/V_{1}}{V_{e}/V_{o}}$$

式中，Q 为吸水能力；V_e/V_o 为树脂的交联密度；$(1/2-X_1)/V_1$ 为树脂的亲水性；i/V_{μ} 为网络中固定的电荷密度；S 为溶液中电解质的离子浓度。其中的第一项的物理意义为电解质离子强度的影响，第二项表示树脂与水的亲和力，分母的交联密度则决定了网格的橡胶弹性。

此式说明聚合物凝胶的吸水能力主要与聚合物上固定的电荷浓度、聚合物与水的相互作用参数，交联度及水中的电解质浓度有关。此式是目前仍被普遍接受的具有理论指导意义的关系式。其美中不足之处是用理想的官能度交联网络结构处理聚合物的弹性收缩力误差较大。例如，范德华力交联和氢键交联所涉及的聚合物链节显然不止一个单元，互穿网络结构，大分子的缠结以及相分离等对弹性收缩力的影响也不能以简单的理想网络来处理。对于许多聚合物凝胶，虽然它们具有相同的化学组成和交联密度，但其吸水能力却有很大差别。吸水能力达 5300 倍的淀粉-丙烯腈-丙烯磺酸接枝共聚水解产物与丙烯酸盐单体的交联聚合物的吸水能力的巨大差异显然也不能从聚合物组成、交联密度及聚合物与水的相互作用参数来解释。对于提高聚合物吸水能力来说，如何控制聚合物的结构就成了关键性的问题。

高吸水性树脂最初吸水阶段其吸水速率较低。这表明初始阶段树脂的吸水是通过毛细管吸附和分散作用实现的，接着水分子通过氢键与树脂的亲水基团作用，离子型的亲水基团遇水开始离解，阴离子固定于高分子链上，阳离子为可移动离子（图 2-7），随着亲水基团的进一步离解，阴离子数目增多，离子之间的静电斥力增大使树脂网络扩张；同时为了维持电中性，阳离子不能向外部溶剂扩散，导致可移动的阳离子在树脂网络的浓度增大，网络内外的渗透压随之增加，水分子进一步渗入。随着吸水量的增加，网络内外的渗透压差趋向于零，而随着网络扩张其弹性收缩力也在增加，逐渐抵消阴离子静电斥力，最终达到吸水平衡。

林润雄应用 Flory-Huggins 热力学理论进行研究高吸水树脂的吸水机理，他们认为水与

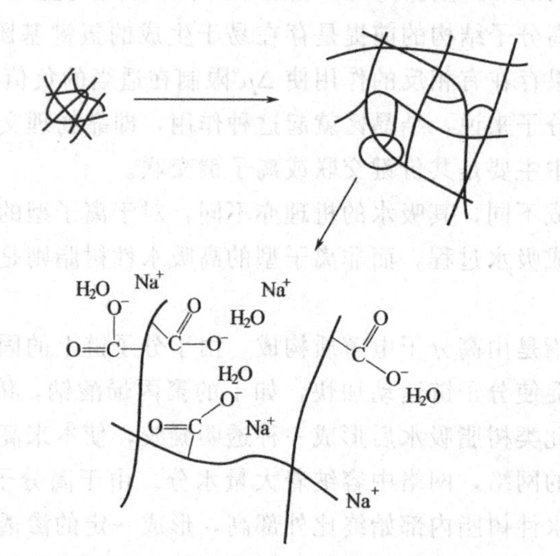

图 2-7　高吸水性树脂离子网络结构示意图

高聚物表面接触时有三种相互作用：一是水分子与高分子上电负性强的氧原子形成氢键；二是水分子与疏水基团的相互作用；三是水分子与亲水基团的相互作用。树脂的疏水基团因疏水作用而折向内侧，形成不溶性的粒状结构；只有亲水基团与水的相互作用才使树脂吸水。

由于高聚物与水相界面两侧自由焓差，使高聚物表现出亲水性或憎水性。其热力学关系为：

$$\Delta G_{\mathrm{m}} = G_1 - G_1^{\circ} \tag{2-1}$$

式中，G_1 为高聚物溶液中溶剂的自由焓；G_1° 为纯溶剂的自由焓。

相应地，用化学位表示：$\Delta\mu_1^{\mathrm{m}} = \mu_1 - \mu_1^{\circ}$

当 $\Delta\mu_1^{\mathrm{m}}$（或 ΔG_{m}）<0 时表现出亲水性；当 μ_1^{m}（或 ΔG_{m}）>0 时表现出憎水性。

对交联高聚物，依据晶格理论，高聚物溶液中溶剂的化学位为：

$$\Delta\mu_1^{\mathrm{m}} = RT[\ln\phi_1 + (1-1/X)\phi_2 + \chi_1\phi_2^2] \tag{2-2}$$

式中，ϕ_1，ϕ_2 分别表示溶剂和高聚物的体积分数；χ_1 为溶剂与高聚物的相互作用参数；X 为高聚物的链段数，可看作无穷大；R 为理想气体常数；T 为热力学温度。

对交联高聚物：1/X 趋于 0，所以式(2-2)可简化为

$$\Delta\mu_1^m = RT[\ln\phi_1 + \phi_2 + \chi_1\phi_2^2] \quad (2\text{-}3)$$

溶剂活度 a_1 与化学位之间热力学关系为

$$\ln a_1 = \Delta\mu_1^m/RT = [\ln\phi_1 + \phi_2 + \chi_1\phi_2^2] \quad (2\text{-}4)$$

在较低压力下，下式成立：

$$a_1 = p_1/p_1^\circ \quad (2\text{-}5)$$

式中，p_1 为一定温度下溶液中溶剂的蒸气压；p_1° 为一定温度下纯溶剂的蒸气压。

把式(2-5)代入式(2-4)中得：

$$\Delta\mu_1^m/RT = \ln(p_1/p_1^\circ) = [\ln\phi_1 + \phi_2 + \chi_1\phi_2^2] \quad (2\text{-}6)$$

对于聚丙烯酸钠，其标准化学位 $\Delta\mu_1^m$ 是负值（−314.0J/mol），水向高分子相移动是稳定的，表现出亲水性。

刘廷栋用 DSC、NMR 分析处于凝胶态的吸水树脂时发现其中存在大量的冻结水和少量的不冻水。由于亲水性水合，在分子表面形成 0.5～0.6nm 的水分子层，第一层为极性离子基团与水分子通过配位键或者氢键形成的水合水；第二层为水分子与水合水通过氢键形成的结合水层。由此计算这些水合水的数量与高吸水性树脂的最大吸水量相比相差 2～3 个数量级。可见，高吸水性树脂的吸水主要是靠树脂内部的三维网络的作用吸收大量的自由水并存储在树脂之内。

对于高吸水性树脂吸水的动力学的研究不多，因为离子型高吸水性树脂的吸水速率很快，采用常规方法很难研究，而 I. Ogawa 等人采用显微镜连接录像系统，通过反复播放溶胀过程，记录树脂凝胶的直径变化（可以测量 0.033s 内的体积变化），从而较为准确地得出聚丙烯酸钠的溶胀是一级动力学过程，动力学常数为 $10^{-2}s^{-1}$。

2.4 丙烯酸系高吸水性树脂

丙烯酸类高吸水性树脂是以丙烯酸（或甲基丙烯酸以及它们的酯类）为原料，通过聚合方法制造成吸水性材料。聚丙烯酸盐是其中最主要的一种，此外，还有丙烯酸酯类单体聚合、丙烯酸类单体和丙烯酸酯类单体共聚合等等。

2.4.1 反应原料

制造聚丙烯酸类高吸水性树脂使用的原料有单体、交联剂、引发剂以及碱、分散介质或溶剂，如果采用乳液聚合，还必须要乳化剂及表面活性剂。

2.4.1.1 丙烯酸类单体

制造聚丙烯酸类吸水树脂所使用的单体基本结构如下：

$$\begin{array}{c} R_1-C=C-H \\ \quad\ | \quad\ \ | \\ \quad\ H \quad COOR_2 \end{array}$$

其中，R_1 为 H 或烷烃（碳原子数为 1～3）；R_2 为 H 或短链烷烃（1～9）或链烷烃（碳原子数为10～30）。具体来说，主要有丙烯酸、甲基丙烯酸、（甲基）丙烯酸甲酯、（甲基）丙烯酸乙酯、（甲基）丙烯酸丙酯、（甲基）丙烯酸丁酯等。

2.4.1.2 引发剂

主要使用水溶性引发剂，具体来说，如过硫酸盐（主要是钾或铵盐）、过氧化氢等，也

有使用氧化还原引发剂，如硝酸铈铵、过氧化氢-硫酸亚铁、过硫酸盐-亚硫酸氢钠（或亚硫酸钠）等，甚至使用以二氧化硅为载体的聚-γ-巯丙基硅氧烷（简称为Si-SH）引发剂。油溶性的引发剂也有使用，主要用来引发酯类聚合。

2.4.1.3 交联剂

丙烯酸类吸水树脂的制备一般采用交联剂交联，使产物由水溶性转变为水不溶性。所采用的交联剂如下：

① 能与羧基及活泼氢反应的双官能团以上的化合物，属于这一类的如1,3-二氯异丙醇、环氧氯丙烷、1，4-二丁二醇二缩水甘油醚、双酚A环氧氯丙烷、环氧树脂等，其次是聚乙二醇二缩水甘油醚等。

② 多价金属阳离子，主要是利用多价金属阳离子与羧基阴离子形成共价键，作为金属阳离子有铝、铁、铬等离子。

③ 酯类单体共聚，如丙烯酸酯、醋酸乙烯酯与丙烯酸共聚，增强亲油性，降低水溶解性能。

2.4.1.4 溶剂及分散剂

丙烯酸类单体聚合，大多采用溶液聚合和反相悬浮、乳液聚合。溶液聚合所使用的溶剂有水、甲醇、乙醇、醋酸、氯仿等，乳液聚合所使用的分散剂主要为烷烃（正戊烷、正己烷、正庚烷、正辛烷、汽油等），环烷烃（如环己烷等），芳香烃（如甲苯、二甲苯、苯等）。

2.4.1.5 乳化剂

乳液聚合反应采用乳化剂及表面活性剂的BHL值一般为3～8，例如，Span，吐温等。

2.4.2 聚丙烯酸类吸水树脂的制造原理

2.4.2.1 聚合

合成丙烯酸类吸水树脂的聚合反应为加聚反应，反应机理为自由基反应机理，首先，引发剂分子在热、光、辐射等的作用下分解为初级自由基，然后初级自由基和单体反应，使得链增长，由于歧化反应，偶合反应或链转移反应使得链终止，具体过程如下：

（1）链引发：I ⟶ 2R·初级自由基

R·+M（单体）⟶ RM·单体自由基

（2）链增长：RM·+M ⟶ RMM·

（3）链终止：

① 偶合反应终止

RM～M·+RM～M· ⟶ RM～MM～MR

② 歧化反应终止

RM～M·+RM～M· ⟶ RM～M+RM～M

③ 链转移终止

RM～M·+X ⟶ RM～M+X·（X可以是单体、溶剂、引发剂或大分子）

丙烯酸类吸水树脂的合成符合自由基反应规律，也具有自动加速现象，并且由于丙烯酸的聚合热大，为18.5kcal/mol（1cal=4.18J），所以在聚合时应采取适当的合成方法，以排除聚合热，防止反应发生爆聚而失去控制。

如果仅仅聚合成线形聚合物，产物往往还不具有高吸水性，通常还要使其交联，形成疏松的网状结构，使其失去水溶性。对于丙烯酸酯类单体，还要进行醇解或水解，使酯基变为亲水性的羧基，产物才具备高吸水性。

2.4.2.2 交联

丙烯酸类吸水树脂的制造有四种交联方法：

（1）交联剂交联法 可用的交联剂有：多元醇，不饱和聚酯，酰胺类（如 *N*,*N*-乙基双丙烯酰胺），脲脂类，烯丙酯类，以及其他如二乙烯基苯等。

采用交联剂交联可分为后交联和同时交联两种。

① 后交联 即制造聚丙烯酸类树脂后，再用交联剂处理的方法。该法所采用的交联剂有1,3-二氯异丙醇，环氧氯丙烷，1,4-二丁二醇二缩水二甘油醚，双酚A环氧氯丙烷，环氧树脂等，合成过程为先将丙烯酸类单体、碱加入水中，制成丙烯酸中和物30%的溶液，再加入引发剂，在N_2保护下加热，搅拌进行聚合反应得到直链状的聚丙烯酸盐，这种含水聚合物加多元醇或将含水聚合物干燥粉碎后再加多元醇，然后通过加热进行交联而得到吸水树脂，这样得到的聚合物不能在含水聚合体内部或在粉末内部得到均匀交联，由于产品交联度不均匀，所以吸水性能不稳定。

② 同时交联 即在交联剂存在下，丙烯酸类单体进行聚合的方法。该法所采用的交联剂主要是多元醇，如聚乙二醇二缩水甘油醚、环氧树脂等。合成过程是将丙烯酸和氢氧化钠、多元醇都溶解在水中做成均匀溶液，经引发聚合以后，得到的聚合物均匀分布在水溶性多元醇中，然后再加热干燥，同时进行分子间交联，这样便得到交联均匀的吸水性聚合体。

（2）多价金属离子交联法 利用阴离子型高分子电解质性质的聚丙烯酸类树脂能在低pH值范围内与多价金属离子形成离子键的配位络合物的方法，制成水不溶性吸水树脂，作为金属阳离子使用铝、铁、铬等的阳离子。与多价金属离子交联的是聚合物的阴离子羧酸基、吸电子基团—CN以及氨基等，与多价金属离子配位络合（或螯合）形成不溶性的交联聚合物，如丙烯酸和两价金属阳离子结合生成的交联螯合物如下式所示。

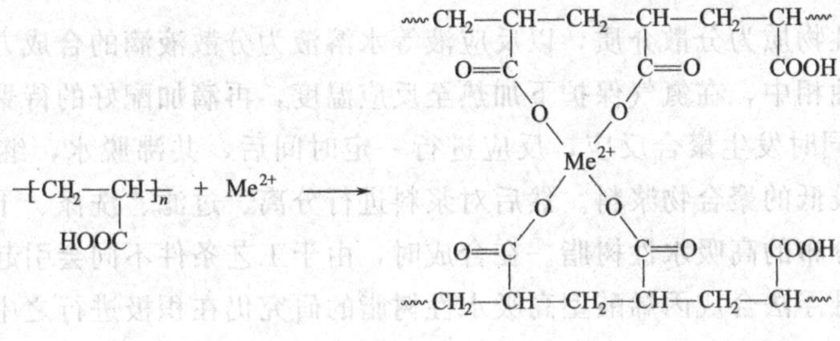

$$-\!\!\left[CH_2-CH\right]_n\!\!- \;(\text{侧基 }HOOC) + Me^{2+} \longrightarrow$$

$$\begin{array}{l}\sim CH_2-CH-CH_2-CH-CH_2-CH\sim \\ \quad\;\; O{=}C \qquad\quad C{=}O \qquad\; COOH \\ \qquad\; O \qquad\quad O \\ \qquad\qquad Me^{2+} \\ \qquad\; O \qquad\quad O \\ \quad\;\; O{=}C \qquad\quad C{=}O \qquad\; COOH \\ \sim CH_2-CH-CH_2-CH-CH_2-CH\sim \end{array}$$

（3）自交联法 它是利用在丙烯盐聚合时，使单体浓度加大，进行剧烈反应，就可得到水不溶性聚合物。根据这一点，通过溶液聚合、反相乳液聚合和反相悬浮聚合等可得自交联的吸水性树脂，这种方法的特点是比较简单，反应迅速，而且也能得到高吸水性树脂，但若交联不好，即有部分溶解于水。

（4）利用疏水性单体共聚合的方法 该法是将亲水性丙烯酸类和疏水性的丙烯酸酯类单体进行多元共聚合，不发生化学交联而得到高吸水性树脂。但是这种反应不易实施，这是因为在合成过程中很难将油溶性单体和水溶性单体充分混合，采用聚合法制备这种高吸水树脂一般利用胶束共聚合或者使用具有表面活性的单体。在胶束共聚合中，采用适当的乳化剂使油溶性的丙烯酸酯溶于水相中，再与水溶性的丙烯酸单体进行共聚，即得到丙烯酸-丙烯酸酯共聚物，但此种方法需要往体系中加入大量的表面活性剂，这将增加后处理过程的复杂性。

2.4.3 聚合反应的实施方法

2.4.3.1 水溶液聚合法

它是将单体和引发剂（或催化剂）溶于水中进行聚合反应的方法，被称为水溶液聚合法。自由基型聚合反应、离子型聚合反应、缩聚反应等均可选用溶液聚合法。溶液聚合也有均相溶液聚合和非均相溶液聚合，这都是对产物来说的。均相溶液聚合是溶剂能溶解单体和聚合物，即得到的产物为高聚物溶液，通过进一步交联就可得吸水性固体。均相溶液聚合可制作吸水性膜、涂料、粉末状产品，如丙烯酸类吸水树脂的制造，若是采用后交联法，则丙烯酸通过水溶液聚合得聚丙烯酸水溶液，然后加入交联剂即得交联的聚丙烯酸吸水树脂。非均相溶液聚合是溶剂能溶解单体，但不溶解聚合物，吸水性树脂成细小悬浮体析出，故也叫沉淀聚合，所得聚合物经过滤、洗涤、干燥、粉碎可得最终产品。如前例采用同时交联法，即将丙烯酸和交联剂都溶在水中，加入引发剂，加热进行聚合反应，则不断有吸水性的交联聚丙烯酸沉淀析出，经过滤、洗涤、干燥、粉碎，得粉末产品。该法是制造吸水性树脂非常重要的方法。

溶液聚合的特点和主要问题：

(1) 特点　溶液聚合体系黏度较低，混合和传热比较容易，温度容易控制，不易产生局部过热；引发剂分散较均匀，不易被聚合物所包裹，引发效率高；产物分子量比较均匀，可制成膜状、粉末状、纤维状等多种形式的产品。

(2) 存在的问题

① 由于单体浓度较低，聚合速度较慢，则设备利用率和生产能力较低。

② 因单体浓度低和活性链向溶剂转移的结果，致使聚合物分子量较低。

③ 若是均相溶液聚合，则由于得到的为固体聚合物，给出料造成困难。

2.4.3.2 反相悬浮聚合法

该法是以油性物质为分散介质，以反应液等水溶液为分散液滴的合成方法。将分散剂及助分散剂溶解在油相中，在氮气保护下加热至反应温度，再滴加配好的待聚合液（单体浓度为1%～50%），同时发生聚合反应，反应进行一定时间后，共沸脱水，继续进行反应到结束，得到含水率较低的聚合物浆料。然后对浆料进行分离、过滤、洗涤、干燥等一系列工序后得到一定粒度分布的高吸水性树脂。在合成时，由于工艺条件不同会引起产物性能发生变化，故对用反相悬浮法合成丙烯酸型高吸水性树脂的研究仍在积极进行之中。

反相悬浮聚合法的主要特点和问题：

(1) 特点

① 反相悬浮聚合可直接得粒状产物，粒子直径为0.01～5mm，一般约0.05～2mm，粒径大小由分散剂性质及用量决定。

② 体系黏度低，聚合热易排除，操作控制比较方便；产品分子量较高，比较稳定，质量均匀，纯净。

(2) 存在的问题

① 由于体系中须加入分散剂（即悬浮剂），故产品带有少量分散剂残留物。

② 要用到大量低沸点有机溶剂，反应要特别注意安全，另外，聚合结束，还面临着如何从产物中除去其中所夹带的溶剂的问题。

由于制造吸水性树脂所采用的原料低分子物或高分子物多是亲水性或水溶性物质，所以反相悬浮法是合成高吸水性树脂的重要方法之一。

2.4.3.3 反相乳液聚合法

反相乳液聚合法是将分散介质（油相）加入反应器中，再加入乳化剂达到其临界胶束浓度（C.M.C.），充分搅拌，使乳化剂溶解并分散均匀，通入氮气，加热到反应温度再滴加配好的反应液，同时发生聚合反应，一定时间后进行共沸脱水，得到含水率较低的浆料，再经过一系列的后处理工序得到粉末状产品。

反相乳液聚合法与乳液聚合法不同之点在于：

① 单体是亲水性或水溶性的物质，即水性单体（或单体水溶液）分散在油性介质中，水相的单体成乳胶粒，形成油包水乳液系统。

② 乳化剂采用油包水（W/O）型乳化剂，它的 HLB 范围为 3～8。

③ 引发剂采用水溶性引发剂（如过硫酸盐，过氧化氢与亚铁离子等），进行聚合时，链引发、链增长、链终止反应大部分均在液滴中进行，最后形成的粒子与液滴大小基本相同，这部分聚合机理与本体聚合或悬浮聚合的机理相同。因它们在乳液中进行，所以许多书中将它们归属于反相乳液聚合，实质上若从机理上加以区别，这种聚合方法应属于反相悬浮聚合。若在油包水（W/O）型乳液中，采用油溶性的引发剂（如偶氮二异丁腈，过氧化二苯甲酰，异丙苯过氧化氢等）进行聚合反应时则是真正的反相乳液聚合。

由于制造吸水性树脂的单体多为亲水性单体，所以使用反相乳液聚合法比较多。而乳液中进行反相悬浮聚合的更多。

反相乳液聚合的特点和问题：

（1）特点

① 反应速度和分子量同时提高。

② 反应产物的粒子直径为 0.05～0.15μm，比悬浮聚合粒子 0.05～2mm 小得多，其最终产品可以是乳液（可浸渍制品或涂料、黏合剂），也可制成粉末。乳液聚合和反相乳液聚合是制造粉末吸水树脂最重要的方法。

（2）存在的问题

① 体系中的乳化剂会被夹杂入产物中，不易除去。

② 同样要用到大量有机溶剂，一方面溶剂消耗大，另一方面还要回收这些有机溶剂，并除去产物中的溶剂。

由上可见，各种合成方法均有其优缺点。

2.5 高吸水性树脂的吸水速度

2.5.1 弹性凝胶膨化动力学

膨化的瞬时速度应当决定于 V_∞ 和 V_t 之差，V_∞ 表示弹性凝胶的极限体积，V_t 表示在时间 t 时，弹性凝胶的体积。膨胀速度可以用 $\frac{dV}{dt}$ 来表示，则其速率方程式表示如下：

$$\frac{dV}{dt}=K(V_\infty-V_t)$$

即膨胀速率与体系离开极限状态的程度成正比。图 2-8 表示弹性凝胶体积弹性凝胶体积增加 ΔV 趋向于某一极限的增量 ΔV_∞。

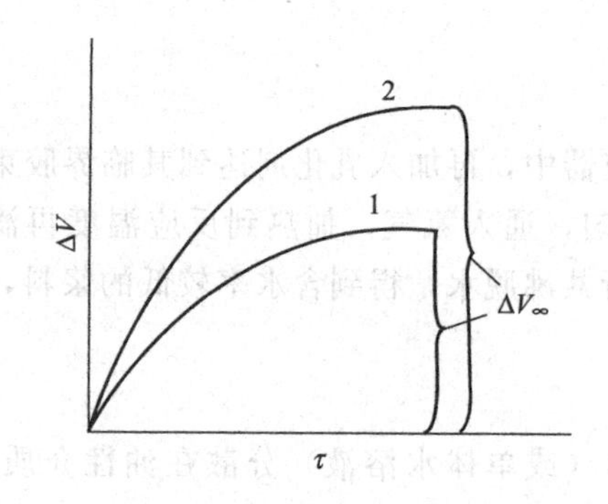

图 2-8 弹性凝胶的浓度对于膨化速度及凝胶的膨化极限体积的影响

1—低浓度的凝胶；2—高浓度的凝胶

膨化速度决定于弹性凝胶和溶剂的性质及实验的湿度等。

2.5.1.1 弹性凝胶的结构

弹性凝胶的表面结构、外形对于膨化速度有影响，如果胶体是紧密的一团，则膨化速度要小些，若将同样重量的软胶分割成薄片，则膨化速度就要大大增加。对于粒状物，则粒子直径越小，则吸液速度快。纤维状的和鱼鳞状的，则表面积越大，膨胀速度越快。多孔性以及每个小孔的半径也能影响吸液速率，总之，表面积越大，吸水速度越快。

2.5.1.2 固体的浓度

图 2-8 中曲线 1 表示其浓度较小的凝胶体积增大的过程，而曲线 2 则表示同一凝胶，但凝胶的浓度较大的情况，凝胶浓度愈大就可以结合更大量的液体，因此 ΔV_∞ 随着凝胶的浓度而增加。

2.5.1.3 温度

膨化速度常数和温度的关系，根据阿累尼乌斯方程，以 $\ln k$-$1/T$ 作图应得到一条直线，因此可得出结论：即可把这种情况下的膨化过程看作是凝胶团在没有任何副作用的情况下把液体结合起来的过程，速度常数 k 是分散介质分子扩散系数的函数。

因此，温度对膨化速度的影响很清楚，当温度升高时，膨胀速度增大。但膨胀软胶的极限体积则按照吕查德理原理，对于任何放热的膨胀，其速度是应该减小的，根据这些热力学原理可用图 2-9 来表明：曲线 1 表示温度为 T_1 时膨化速度；在较高的温度 T_2 时，因为过程速度较大，所以曲线 2 比较来得平些，且终止于较低的水平线上，曲线 1 和曲线 2 是相交的。

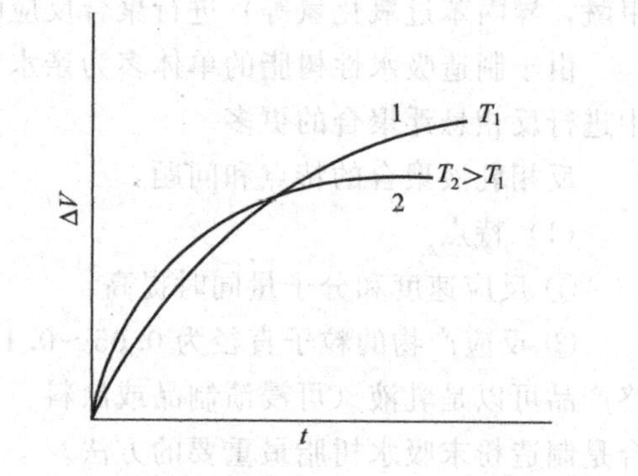

图 2-9 温度对凝胶的膨化速度和极限体积的影响

T—温度；$T_2>T_1$；t—时间

但在许多情况下，曲线 1 和曲线 2 是不相交的，例如，白明胶和洋菜的膨化过程。在很大温度变化范围内，系数 $\frac{dV_\infty}{dT}$ 都是正值，此时在较高温度下的曲线 2 永远高于曲线 1，可以认为：在温度较高时，能量消耗在克服连接胶团非极性部分的键，也就是克服凝胶在水中膨胀时不能形成溶剂薄膜的键，水分可能机械地渗入凝胶的内部，这样就增加了 ΔV_∞ 的数值。

前已叙述，凝胶的表面积大，疏松多孔或纤维状、鳞片状、细粉末状等均使膨化速度增加，同时，应考虑到膨胀的同时表面层可能发生分散。此外，当液体接触时，可以洗去在凝胶中所含有的真正溶解的掺杂物，所有这些情况都会使凝胶的体积和重量减少。因此，图中看到某一最高点，以后曲线就继续下降。显然，所有这些复杂的情况，在计算膨化速度的常数时就会显露出来。在许多情况下，k 的平均值都有显著偏差。

2.5.2 吸水速度

高吸水性树脂的吸水速度多数从应用方面考虑，以测吸去离子水的速度来表示，也有测0.9%或1%的食盐水（生理盐水）溶液的吸液速度。

2.5.2.1 离子型吸水剂与非离子型吸水剂

离子型超强吸水性树脂一般来说吸水速度较慢，因此达到饱和吸水量需要数小时甚至达几十小时，但其初期吸水速度较快。半小时左右可达饱和吸收水量的一半，以后吸水速度逐渐降低，至一小时后，吸水速度非常慢了。如图2-10所示。

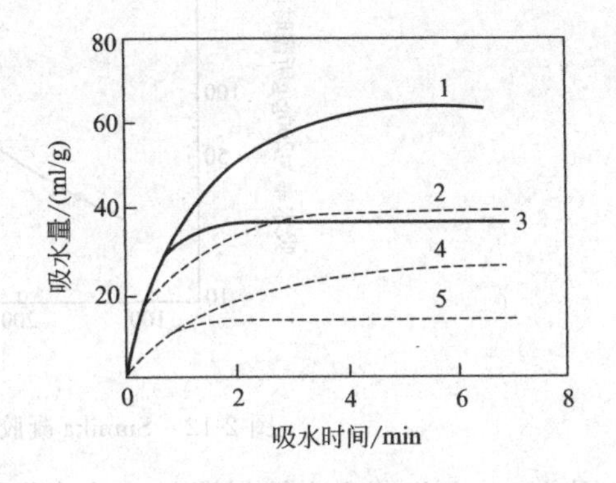

图2-10 吸水速度（纸袋法）（吸收液，0.9%食盐水）

1—Aqua Keep 105 SH；2—丙烯酸盐系聚合物；3—Aqua Keep 4S；4—淀粉系聚合物；5—纤维素系聚合物

对于非离子型的高吸水性树脂来说，如PVA交联后与离子型的显著不同，主要是它的吸水速度非常快，达到饱和吸水量只需要20min～1h。几秒钟至2min就可达平衡吸水量的一半以上，如图2-11。

而淀粉接枝丙烯腈高吸水性树脂

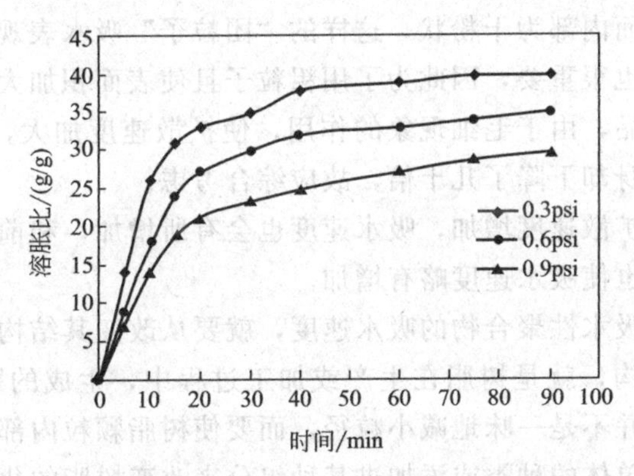

图2-11 交联PVA在不同压力下的吸水速度

此图文献信息：Hossein Hosseinzadeh. Current Chemistry Letters，2013，2：153-158.

psi为压强单位磅每英寸，145psi=1MPa。

图中0.3psi≈2.07kPa；0.6psi≈4.12kPa；0.9psi≈6.21kPa。

SGP502s，从开始约30s可达饱和吸水量的50%，约10min后，可达100%，表明产品吸水速度更快。

因此，提高离子型吸水剂的吸水速度是重要的关键问题之一。

2.5.2.2 表面结构

超强吸水剂的吸水速度如前面所说，还取决于它的表面结构。大多数的吸水剂为粉末状。因此粒子越细，接触表面越大，则吸水速度增加，如丙烯酸-乙烯醇共聚物的吸水速度与粒径的关系见图2-12。为了提高吸水速度，可将吸水剂粉碎成很细的粉末为好。但不能过细，否则在水中容易形成像生面粉团一样的所谓“团粒子”，外表面已吸水膨胀了，里面还是无水的粉末一样，这反而使吸水速度降低。

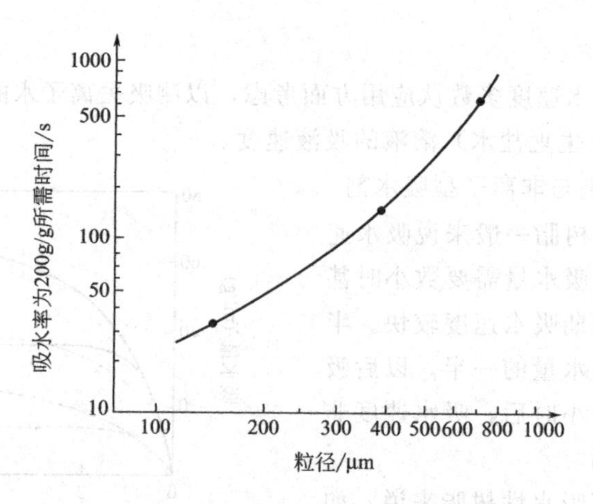

图 2-12 Sumika 凝胶 S-50 的吸水速度与粒径

因此，也可以将吸水性树脂加工成多孔结构、纤维状、薄膜状、鳞片状等以扩大此表面，有效地提高吸水速度。

值得注意的是粒径小，表面积大，应该吸水速度比较快，但其与水接触时，发生“团聚”现象，生成所谓的“团粒子”，增加吸收阻力，如 SGP502s 的粒度为 30～100 目时，若在搅拌下加入水中，很容易分散，但在 200～325 目的范围内，加在搅拌下的水中，易成块状，表面在水中润湿，而内部为干粉状，这样的“团粒子”吸水表观速度显著减慢。表面浸润对于吸水速度的提高也很重要，因此为了用粗粒子且使表面积加大，就可想法制成多孔状或鳞片状，而纤维状制品，由于毛细现象的作用，使扩散速度加大，所以显示出高的速度，但其缺点是吸水能力本身却下降了几十倍，故应综合考虑。

此外，湿度增加，扩散速度增加，吸水速度也会有所增加，和前述凝胶吸液速度随湿度的变化相一致，且搅拌也使吸水速度略有增加。

综上所述，要提高吸水性聚合物的吸水速度，就要从改变其结构出发，包括物理结构和化学结构。改变物理结构，就是树脂在生产或加工过程中，生成的颗粒表面积要尽可能的大，增加颗粒的表面积并不是一味地减小粒径，而要使树脂颗粒内部形成一种多孔结构。改变化学结构，通过改变单体的种类或添加进某种组分来改变树脂的化学组成，而且这种组成又有利于树脂吸水速度的提高，并且树脂吸完水后，残留的游离水要少，以提高吸水后树脂的干爽度，这一点在用作生理卫生材料上尤为重要。

2.6 高吸水性树脂的应用

由于高吸水性树脂的特殊性能，它逐渐在工业、农业、园林、医疗卫生、日常生活等各个方面得到了广泛的开发应用，如表 2-4 所示。

(1) 土壤改良，保水剂 将高吸水性树脂与土壤混合，不仅促进了团粒结构，还改善了土壤的保墒、保湿、保肥性能。在改造荒山、秃岭、沙漠提高植被面积和种植作物及树木中，可利用它提高发芽率、成活率，抗旱保苗。

(2) 卫生用品 卫生用品是最早使用高吸水性树脂的范例，最近几年在许多专利中所提出的使用方法，基本上都是薄纸中间夹纸浆和高吸水性树脂的层压结构。为提高初期吸水性，并使其能迅速吸收血液和尿液，可将非离子性表面活性剂加入树脂粉粒中，或把树脂分散在纸浆里，以保持好的分散性。

表 2-4 高吸水性树脂的应用

特性	用途
吸水、脱水性	妇婴卫生用品,食品保鲜膜,混凝土保养膜,防结露剂
凝胶化	污泥凝胶剂,保冷材料
吸湿、调湿性	保鲜剂,干燥剂,调湿剂
保水、给水性	农艺保水剂,粉尘防止剂
选择性吸水性	油水分离材料
膨胀、止水性	水膨润性防水橡胶,电缆用防水剂
流动性	密封材料
润湿性	人造雪,混凝土桩用减摩剂
吸附、吸收性	脱臭剂,微生物载体
防振、防音性	防振吸音材料
缓释性	芳香材料
相转移	人造肌肉显示记录材料,数字数据系统
电气特性	医疗用电极,传感器

(3) 医用材料 高吸水性树脂作为吸水剂，已用于能保持部分被测溶液的医用检验试片，含水量大、使用舒适的外用软膏，能吸收浸出液并可防止化脓的治伤绷带及人工皮肤、缓释性药剂等。吸水树脂的凝胶，可抑制血浆蛋白和血小板的粘连，因而可作为抗血栓材料，用于制造人工脏器，如使 PVA 水溶液冻结、成型、部分真空脱水，得到高含水率且高强度的水凝胶，可用于生物体的修复植入材料（软骨），用于人工关节的滑动部位以代替软骨。

(4) 化工和油田开发助剂 高吸水性树脂对有机物的吸收能力差，使用高吸水性树脂作为油田脱水剂，可以有效地除去油中所含的少量水分。使用高强度高吸水性树脂进行油田注水井调堵水，取得了显著的增油效果。

(5) 除臭、芳香剂 将三聚磷酸二氢铝等脱臭剂和高吸水性树脂以及纤维状物质等增强材料一起成型，然后在型材才中保持二氧化氯溶液，通过蒸发该溶液进行消臭、杀菌，也可以加植物叶的提取成分使之成为芳香剂。日本现正在试验将其用于卫生用品和食品容器。

(6) 其他应用 高吸水材料的应用十分广泛，它可以与橡胶、聚醋酸乙烯酯、聚氯乙烯、聚氨酯等各种材料复合使用。它在强吸水橡胶、水泥固化处理剂、湿度呼吸性天花板及墙壁材料、热敷剂、食品包装材料及冷冻剂、化妆品中的增稠剂、保湿剂等方面的应用已得到了开发。

参 考 文 献

[1] G. F. Fanta，R. C. Burr，C. R. Russell，C. E. Rist. J. Appl. Poly. Sci.，1966，10：929.

[2] G. F. Fanta，R. C. Burr，C. R. Russell，C. E. Rist. J. Appl. Poly. Sci.，1967，11：457.

[3] G. F. Fanta，R. C. Burr，C. R. Russell，et al. J. Poly. Sci.，1966，B4：765.

[4] 温品谦二．有机化学，1980，38 (8)：546.

[5] 化学工业时报，第 1198 号.

[6] 吉武敏彦．工业材料，1981，29 (8)：27.

[7] Chemical Week，24，July，21 (1974).

[8] 赵育，四川化工，1985，(3)：56.

[9] 邹新禧．超强吸水剂．北京：化学工业出版社，1991.

[10] 黄德琇，顾凯等．高分子材料科学与工程，1993，(4)：39.

[11] 季鸿渐，张万喜，潘振远等．高分子通报，1992，(2)：111.

[12] G. F. Fanta，R. C. Burr，W. M. Doane. J. Appl. Poly. Sci.，1982，27（17）：2731.
[13] 柳明珠，吴靖嘉，义建军. 高分子材料科学与工程，1992，（4）：19.
[14] 刘延栋. 精细化工，1993，（5）：45.
[15] 日特开昭 51-144476.
[16] 田汝川等. 高分子学报，1990，（2）：129.
[17] Mehrotra R. et al. J. Appl. Sci.，1978，（10）：2991.
[18] Pledger H. J. R. et al. J. Macro. Sci-Chem，1985，A22（4）：415.
[19] H. D. Plesto. U. S. P 3241553. 1966.
[20] Schwenker et al. U. S. P 3312642. 1967.
[21] Reine et al. U. S. P 4155888.
[22] 特开昭 53-46199.
[23] R. A. Mooth. U. S. P 4155. 1975.
[24] 特开昭 55-172402.
[25] D. A. Corbishley et al. Starch：chemistryand tech，I. N. C.，1984.
[26] 中村道德，玲木繁男编集. 淀粉科学ハンバツゥ，朝仓书店，1977.
[27] 蒲敏，王海霞，周根树. 材料导报，1997，11（4）：43.
[28] Hui S. H.，Lepoutre P.. J. Appl. Sci.，1975，19（6）：1771.
[29] Zahran A. H.，Willianms J.，Stannett V. T.. J. Appl. Poly. Sci.，1980，25（4）：5335.
[30] 路建美，朱秀林. 高分子材料科学与工程，1992，（1）：35.
[31] 温品谦二. 有机合成化学，1980，（38）：6.
[32] 住友宏. 工业材料，1981，29（8）：26.
[33] Loretta Y.. J. Appl. Poly. Sci.，1992，45：1411.
[34] Yukiniko Naka. Radiation phys chem.，1993，39：83.
[35] 黄美玉. 高分子通报，1988，（1）：50.
[36] 于善普，李旭东. 青岛化工学院学报，1997，13（2）：147.
[37] 林润雄，姜斌，黄毓礼. 北京化工大学学报，1997，18（2）：147.
[38] Flory P J. Principles of polymer chemistry，New York：Cornel University Press，1953.
[39] 何曼君，陈维孝，董西侠. 高分子物理. 上海：复旦大学出版社，1993.
[40] Smith J M，Vanness H C. Introduction to chemical engineering thermodynamic，4thed，New York：Mce GraweHill，1987.
[41] 刘延栋，刘京. 高分子通报，1994，（3）：182.
[42] Ikuko Ogawa，Hideki Yamano，Kinjiro Miyagawa. J. Appl. Poly. Sci.，1993，47：217.
[43] 特开昭 59-145277，1984.
[44] 花王石碱，特许公报，昭 54-30710.
[45] 公开特许公报，昭 50-82143.
[46] 公开特许公报，昭 55-84304.
[47] 公开特许公报，昭 55-135111.
[48] 加藤武. 工业材料，1981，29（8）：44.
[49] 特许公报，昭 54-30710.
[50] 邹新禧. 湘潭大学学报，1984，（1）：94-99.
[51] 浙江大学，天津大学等合编. 高分子化学. 北京：化学工业出版社，1980.
[52] Kristi S. Anseth，Robert A. Scott，Nikolaos A. Peppas. Macromolecu-les，1996，29（26）：8308.
[53] 周大寨. 不同类型吸水剂提高水杉抗旱耐盐性比较研究，硕士学位论文，湖北民族学院，2010.
[54] 邹新禧. 超强吸水剂. 北京：化学工业出版社，2002.
[55] 牛宇岚. 山西化工，2003，23（2）：7.
[56] 杨磊，李坚. 东北林业大学学报，2003，31（2）：11.
[57] 林松柏，萧聪明. 华侨大学学报（自然科学版）1998，19（1）：27.

[58] 郑彤，王鹏，张志谦，等．哈尔滨商业大学学报（自然科学版），2002，18（2）：192.
[59] 陈志军，方少明，王振保，等．郑州轻工业学院学报，1999，14（2）：54.
[60] 褚建云，王罗新，刘晓东，等．皮革科学与工程，2003，13（3）：42.
[61] 顾锦涛，彭宪湖．中国胶黏剂，2000，10（2）：54.
[62] 黎园．天然气化工，2003，28：46.
[63] Hossein H. Current Chemistry Letters，2013，（2）：153.

第 3 章　高分子分离膜

很早人们就认识到固体薄膜能选择性地使某些组分透过。20 世纪 60 年代，Leob 和 Sourirajan 研制成功醋酸纤维素非对称膜，60 年代末期又研制成功中空醋酸纤维素膜，这在膜分离技术的发展中是两个重要的突破，对膜分离技术的发展起到了重要的推动作用，使反渗透、超滤和气体分离进入实用阶段。从 20 世纪 50 年代以来，膜分离有关产业以平均年增长 10%以上的速度稳定增长，已形成一个年产值超过百亿美元的重要新兴产业。

膜分离是一种很重要的分离技术，它的分离过程通常称为膜过程，也就是利用薄膜对混合物组分的选择透过性，能使之在一定的推动力下进行分离。它可以实现物质的浓缩、纯化、分离和反应促进等功能。在许多领域，膜技术已得到了广泛的应用，如食品、饮料、冶金、造纸、纺织、制药、汽车、乳品、生物、化工以及在工业及民用用水的处理方面，它在环保方面的应用也日益广泛。

膜材料是膜分离技术的核心，膜材料的性质直接影响膜的物化稳定性和分离渗透性，不同的膜分离过程对膜材料的要求不同，如：反渗透膜材料必须是亲水的，膜蒸馏要求膜材料是疏水的，微滤、超滤过程膜的污染取决于膜材料与被分离介质之间的相互作用等。因此，按照膜分离过程和被分离介质的具体要求，选择或制备合适的膜材料是首先必须解决的问题。但是，选择何种材料作为膜材料并不是随意的，而是要根据其特定的结构和性质来选用。

不同的膜过程和分离任务对膜材料的要求不同。但一般都有成膜性、热稳定性、化学稳定性以及抗污染性等方面的要求。因而，一种分离膜有无实用价值，主要看其是否具备以下条件：①有高的截留率和高的透水系数；②有强的抗物理、化学和微生物侵蚀的性能；③有好的柔韧性和足够的机械强度；④抗污染能力好，使用寿命长，适合 pH 值范围广；⑤运行操作压力低；⑥成本合理，制备简单，便于工业化；⑦耐压致密性好，化学稳定性好，能在较高温度下应用。

相对于其他的分离方法，膜分离技术具有以下的优点：除个别情况，如渗透蒸发分离外，分离过程没有相变，因此分离物质的损耗小，能源消耗小，是一种低能耗、低成本的分离技术；膜分离过程通常在温和的条件下进行，因而对需避免高温分级、浓缩与富集的物质，如果汁、药品、蛋白质等，具有明显的优点；膜分离装置简单、操作容易、制造方便，易于与其他分离技术相结合，其分离技术应用范围广，对无机物、有机物及生物制品均可适用，并且不产生二次污染。但是膜过程中容易出现膜污染，降低分离效率，膜的分离选择性较低，同时膜的使用有一定的寿命。

3.1　膜的分类

分离膜的种类和功能繁多，不能用单一的方法来明确分类。比较通用的膜分类方法主要有四种：按膜材料性质分类；按膜的形态结构分类；按膜的用途分类，按膜的作用机理分类。

3.1.1　膜的分类

3.1.1.1　按膜材料性质分类

分离膜按膜材料性质可分为天然生物膜和合成膜。天然膜指生物膜（生命膜）与天然物质改性或再生而制成的膜。合成膜指无机膜与高分子膜。

合成分离膜按其凝聚状态又可分为固膜、液膜、气膜三类，目前大规模使用的多为固膜。固膜主要以高分子合成膜为主，它可以是致密的或是多孔的，可以是对称的或非对称的。液膜分乳状液膜（又称无固相支撑型液膜）和带支撑液膜（又称有固相支撑型液膜或固定膜）两类，它主要用于废水处理和某些气体分离等。气膜分离现在还处于实验研究阶段。

制备固膜的材料一般为有机高分子材料和无机材料。有机高分子材料可制备各类分离膜；无机材料则多用于制备微滤膜、超滤膜，也有少量用于纳滤膜过程，但由其制备的多孔膜也可作为复合反渗透膜的基膜。

3.1.1.2　按膜的形态结构分类

分离膜按膜的形态结构可分为多孔膜和非多孔膜。其中，多孔膜又可分为对称膜和非对称膜。对称膜，又称均质膜或各向同性膜，指各向均质的致密或多孔膜，物质在膜中各处的渗透速率相同。非对称膜，又称各向异性膜，一般有一层极薄的多孔皮层或致密皮层（决定分离效果和传递速率）和一个较厚的多孔支撑层（主要起支撑作用）组成。非对称膜又分为两类：一类为整体不对称膜（膜的皮层和支撑层为同一种材料），另一类为复合膜（膜的皮层和支撑层为不同种材料）。

多孔膜和非多孔膜也可按晶型区分为结晶型和无定型两种。

除此之外，分离膜还可按照膜的用途、膜的作用机理等将它们分类。其中，按用途可分为液体分离膜（通常进行液体混合物的分离）和气体分离膜。按照操作压力还可分为高压、低压、超低压用膜等。

从技术上来看，膜过程正由微滤（MF）、超滤（UF）、纳滤（NF）、反渗透（RO）、电渗析（ED）、膜电解（ME）、扩散渗透（DD）及透析等第一代过程向气体分离（GS）、全蒸发（PV）、蒸气渗透（VP）、膜蒸馏（MD）、膜接触器（MC）、膜萃取等发展。表 3-1 列举了一些膜的分离过程。

表 3-1　膜分离过程的特性

过　　程	主要功能	推动力	分离机理
微滤(MF) microfiltration	滤除≥50nm 的颗粒	压力差 0.1～0.5MPa	筛分
超滤(UF) ultrafiltration	滤除 5～100nm 的颗粒	压力差 0.1～1MPa	筛分
反渗透(RO) reverse Osm osis	水溶液中溶解盐类的脱除	压力差 1～10MPa	溶解扩散
渗析(D) dialysis	水溶液中无机酸、盐的脱除	浓度差	溶解扩散
电渗析(ED) electrodialysis	水溶液中酸、碱、盐的脱除	电位差	离子荷电

续表

过　程	主要功能	推动力	分离机理
气体分离(GP) gas permeation	混合气体的分离	分压差 0.1～15MPa	溶解扩散
渗透汽化(PV) pervaporation	水-有机物的分离	分压差 0.1～100MPa	溶解扩散
液膜(L) liquid membrane	盐、生理活性物质的分离	化学位差	载体输送

3.1.2 高分子分离膜的定义及结构

如果在一个流体相内或两个流体相之间有一薄层凝聚相物质能把流体相分隔开来成为两部分，那么这一凝聚相物质就可称为分离膜。因此分离膜是两相之间的屏障，且具有选择性透过的固有特性。

膜可以是固态的，也可以是液态的。膜可厚可薄，可以是均质的，也可以是非均质的。膜分离过程可以是主动的如渗透，也可以是被动的，此时的推动力可以是压力差、浓度差、电场力等，从膜的化学性质上看可以是中性的，也可以是带电的。

膜的结构将决定其分离机理，对于固体合成膜，可主要分为两大类：对称膜和不对称膜，每种膜又可由均质膜（致密膜）和多孔膜或两者共同组成。均质膜中没有宏观的孔洞，某些气体和液体的透过是通过分子在膜中的溶解和扩散运动实现的；而多孔膜上有固定的孔洞，是依据不同的孔径对物质进行截留来实现分离过程的。

对称膜的厚度一般在10～200μm之间，传质阻力由膜的总厚度决定，降低膜的厚度将提高渗透速率。不对称膜一般由厚度为0.1～0.5μm的很致密皮层和50～150μm厚的多孔亚层构成，如图3-1所示。它结合了致密膜的高选择性和多孔膜的高渗透速率的优点，其传质阻力主要或完全由很薄的皮层决定。

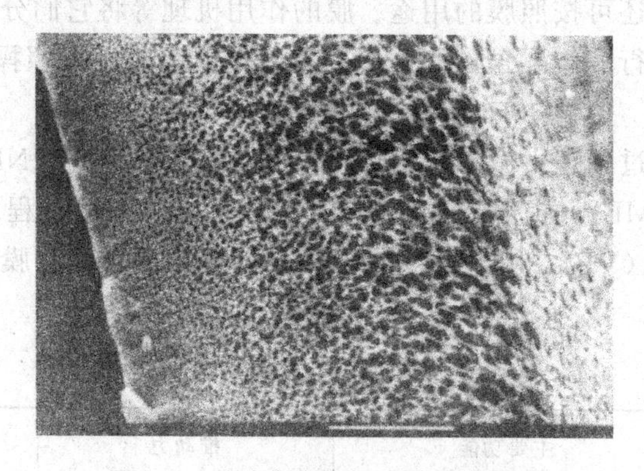

图3-1 不对称聚砜超滤膜的横断面

依据膜的结构、形态和应用等，不同的场合有不同的分类方法，如从材料的来源可分为合成膜和天然膜，依据膜的形态可分为液态膜和固体膜等。根据分离膜的分离时所选择的颗粒的大小，还可分为微滤膜、超滤膜、纳滤膜、反渗透膜等。从膜的宏观形态来分，还可将膜分为平板膜、管状膜和中空纤维膜。

平板膜是分离膜中宏观结构最简单的一种，它还进一步分为无支撑膜（膜中仅包括分离用膜材料本身）、增强型分离膜（膜中还包含用于加强机械强度的纤维性材料）和支撑型分离膜（膜外加有起支撑增强作用的材料）。它可以制成各种各样的使用形式，如平面型、卷筒型、折叠型和三明治夹心型等，适用于超细滤、超滤和微滤等各种形式。平面型分离膜容易制作，使用方便，成本低廉，因此使用的范围较广。

管状膜的侧截面为封闭环形，被分离溶液可以从管的内部加入，也可以从管的外部加入，在相对的一侧流出。在使用中经常将许多这样的管排列在一起组成分离器。管状分离膜最大的特点是容易清洗，适用于分离液浓度很高或者污物较多的场合。在其他构型中容易造成的膜表面污染、凝结、极化等问题，在管型膜中可以由于溶液在管中的快速流动冲刷而大大减轻，而且在使用后管的内外壁都比较容易清洗。但其使用密度较小，在一定使用体积下，有效分离面积最小。同时，为了维持系统循环，需要较多的能源消耗。因此，在规模应用中只有在其他结构的分离膜不适合时才采用管状分离膜。

中空纤维是由半透性材料通过特殊工艺制成的，其外径在 50～300μm 之间，壁厚约 20μm 左右。在使用中通过纤维外表面加压进料，在内部收集分离液。中空纤维的机械强度较高，可在高压力场合下使用，具有高使用密度，但中空纤维易在使用中受到污染，并且难于清洗。中空纤维的一个重要应用场合是在血液透析设备（采用大孔径中空纤维）和人工肾脏的制备方面。

3.1.3 高分子分离膜的分离原理

作为分离膜，其最为重要的两个指标是选择性和透过性。透过性是指测定物质在单位时间透过单位面积分离膜的绝对量；选择性是指在同等条件下测定物质透过量与参考物质透过量之比。

各种物质与膜的相互作用不一致，其分离作用主要依靠过筛作用和溶解扩散作用两种。聚合物分离膜的过筛作用类似于物理筛分过程。被分离物质能否通过筛网取决于物质粒径尺寸和网孔的大小，物质的尺寸既包括长度和体积，也包括形状参数。同时分离膜和被分离物质的亲水性、相容性、电负性等性质也起着相当重要的作用。膜分离的另一种作用形式是溶解扩散作用。当膜材料对某些物质具有一定溶解能力时，在外力作用下被溶解物质能够在膜中扩散运动，从膜的一侧扩散到另一侧，再离开分离膜。这种溶解扩散作用在致密膜分离气体和反渗透膜分离溶质与溶液的过程中起主要作用。

膜对被分离物质的透过性和对不同物质的选择性透过是对分离膜最重要的评价指标。在一定条件下，物质透过单位面积膜的绝对速率称为膜的透过率，通常用单位时间透过物质量为单位。两种不同物质（粒度大小或物理化学性质不同）透过同一分离膜的透过率比值称为透过选择性。

3.1.3.1 多孔膜的分离原理

多孔膜的分离机理主要是筛分原理，以截留水和非水溶液中不同尺寸的溶质分子，也可以用于气体的分离。依据表面平均孔径的大小可分为微滤（0.1～10μm）、超滤（2～100nm）、纳滤（0.5～5nm）。多孔膜表面的孔径有一定的分布，其分布宽度与制膜技术有关。

除孔径外，在多孔膜的分离中还存在着其他的一些影响因素，如分离膜与被分离物质的亲水性、相容性、电负性等，因此膜的分离过程不仅与膜的宏观结构密切相关，而且还取决于膜材料的化学组成和结构，以及由此而产生的与被分离物质的相互作用关系等。

如一般分离膜的平均孔径要大于被截留的溶质分子的分子尺寸。这是由于亲水性的多孔膜表面吸附有活动性相对较小的水分子层而使有效孔径相应变小造成的。表面荷电的多孔膜可以在表面吸附一层以上的对离子，因而荷电膜有效孔径比一般多孔膜更小。而相同标称孔径的膜，荷电膜的水通量比一般多孔膜大得多。

3.1.3.2 致密膜的分离机理

绝对无孔的致密膜是不存在的，即使在完整晶体表面的晶格中仍有 0.4nm 左右的孔道存在。在膜分离技术中通常将孔径小于 1nm 的膜称为致密膜。

致密膜的传质和分离机理是溶解-扩散机理，即在膜上游的溶质（溶液中）分子或气体分子（吸附）溶解于高分子膜界面、按扩散定律通过膜层、在下游界面脱溶。溶解速率取决于该温度下小分子在膜中的溶解度，而扩散速率则按 Fick 扩散定律进行。

一般认为，小分子在聚合物中的扩散是由高聚物分子链段热运动的构象变化引起的，所含自由体积在各瞬间的变化而跳跃式进行的。因而小分子在橡胶态中的扩散速率比在玻璃态中的扩散速率快，自由体积愈大扩散速率愈快，升高温度可以增加分子链段的运动而加速扩散速率，但相应不同小分子的选择透过性则随之降低。因此影响膜的分离过程的因素有被分离物质的极性、结构相似性、酸碱性质、尺寸、形状等，还有膜的凝聚态结构和化学组成等。

3.2 高分子分离膜的材料

根据膜材料性质，膜可以分为有机高分子膜和无机膜两大类。有机高分子膜是指起分离作用的活性层为有机高分子材料，而无机膜的活性分离层则为无机金属、金属氧化物、陶瓷、玻璃、无机高分子材料等。目前有机聚合物膜受到的重视比无机膜要大得多，其发展速度令人瞩目。

不同的膜分离过程对膜材料有不同的要求，如反渗透膜材料必须是亲水性的，气体分离膜的通透量与有机高分子膜材料的自由体积和内聚能的比值有直接关系；膜蒸馏要求膜材料是疏水性的；超滤过程膜的污染取决于膜材料与被分离介质的化学结构等。因此，根据不同的膜分离过程和被分离介质，选择合适的聚合物作为膜材料是制备分离膜关键所在。

下面列举出几种主要的聚合物分离膜材料。

3.2.1 纤维素衍生物类

纤维素类膜材料是应用研究最早，也是目前应用最多的高分子膜材料，主要用于反渗透、超滤、微滤，在气体分离和渗透汽化中也有应用。

包括再生纤维素（RCE）、硝酸纤维素（CN）、醋酸纤维素（CA）、乙基纤维素（EC）以及其他纤维素衍生物等。

由于纤维素的分子量较大，结晶性很强，因而很难溶于一般的溶剂，通常对之进行改性使之醚化或酯化。

醋酸纤维素是由纤维素与醋酸反应制成的，主要用于反渗透膜材料，也用于制造超滤膜和微滤膜。作为超滤膜，三醋酸纤维素比二醋酸纤维素具有更高的耐热和耐酸等性能。醋酸纤维素膜价格便宜，膜的分离和透过的性能良好，但 pH 值使用范围窄（pH=4～8），容易被微生物分解以及在高压操作下时间长了容易压密，引起透过性下降。

硝酸纤维素（CN）是由纤维素和硝酸制成的。价格便宜，广泛用作透析膜和微滤膜材料。为了增加膜的强度，一般与醋酸纤维混合使用。

在制膜工业中应用的还有纤维素醋酸与丁酸的混合酯（CAB）和乙基纤维素（EC）等。

纤维素本身也能溶于某些溶剂，如铜氨溶液、二硫化碳、*N*-甲基吗啉-*N*-氧化物(NMMO)。在溶解过程中发生降解，相对分子质量降至几万到几十万。在成膜过程中又回复到纤维素的结构，称为再生纤维素。再生纤维素广泛用于人工肾透析膜材料和微滤、超滤膜材料。

常用的纤维素类膜材料主要有以下几种：

3.2.1.1 二醋酸纤维素（CA）和三醋酸纤维素（CTA）

二醋酸纤维素（cellulose acetrate，CA）是一种由纤维素和乙酸酐（约40%）乙酰化而制得的是用于反渗透的膜材料。它是目前研究最多的反渗透或超滤膜材料，制得的膜具有透水率高、中等耐氯性，对大多数水溶性组分渗透率相当低，具有很好的成膜性能及膜的牢固性等特点，除醋酸纤维素外，三醋酸纤维素、醋酸丙酸纤维、醋酸丁酸纤维等都是很有前途的纤维素类膜材料。这些纤维酯是在纤维素分子中引入不同酯基后，得到的具有不同亲水性和反应官能团的纤维素衍生物。一般CA含有乙酸51.8%，CTA含有乙酸61.85%。制膜用CA应含有乙酸55%～58%，是制备反渗透膜的基本材料；它也用于制备卷式超滤组件以及纳滤、微滤膜等。

40年来，CA在膜材料中占有十分重要的位置。其主要原因是：它与其他膜材料相比，具有资源广阔，且无毒、耐氯、价格低、制膜工艺简单、便于工业化生产等优点，且该膜用途广，亲水性好、截留率很高；但是其耐氧化性低、易水解、易压密、抗微生物侵蚀性差，限制了它在某些方面的应用。因此，除对CA进行某些化学改性和接枝外，开发研究新的膜材料，也成为膜材料工作者研究的主要课题。

3.2.1.2 其他纤维素膜

(1) 再生纤维素膜（RCE） 传统的再生纤维素有铜氨纤维素和黄原酸纤维素，分子量在几万到几十万之间，是较好的透析膜用材料。抗蛋白质污染的系列再生纤维素微滤膜和超滤膜也已获得广泛应用。

(2) 硝酸纤维素（CN） 制膜用CN是纤维素经硝化制得，其含氮量在11.2%～12.2%之间，它广泛应用于透析用膜和微滤膜，也可与醋酸纤维素混合使用以增加其强度。

(3) 乙基纤维素（EC） EC可通过碱纤维素与乙基卤化物反应制得。由于EC具有较高的气体透过速率和较高的气体透过系数，故常用于氧、氮分离。

目前对纤维素类的分离膜进行了多种形式的改性研究，如氰乙基乙酸纤维素、羟丙基乙酸纤维素、纤维素氨基甲酸酯等，以及纤维素与液晶化合物，壳聚糖等共混，并采用了多种制备和表面处理工艺，以提高其使用性能。陈世英等以CA为基质，加入适量的丙烯腈与衣康酸共聚物（PAN）共混纺丝，可制取中空纤维血浆分离膜，此膜具有较好的形态及结构稳定性；分离油水用的聚苯乙烯与三醋酸纤维素共混膜；耐高温的羟丙基醋酸纤维素膜和钛醋酸纤维素反渗透膜。Nishioka等用亲油单体、亲水单体和两亲单体均相接枝纤维素制取的甲基丙烯酸羟乙基酯（HEMA）接枝纤维素膜，具有优良的生物相容性、亲水性，适宜作血液透析膜。陈联楷等合成了作为反渗透膜的高取代（DS＝2.26～2.72）氰乙基纤维素。该产物溶于丙酮，且具有耐酸、碱水解和抗微生物性能。

3.2.2 聚酰胺聚酰亚胺类

20世纪60年代中期芳香聚酰胺（APA）、芳香聚酰胺-酰肼（APAH）首先被选中作为制造耐高压的反渗透膜材料。随后，聚苯砜酰胺（APSA）、聚苯并咪唑（PBI）、聚苯并咪唑酮（PBIL）等也相继用于制造耐高压非对称反渗透膜的材料。

目前性能最好的海水淡化反渗透复合膜，其超薄皮层都是芳香含氮化合物。脱盐率达到99.99%的PEC-1000、PA 300、FT 30反渗透复合膜的皮层分别是芳香含氮聚醚、芳香聚醚酰胺、芳香聚酰胺。这类复合反渗透膜的分离与透过性能都很好，也耐高压，其缺点是耐氯性能差。

聚酰胺是近年来开发应用的耐高温、抗化学试剂的优良的高分子膜材料，目前已用于超滤、反渗透、气体分离膜的制造。芳香聚酰胺类和杂环类膜材料目前主要用于反渗透。

(1) 芳香族聚酰胺　第二代反渗透膜材料，用于中空纤维膜的制备。

(2) 脂肪族聚酰胺　尼龙6和尼龙66是典型代表。由它们制备的织布和无纺布用于反渗透膜和气体分离复合膜的支撑底布，超细尼龙纤维的无纺布也可直接用于微滤。

(3) 聚砜酰胺　常用于微滤膜和超滤膜材料。

(4) 交联芳香聚酰胺　用于反渗透膜材料的制备，但不耐氯。

聚酰亚胺（PI）耐高温、耐溶剂，具有高强度。它一直是用于耐溶剂超滤膜和非水溶液分离膜研制的首选膜材料。在气体分离和空气除湿膜材料中，它亦具有自己的特色。

聚酯酰亚胺和聚醚酰亚胺的溶解性能较聚酰亚胺大有改善，已成为一类新兴的有实用前景的高性能膜材料。

3.2.3 聚砜类

聚砜类是一类具有高机械强度的工程塑料，它耐酸、耐碱。缺点是耐有机溶剂的性能差。自双酚A型聚砜（PSF）出现后，即发展成为继醋酸纤维素之后目前最重要、生产量最大的高聚物膜材料。它可用作超滤和微滤膜材料，并且是多种商品复合膜（反渗透膜、气体分离膜）的支撑层膜材料。聚砜是超滤和微滤膜的主要材料，但多用于超滤膜、气体分离膜制备，较少用于微滤。由于其性质稳定、机械强度好，也可用作许多复合膜的支撑材料。聚砜的玻璃化转变温度（T_g）为190℃，多孔膜可在80℃下长期使用。聚砜材料经磺化或氯甲基化和季铵化，可制得荷电超滤膜、纳滤膜。

聚砜类材料可以通过化学反应，制成带有负电荷或正电荷的膜材料或膜。荷电聚砜可以直接用作反渗透膜材料。用它制成的荷电超滤膜抗污染性能特别好。

聚芳醚砜（PES）、酚酞型聚醚砜（PESC）、聚醚酮（PEK）、聚醚醚酮（PEEK）也是制造超滤、微滤和气体分离膜的材料。经磺化的聚醚砜（SPES-C）可用于制造均相离子交换膜。

大连理工学院研究开发了新型的含二氮杂萘酮结构的聚芳醚砜（PPES）和聚芳醚酮（PPEK）以及含二氮杂萘酮结构的聚芳醚砜酮（PPESK），兼具耐高温性和可溶解性的综合特性，其结构为：

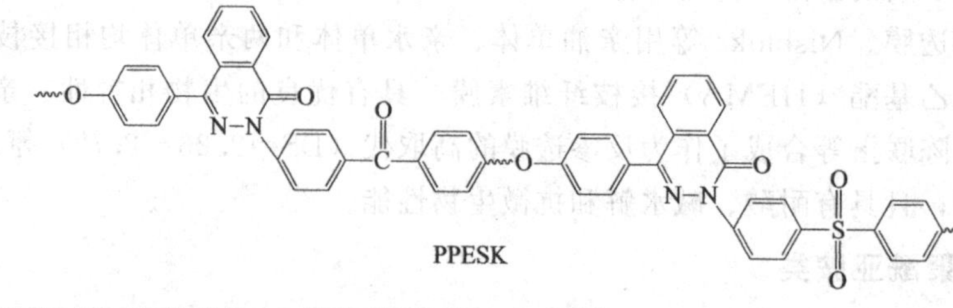

PPESK

聚芳砜主要制作可耐蒸汽杀菌的微滤膜和超滤膜，其 T_g 为235℃，可在140℃下长期使用。

3.2.4 聚烯烃类与含硅含氟聚合物

聚烯烃类、硅橡胶类、含氟聚合物等多用作气体分离和渗透汽化膜材料。

3.2.4.1 聚烯烃类

(1) 聚乙烯(PE) 聚乙烯材料分为低密度聚乙烯和高密度聚乙烯材料。其中,低密度聚乙烯可用于拉伸法或热致相转变法制备超滤膜,也可用于超滤膜抵挡支撑材料。而高密度聚乙烯材料,可将粉末状颗粒直接压制成多孔管材或板材用作分离膜的支撑材料,在接近熔点温度烧结,可制得微滤滤板和滤芯。

(2) 聚丙烯(PP) 用于卷式反渗透膜和气体分离膜组件间隔层材料,也可用于制备微滤膜或复合气体分离膜的底膜。

(3) 聚4-甲基-1-戊烯(PMP或TPX) 是一种新型聚烯烃材料,除了具有通用聚烯烃材料的特性之外,它还具有非常突出的光学性能、机械性能、耐高温性以及电学性能等。例如,TPX的密度小,仅为$0.83g/cm^3$;透气性很好,对水蒸气和气体的渗透率为聚乙烯的10倍。这些特征正好满足了膜分离过程中对膜材料需要的苛刻要求,具有作为优良膜材料的潜能。用TPX制备膜材料,成为大家竞相关注的热点。TPX对氧气、氮气的透气速率[$cm/(cm^2 \cdot s \cdot mmHg)$, 25℃] 分别为:$O_2$ 27×10^{-10}、N_2 6.5×10^{-10},两者相差较大,具有分离O_2、N_2的能力,是制作富氧膜的优良材料,在氧氮分离中有很好的应用前景。

(4) 乙烯类 乙烯类高聚物是一大类高聚物材料,其中包括聚丙烯腈、聚乙烯醇、聚氯乙烯、聚偏氟乙烯、聚丙烯酸及其酯类、聚甲基丙烯酸及其酯类、聚苯乙烯、聚丙烯酰胺等。前四种已用于分离膜材料。

聚丙烯腈(PAN)是仅次于聚砜和醋酸纤维素的超滤和微滤膜材料,也可用作渗透气化复合膜的支撑体。由聚乙烯醇与聚丙烯腈制成的渗透气化复合膜的通透量远远大于聚乙烯醇与聚砜支撑体制成的复合膜。此外它在生物催化剂的固定、分子识别、血液透析等方面也有成功的应用。表3-2列举了一些丙烯腈共聚物分离膜的制备及应用。

表3-2 丙烯腈共聚物分离膜的制备及应用

共聚单体	共聚合方法	制膜方法	用途
丙烯腈/甲基丙烯酸羟乙酯	乳液聚合	浇铸成膜	分离甲醇-甲苯混合物
丙烯腈/乙烯基吡咯烷酮	乳液聚合	浇铸成膜	分离甲醇-乙二醇混合物
丙烯腈/丙烯酸	乳液聚合	浇铸成膜	乙酸脱水
丙烯腈/甲基丙烯酸缩水甘油酯	自由基聚合	相转化法	固定葡萄糖氧化酶
丙烯腈/*N*-乙烯基咪唑	自由基聚合	相转化法	固定葡萄糖氧化酶
丙烯腈/丙烯酸	自由基聚合	相转化法	分子标识
丙烯腈/马来酸酐	水相沉淀聚合	相转化法	血液透析

以二元酸等交联的聚乙烯醇(PVA)是目前唯一获得实际应用的渗透气化膜。交联聚乙烯醇膜亦用于非水溶液分离的研究。水溶性聚乙烯醇膜用于反渗透复合膜超薄致密层的保护层。聚氯乙烯和聚偏氟乙烯用作超滤和微滤的膜材料。

3.2.4.2 有机硅聚合物

有机硅聚合物是一类半无机、半有机结构的高分子物质。其分子结构的特殊性赋予硅聚合物许多独特的性质,如耐热性和憎水性好、具有很高的机械强度和化学稳定性、能耐强侵蚀介质等,是具有良好前景的膜材料。硅聚合物对醇、酯、酚、酮、卤代烃、芳香族烃、吡啶等有机物有良好的吸附选择性,成为目前研究得最广泛的有机物优先透过的渗透汽化膜材料。目前，研究较多的有机硅材料有聚二甲基硅氧烷（PDMS）、聚三甲基硅丙炔（PTMSP）、聚乙烯基三甲基硅烷（PVTMS）、聚乙烯基二甲基硅烷（PVDMS）、聚甲基丙烯酸三甲基硅烷甲酯（PTMS-MA）、聚六甲基二硅氧烷（PHMDSO）等。在硅橡胶膜中充填对有机物有高选择性的全硅沸石，能明显改善膜的渗透汽化性能，提高分离系数和渗透通量。

（1）聚二甲基硅氧烷（PDMS）　PDMS是线形橡胶态聚合物，机械强度差，常需要用化学交联和辐射交联的方法制成膜材料。它分为高温固化硅橡胶（HTV）、低温固化硅橡胶（LTV）和室温固化硅橡胶（RTV）。用于分离膜的PDMS材料一般为LTV型硅橡胶。硅橡胶主要用于聚砜气体分离膜的皮层堵孔处理、渗透汽化膜的制备等。PDMS由于其自由体积较大，所以具有较高的渗透性，是目前工业化应用的气体分离膜中氧气透过率最高的膜材料，美中不足的是分离的选择性较低和难以制备超薄膜，使其分离效果往往达不到比较理想的要求。目前围绕如何对其进行有效改性以提高其选择性的研究较多。

(2) 聚三甲基硅烷-1-丙炔（PTMSP）　含有三甲基硅烷基的聚三甲基硅烷-1-丙炔用于渗透汽化膜的制备，其透气速度比PDMS要求高1个数量级。聚三甲基硅烷-1-丙炔为玻璃态聚合物，对各种气体具有很高的透过系数以及良好的成膜性和机械强度，均优于PDMS，原因在于侧链三甲基硅烷较大的球状结构使分子链间隙大、结构疏松。从分子结构来看，三甲基硅烷基的空间位阻较大，相邻分子链无法紧密靠近，因此，膜中出现大量分子级的微孔隙，造成扩散系数增大。

表3-3列出了PDMS膜对几种有机物/水溶液的渗透汽化分离性能。

表3-3　PDMS硅橡胶膜对有机物/水溶液的渗透汽化性能

分离体系	进料液浓度（质量分数）/%	进料液温度/℃	分离因子		渗透通量 J /[g/(m²·h)]
			α	β	
乙醇/水	5	30	—	6.7	136
丙酮/水	10	40	33.6	—	730
正丁醇/水	1	50	—	37	70
氯仿/水	0.01	22	—	11.1	800
乙酸乙酯/水	1.16	25	—	60.3	71
苯酚/水	1.16	25	97	—	—

3.2.4.3　含氟聚合物

目前主要研究的材料有聚四氟乙烯（PTFE）、聚偏氟乙烯（PVDF）、聚六氟丙烯（PHFP）、Nafion（聚磺化氟乙烯基醚与聚四氟乙烯的共聚物）、聚四氟乙烯与聚六氟丙烯共聚物等。这类材料的特点是价格昂贵，除PVDF外，其他氟聚合物难于用溶剂法成膜，一般采用熔融-挤压法由熔体制备膜或在聚合期间成膜，制膜工艺复杂。

PTFE可用拉伸法制成微滤膜。其化学稳定性非常好，膜不易被污染所堵塞，且极易清洗，在食品、医药、生物制品等行业很有优势。PVDF由于化学性质稳定，耐热性能好，抗污染，可溶于某些溶剂（DMF、DMAC、NMP），易于用相转化法成膜，且对卤代烃、丙酮、乙醇和芳香烃等有良好的选择性，具有较强的疏水性能，除用于超滤、微滤外，还是膜蒸馏和膜吸收的理想膜材料。表3-4是PTFE、PVDF对乙醇等有机物稀水溶液的渗透汽化分离性能。

表 3-4　PTFE、PVDF 对乙醇等有机物稀水溶液的渗透汽化分离性能

膜材料	有机溶质	进料液有机物质量分数	操作温度/℃	分离因子	
				α	β
PTFE	四氯化碳	0.000737	27	—	89.5
PTFE	乙醇	0.08	27	—	5.1
PTFE	氯仿	0.0008	27	—	72.5
PTFE	丙酮	0.134	27	—	350.7
PVDF	乙醇	0.10	37	—	2.8
PVDF	氯仿	0.0004	22	8.8	
PVDF	苯	0.000124	25	1222	—
PVDF	甲苯	0.000199	25	374	—

特别要指出的是：

(1) 聚四氟乙烯（PTFE）　PTFE 的表面张力极低，憎水性很强，常用拉伸致孔法来制取 PTFE 微孔膜。

(2) 聚偏氟乙烯（PVDF）　常将 PVDF 溶于非质子极性溶剂，制备不对称微滤膜和超滤膜，也用于制备蒸馏膜和膜吸收用膜。

3.2.5　聚酯类

聚酯类树脂强度高，尺寸稳定性好，耐热、耐溶剂和化学品的性能优良。

聚碳酸酯薄膜广泛用于制造经放射性物质辐照、再用化学试剂腐蚀的微滤膜。这种膜是高聚物分离膜中唯一的孔呈圆柱形、孔径分布非常均匀的膜。

聚四溴碳酸酯由于透气速率和氧、氮透过选择性均较高，已被用作新一代的富氧气体分离膜材料。

聚酯无纺布是反渗透、气体分离、渗透汽化、超滤、微滤等一切卷式膜组件的最主要支撑底材。

3.2.6　甲壳素类

这一类材料中包括脱乙酰壳聚糖、氨基葡聚糖、甲壳胺等。

壳聚糖是存在于节肢动物如虾、蟹的甲壳中的天然高分子，是一种氨基多糖，分子链上氨基可和酸成盐，易改性且成膜性良好，膜材亲水并可抗有机溶剂，是极有潜力的膜材料之一。同时它具有生物相容性，可用于生物化工和生物医学工程等领域。

甲壳胺(chitosan)是脱乙酰壳聚糖，溶于稀酸即可制造成薄膜。有希望用于渗透汽化以及一些智能型的膜材料。

3.2.7　高分子合金膜

液相共混高分子合金分离膜是将两种或两种以上的高分子材料用液相共混的方式配制成铸膜液，然后以 L-S 法制成的高分子分离膜。高分子合金分离膜起源于 20 世纪 60 年代，1970 年，专利报道了二醋酸纤维素/三醋酸纤维素合金反渗透膜在脱盐方面取得的进展。此后，以纤维素为主要材料，以脱盐为目的的合金膜得到迅速发展。70 年代末，出现了以聚砜为主要材料的合金膜。Xavier 首先将 PSF（聚砜）与环氧树脂共混制备合金超滤膜，以改善聚砜材料的亲水性。至 90 年代，以聚酰胺为主要材料的合金渗透汽化膜悄然兴起，以聚酰胺与亲水性的 PVA（聚乙烯醇）、PAA（聚丙烯酸）材料共混制备合金渗透汽化膜分离含有机物水溶液的工作取得了很大进展。我国自 90 年代初开始高分子合金膜的研究。北京化工大学和中科院生态环境研究中心分别开展了 PVC、PSF、PES 合金超滤膜的研究，陆续

制成了PSF/SPSF（磺化聚砜）及PES/PDC（酞侧基聚砜）等材质的小孔径（截留分子量为数千）合金超滤膜。中科院广州化学所进行了醋酸纤维素合金反渗透膜的研究。还有高分子合金渗透汽化、气体分离膜材料与膜性能相关性的研究，在提高渗透性和选择性方面取得了一些进展。

高分子膜材料液相共混可用于调节分离膜的膜结构，并改善其亲水性与抗污染性以及其他理化性能。该方法简便、经济、膜材料的选择范围广，可调节的参数多，膜性能改善幅度大，为膜的材料改性及结构设计开辟了一条新路，有着广阔的发展前景。

3.2.8 液晶复合高分子膜

高分子与低分子液晶构成的复合膜具有选择渗透性。普遍认为，液晶高分子膜的选择渗透性是由于球粒（气体分子、离子等）的尺寸不同，因而在膜中的扩散系数有明显差异，这种膜甚至可以分辨出球粒直径小到0.1nm的差异。功能性液晶高分子膜易于制备成较大面积的膜，强度和渗透性良好，对电场，甚至对溶液pH值有明显响应。

如将高分子材料聚碳酸酯（PC）和小分子液晶对（4-乙氧基亚苄基氨基）丁苯（EBBA）按40/60混合比制成复合膜，可用于n-C_4H_{10}、i-C_4H_{10}、C_3H_8、CH_4、He和N_2的气体分离。在液晶相，气体的渗透性大大增强，而且更具选择性。Ging Ho Hsih制备了含有介晶侧基的硅氧烷在甲苯中成膜，将该膜夹在两片聚丙烯的膜中测试它对O_2、N_2、CH_4、CO_2种气体在不同温度下的透气率和选择系数α，结果表明，几种气体的透过率都是随温度升高而增加，从玻璃态到向列晶态都有一飞跃，增加了5倍，而从向列晶态到各向同性态，虽有增加但无飞跃。通常是透过率加大，选择系数降低，但从玻璃态转变到介晶态时，O_2/N_2、CO_2/CH_4两对气体的α值都突然升高，分别从2.98到4.6和15.2到16.9，若温度继续升高，α反而下降。

3.3 高分子分离膜的制备

膜的制备方法包括膜制备原料的合成、膜的制备及膜的功能化，其中膜原料的合成属于化学过程，膜制备及功能的形成属于物理过程或物理化学过程。

有机高分子分离膜从形态结构上可以分为均质膜（或对称膜）和非对称膜两大类。目前，制备高分子分离膜的主要方法包括：烧结法、拉伸法、核径迹蚀刻法、相转化法、溶胶-凝胶法、蒸镀法和涂覆法等，其中涂覆法通常用来制备很薄但很致密的膜，有很高的选择性和较低的通量；而相转化法是制备非对称高分子膜的主要方法，大多数工业用膜均用此法制造。

3.3.1 对称膜

3.3.1.1 致密均质膜

致密均质膜一般指结构最紧密的膜，其孔径在1.5nm以下，膜中的高分子以分子状态排列。有机高分子的致密均质膜在实验室研究工作中广泛用于表征膜材料的性质。致密均质膜由于太厚、渗透通量太小，一般较少实际应用于工业生产上。其制备方法主要有：

（1）溶液浇铸　将膜材料用适当的溶剂溶解，制成均匀的铸膜液，将铸膜液倾倒在玻璃板上（通常为平整玻璃板）；用特制的刮刀使之铺展开成具有一定厚度的均匀薄膜，然后移置到特定环境中让溶剂挥发，最后形成一均匀薄膜。

(2) 熔融挤压 将高分子材料放在两片加热的夹板之间，并施以高压(10～40MPa)，保持0.5～5min，即可得到所需的膜。有机高分子找不到合适的溶剂来制铸膜液时，则通常采用熔融挤压法来成膜。

3.3.1.2 多孔均质膜

多孔膜的特性主要取决于膜的结构（对称结构或非对称结构）、膜表面孔径、孔径分布、孔隙率等，因而对于多孔膜的研究集中在选择合适的制膜工艺，实现对膜孔结构的控制，以获得性能优异的选择性分离膜。

(1) 烧结法 将聚合物微粒通过烧结可形成多孔膜，这种方法也可以制备无机膜。烧结聚合物分离膜的制备过程是将具有一定粒径的聚合物微粒（如超高分子量聚乙烯、高密度聚乙烯、聚丙烯等）初步成型后，在聚合物的熔融温度或略低温度下处理，使微粒的外表面软化，相互粘接在一起，冷却固化成多孔性材料。也可以用超细纤维网压成毡，用适当的黏合剂或热压也可得到类似的多孔柔性板材，如聚四氟乙烯和聚丙烯，平均孔径也是0.1～1μm。这种方法对于一些耐热性好、化学稳定性好的材料特别适用，如聚四氟乙烯，不能溶于任何溶剂，采用这种方法则可很方便地制膜。

这种方法只能用于制备微滤膜，膜的孔隙率较低，仅为10%～20%。

(2) 核径迹法制膜 核径迹膜又名核孔膜-蚀刻膜，是20世纪70年代发展起来的一种新型微孔滤膜。这种膜是利用核反应堆中的热中子使铀-235裂变，裂变产生的碎片穿透有机高分塑料薄膜，当重离子在绝缘物质薄膜中的可蚀刻射程大于薄膜厚度时，在每个垂直入射的重离子路径上产生的辐射损伤，可用化学方法优先蚀刻，形成穿透绝缘薄膜的笔直通道(微孔)。制造核孔膜的重离子分为两类：一种是重离子加速器产生的重离子束；另一类是裂变碎片。损伤区的化学性质活泼，当用氢氧化钠和氢氟酸等溶剂蚀刻时，由于损伤区的蚀刻速度大于未损伤区的蚀刻速度，因此，在蚀刻一定时间后，在损伤部分形成圆柱形孔洞。微孔膜的孔密度由反应堆的功率及薄膜在反应堆中照射的时间决定。孔径大小由化学蚀刻剂的温度、浓度。薄膜在蚀刻剂中放置的时间决定。所以，通过适当控制参数，可制备出不同规格的核孔膜。其过程如图3-2所示。

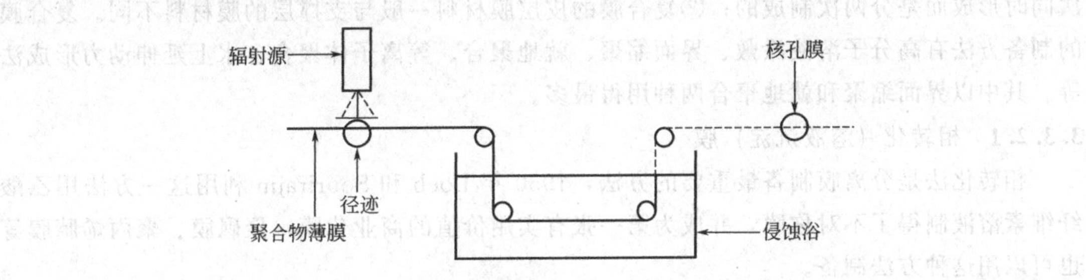

图3-2 核径迹蚀刻法制膜过程示意图

核孔膜的特定孔结构使它具有诸多的独特优点。像传统的纤维素膜是多孔的海绵状结构，截留组分不仅在表面上，也在膜孔内部，因而它属于深层型滤材。而核孔膜具有直的圆柱形孔洞，且孔径均匀。孔径变化范围小于规定孔径的2%，是一种筛网形孔结构，过滤时它像筛子那样，使大于孔径的所有颗粒截留在滤膜的表面上，所以，其具有良好的选择性。另外，核孔膜具有较好的化学稳定性和热稳定性，它不与烃、醇、酸以及大多数有机溶剂反应，可以在120℃高温下重复消毒，能在80℃以下正常工作。

(3) 拉伸法制微孔滤膜 拉伸法是由部分结晶状态的聚合物膜经拉伸后在膜内形成微孔

而得到的。部分结晶的聚合物中晶区和非晶区的力学性质是不同的，当受到拉伸时，非晶区受到过度拉伸而局部断裂形成微孔，而晶区则作为微孔区的骨架得到保留，以这种方法得到的微孔分离膜称为拉伸半晶体膜。这种方法得到的膜孔径最小约为 0.1μm，最大约为 3μm，膜的孔隙率远高于烧结法。与其他分离膜制备方法相比，拉伸半晶体膜成型法生产效率高，制备方法相对容易，价格较低，而且孔径大小比较容易控制，分布也比较均匀。在制备过程中生成半晶态聚合物是整个制备过程中的关键技术。

该方法主要用于聚烯烃类材料。拉伸法制膜一般要经过二步。首先将温度已达其熔点附近的高分子经过挤压、并在迅速冷却下制成高度定向的结晶膜，然后将该膜沿机械力方向再拉伸几倍，这一次拉伸破坏了它的结晶结构，并产生裂缝状的孔隙。这种方法一般称为 Celgard 法。

Gore-Tex 型膜采用的是另一种采用拉伸成孔法，由聚四氟乙烯制备的微孔分离膜。Gore-Tex 拉伸多孔膜的孔隙率高，孔径范围宽，具有极高的化学惰性，可以过滤有机溶剂和热的无机酸和碱，是一种重要的微孔滤膜。

(4) 熔融拉伸成膜　熔融拉伸成膜的制备过程为：首先将聚合物加热熔融拉伸，通过模板成型，然后冷却固化成分离膜。采用这种方法生产的分离膜为致密膜。

(5) 溶胀致密膜　将制备好的致密膜浸入溶胀剂中溶胀，然后其中的溶胀剂再与非溶剂交换，同样可以得到多孔膜。如致密的硝酸纤维素膜浸入由乙醇和水组成的溶胀剂中溶胀，最后用水作为非溶剂洗去体系中的乙醇，得到的分离膜可以用来滤除各种水溶液中的微生物。

3.3.2 非对称膜

在膜过程中用得最多的是非对称膜，液-固相转化法是最主要的制造非对称膜的方法。第一张具有高脱盐率和高通量的醋酸纤维素非对称反渗透膜就是用这个方法制造的。

另一种具有非对称结构的分离膜为复合膜。它是先制成多孔支撑层，再在其表面覆盖一层致密薄层（皮层）。它与上面提到的非对称膜的区别在于：①多孔支撑层和致密层不是一次同时形成而是分两次制成的；②复合膜的皮层膜材料一般与支撑层的膜材料不同。复合膜的制备方法有高分子溶液涂敷、界面缩聚、就地聚合、等离子体聚合、水上延伸动力形成法等。其中以界面缩聚和就地聚合两种用得最多。

3.3.2.1 相转化（溶液沉淀）膜

相转化法是分离膜制备最重要的方法，1950 年 Loeb 和 Sourirajin 利用这一方法用乙酸纤维素溶液制得了不对称膜，并成为第一张有实用价值的商业化膜，聚砜膜、聚丙烯腈膜等也可以用这种方法制备。

相转化是一种以某种控制方式使聚合物从液态转变为固体的过程，这种固化过程通常是由一个均相液态转变成两个液态（液液分相）而引发的。在相分离达到一定程度时，其中一个液相（聚合物浓度高的相）固化，结果形成了固体本体。通过控制相转化的初始阶段，可以控制膜的形态，即是多孔的还是无孔的。

这一方法不仅可以制备致密膜，也可以制备多孔膜，大多数的工业用膜都是用相转化法制备的。相转化法是通过控制聚合物由溶液转化为固体的过程来实现膜的制备，这一过程的关键是控制相转化的过程来控制膜的形态，从而得到多孔膜或致密膜。相转化膜可由许多种聚合物制备，对这些聚合物的要求就是必须可以制备成溶液。因此相转化法制膜的关键是制备均一的溶液和严格控制相转化的过程。

相转化法也包括了多种方法，如溶剂蒸发凝胶法、控制蒸发凝胶法、热凝胶法、蒸汽相凝胶法及浸没凝胶法，大部分的相转化方法是利用浸没凝胶法来实现的。

此外，还有聚合物辅助成膜法，即利用两种不同溶解性能的聚合物相互作用完成胶化和成孔过程。制备过程为：先将两种相容性较好的聚合物溶解在一种溶剂中，制成黏度合适的聚合物溶液，注膜成型后，将其放入第二种溶剂（多为水）中，溶解掉其中一种水溶性聚合物，留下多孔性溶胶，然后使溶剂挥发形成多孔膜。

(1) 热凝胶法　又称 TIP 法，是 Castro 发明的，他是使用一种潜在的溶剂（高温时对高分子材料是溶剂，低温时是非溶剂），在高温时与高分子膜材料配成均相铸膜液，并制成膜；然后冷却发生沉淀、分相。潜在的溶剂也可称为高分子膜材料的稀释剂，具体步骤如下：

① 在高温下将高分子膜材料与低分子稀释剂熔融混合成均匀的溶液；

② 将溶液制成所需的形状，如平板或中空状；

③ 将溶液冷却使之发生相分离；

④ 将稀释剂从膜中去除（一般用溶剂抽提）。

虽然热凝胶法既可适用于极性高分子，又可适用于非极性高分子，但在制膜方面几乎全部用于聚烯烃，特别是聚丙烯上。

(2) 溶剂蒸干法（干法）　最简单的情况是将高分子成膜物质溶于一种双组分溶剂中，此混合溶剂由一种易挥发的良溶剂和一种相对不易挥发的非溶剂组成。将此铸膜液在玻璃板上铺成一薄层，随即易挥发的良溶剂不断蒸发逸出，非溶剂的比例越来越大，高分子就沉淀析出，形成薄层。这一方法也称干法，是相转化制膜工艺中最早的方法，1920～1930 年间就被 Bechhold 等人使用。

(3) 水蒸气吸入法　高分子铸膜液在平板上铺展成一薄层后，在溶剂蒸发的同时，吸入潮湿环境中的水蒸气使高分子从铸膜液中析出进行相分离。

水蒸气吸入法是商品相转化分离膜的一种常用生产方法。典型的铸膜液组成为：成膜物质是醋酸纤维素与硝酸纤维素，溶剂是丙酮和水（或乙醇、丙二醇）。

(4) 沉浸凝胶法（L-S 法）　1960 年，加利福尼亚大学的 Loeb 和 Sourirajan 采用沉浸凝胶相转化法，制备出第一张具有实用价值的醋酸纤维素反渗透膜，使膜分离过程迅速由实验室走向工业化，标志着现代膜科学与技术的诞生。自此以后，相转化制膜法被广泛地研究和应用，逐渐成为高分子聚合物分离膜的主要制备方法。它是膜分离发展的里程碑，后人将这种方法称为 L-S 法，并将它推广应用于其他高分子非对称膜的制备。

使均相制膜液中的溶剂蒸发，或在制膜液中加入非溶剂，或使制膜液中的高分子热凝固，都可以使制膜液液相转变成固相。这种相转化的工艺，可以制作不对称结构的反渗透膜和超滤膜，也可以制作对称结构或非对称结构的微滤膜，其流程如图 3-3 所示。

由图 3-3 可见，L-S 法非对称膜的制备与成膜机理分为六个阶段：

① 高分子材料溶于溶剂中，加入添加剂，配成制膜液；

② 制膜液通过流延法制成平板形、圆管形，或用纺丝法制成中空纤维型；

③ 使膜中的溶剂部分蒸发；

④ 将膜浸渍在高分子的非溶剂中（通常为水），液态的膜在非溶剂中便凝胶固化；

⑤ 进行热处理，对非醋酸纤维素膜，如芳香聚酰胺膜，一般不需要热处理；

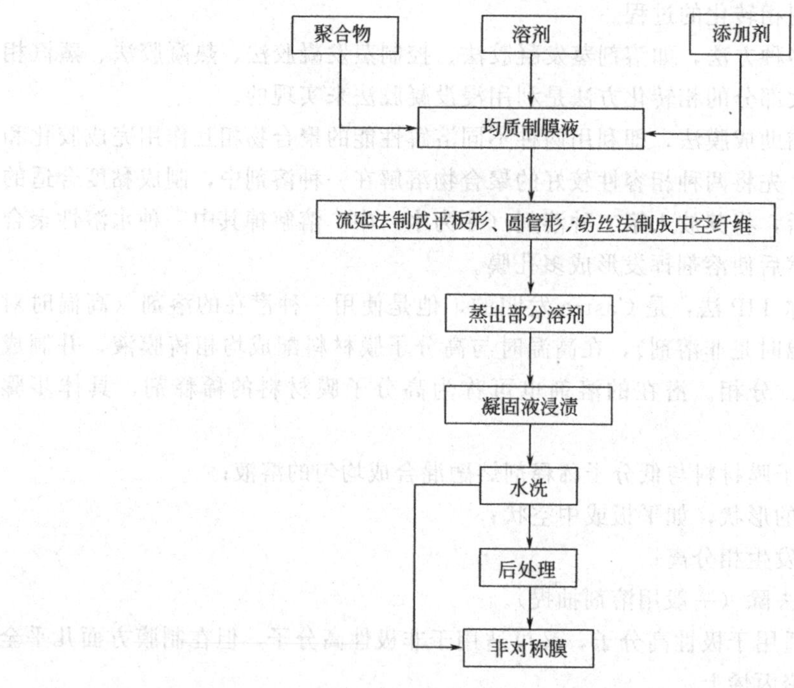

图 3-3 L-S法制备分离膜工艺流程框图

⑥ 膜的预压处理。

L-S法制备非对称膜步骤较多，影响因素复杂，例如，由于极性高分子膜材料和极性溶剂的吸水性，要注意恒定它们的水分含量，必要时对高分子和溶剂进行纯化；铸膜液中的机械杂质可以在惰性气体中用压滤法去除，采用200～230目的滤网可以满足要求，残存在铸膜液中的气体可用减压法去除，而在含有丙酮等低沸点溶剂时，采用静置法去除；为了防止溶剂的挥发和某些组分（如甲酰胺）的自聚，铸膜液应在密封避光下保存，流延用的玻璃板以1∶1的无水乙醇和乙醚溶液清洗，能有效地去除油脂；流延时要防止气体夹带；制膜和溶剂蒸发时要注意控制环境温度、湿度和气氛的恒定，避免周围气流的湍动，因为气流的湍动是造成膜缺陷——针孔和亮点的主要原因之一；膜在凝胶固化时，为了使溶剂、添加剂从膜中完全浸出，根据膜的不同形状，需要保持数小时至若干天；膜蒸发时接触空气的一侧是膜的致密皮层；膜的热处理使膜孔径收缩，导致分离率上升而透量下降，要注意控制膜的热处理温度和时间。

3.3.2.2 相转化法制膜过程

（1）实验室制膜 如图3-4所示，首先在合适的衬板（如玻璃板）上将均相聚合物溶液涂成厚度为0.2～0.5mm的膜，接着进行沉淀凝固，在此过程中，聚合物溶液分为两相，富聚合物的固相和富溶剂的液相，前者形成膜的骨架，后者形成膜孔。如果沉淀过程较快，形成孔的液滴细小，形成的膜呈明显的非对称性；如果沉淀缓慢，形成孔的液滴凝聚，最终膜孔较大，膜呈现较对称的结构。膜液中聚合物的沉淀可通过以下方法完成：加凝固剂、冷却或溶剂蒸发。

溶液涂膜过程中的一个重要因素就是聚合物的状态，即是橡胶态还是玻璃态。如果聚合物是弹性体，则可以得到薄的无缺陷涂层。但聚合物如果是玻璃态，则在蒸发过程的某一时刻会经过玻璃化转变温度，随着进一步蒸发，涂层内会产生很大的作用力使涂层破损从而导

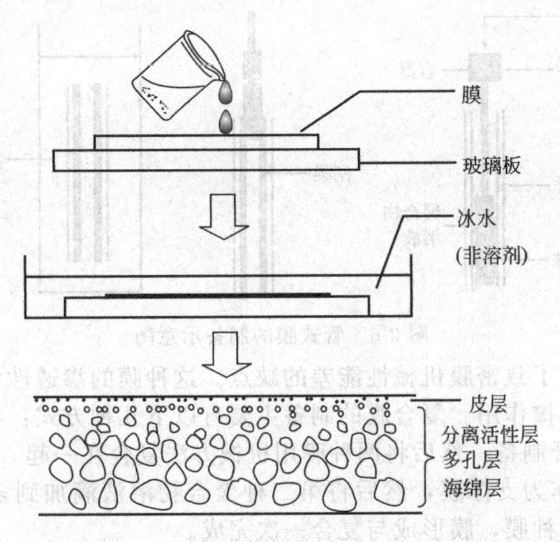

图 3-4　L-S 法制膜和所得非对称膜结构示意图

致漏点。

(2) 工业制膜法　目前工业上所生产的大部分膜均是采用溶液沉淀法制备的相转化膜。所制得的膜基本上可分为两种构型：平板膜和管式膜。平板膜用于板框式和卷式膜器中，而管式膜用于中空纤维、毛细管及管状膜器中。

① 平板膜的制备　如图 3-5 所示，将聚合物溶于适当的溶剂中，用刮刀直接将聚合物溶液刮在支撑物上，如无纺聚酯，其厚度通常在 50～500μm，然后将其浸入非溶剂浴中，发生溶剂与凝固剂的交换，导致聚合物沉淀。相转化法所制膜的性能受到诸多因素的影响，如膜液组成、蒸发时间、环境温度和湿度以及压力等，这些条件大体决定了膜的基本组成

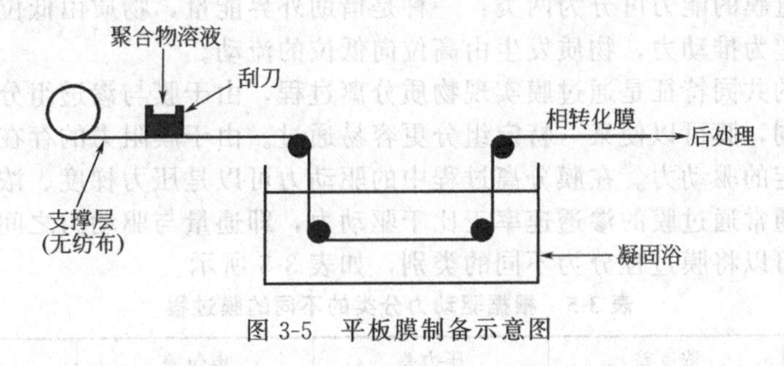

图 3-5　平板膜制备示意图

(通量和选择性)。沉淀后所得的膜可以直接使用，有时则要经过后处理（如热处理）后才能用。

② 管式膜的制备　根据规格的不同，管式膜大致有三种：中空纤维膜（直径＜0.5mm）、毛细管膜（直径＝0.5～5mm）和管状膜（直径＞5mm）。管状膜的直径较大需要支撑，而中空纤维和毛细管膜均是自支撑式的。中空纤维膜和毛细管膜有湿纺丝、熔融纺丝和干纺丝等三种不同的制备方法。图 3-6 为管式膜的制备过程示意图。

3.3.2.3　复合膜的制备

为了扩展分离膜的性能和应用领域，还发展了由多种膜结合在一起的复合膜。这种结合两种以上膜特征的分离膜可以集二者的优点，克服各自的缺点。比如将多孔型膜与很薄的致

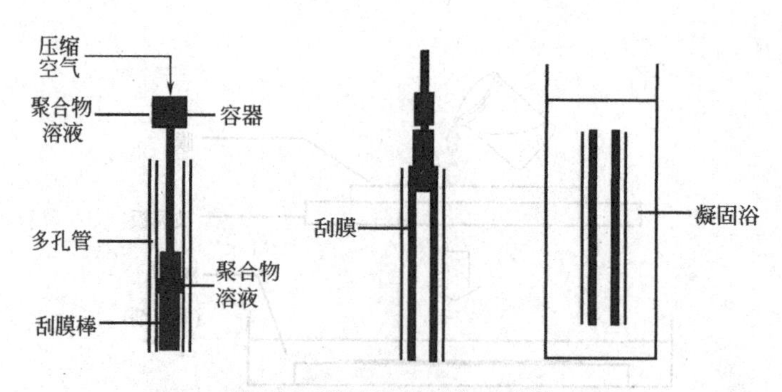

图 3-6 管式膜的制备示意图

密膜结合到一起，克服了致密膜机械性能差的缺点。这种膜的渗透性和选择性主要取决于致密膜，多孔膜主要起支撑作用。复合膜的制备主要有以下几种方式：

① 两种分离膜分开制备，然后将两种膜用机械方法复合在一起。

② 先制备多孔膜作为支撑膜，然后将第二种聚合物溶液滴加到多孔膜表面，直接在第一种膜表面上形成第二种膜，膜形成与复合一次完成。

③ 第一步与(2)法相同，先制备多孔膜，再将制备第二种聚合物膜的单体溶液沉积在多孔膜表面，最后用等离子体引发聚合形成第二种膜，并完成复合。

④ 在已制备好的多孔膜表面沉积一层双官能团缩合反应单体，将其与另一种双官能团单体溶液接触并发生缩合反应，在多孔膜表面生成致密膜。如聚砜支撑膜（可用无纺布增强）经单面浸涂芳香二胺水溶液，再与芳香三酰氯的烃溶液接触，即可在位生成交联聚酰胺超薄层与底膜较牢地结合成复合反渗透膜，这种制膜方法已实现大规模的连续生产。

3.4 膜过程及其应用

物质选择透过膜的能力可分为两类：一种是借助外界能量，物质由低位向高位流动；另一种是以化学位差为推动力，物质发生由高位向低位的流动。

所有分离膜的共同特征是通过膜实现物质分离过程，由于膜与渗透组分之间的物理性质或化学性质的不同，膜可以使某一特定组分更容易通过。由于膜阻力的存在，任何物质透过分离膜都需要一定的驱动力。在膜分离过程中的驱动力可以是压力梯度、浓度梯度、电位梯度和温度梯度。通常通过膜的渗透速率正比于驱动力，即通量与驱动力之间的关系为正比关系。根据驱动力可以将膜过程分为不同的类别，如表 3-5 所示。

表 3-5 根据驱动力分类的不同的膜过程

驱动力	浓度差	压力差	电位差	温度差
膜过程	全蒸发 气体分离 蒸气渗透 透析 扩散透析 载体介导	微滤 超滤 纳滤 反渗透 加压渗透	电渗析 电渗透 膜电解	热渗透 膜蒸馏

下面对常用的一些不同驱动力时的膜过程及其应用进行简单的介绍。

3.4.1 渗透

当位于分离膜两侧的溶液浓度不同，或一边是纯溶剂，另一边是溶质时，由于膜允许溶剂通过而不允许溶质通过，将会产生渗透压，这一过程称为渗透，此时渗透压 π 与溶质的摩

尔浓度 c_j 之间的关系可表示为：

$$\pi = c_j RT/M$$

这一关系称为范特霍夫（Van’t Hoff）方程，其中 R 为气体常数，M 为溶质的分子量。对于微滤和超滤过程，渗透压很小，而对于反渗透过程，渗透压很大，必须要考虑到渗透压对于膜过程的影响。

3.4.2　压力驱动的膜过程

压力驱动的膜过程，主要是用于稀溶液的浓缩、净化，或除去溶液中悬浮的微粒，它是所有膜过程中使用频率最高的一种方法，且设备简单、分离条件可控性高。根据所分离的物质的大小，及所用的膜结构，可以分为微滤、超滤、纳滤、反渗透，被分离的物质的粒径越来越小，因而传质阻力越来越大，所用的压力也越来越大。因而所用的膜结构通常为不对称膜，由致密的皮层和多孔的支撑层组成，且皮层在超滤和纳滤时较薄，以减小传质阻力，这三种膜过程的比较见表 3-6。

表 3-6　各种压力驱动膜的比较

项　目	微　滤	超　滤	纳滤/反渗透
膜结构	对称多孔膜（10～150μm）或非对称膜多孔膜（分离层约为 1μm）	非对称膜，表层有微孔（分离层约为 0.1～1.0μm）	非对称膜（分离层约为 0.1～1.0μm）
膜材料	纤维素，聚酰胺等	聚丙烯腈，聚砜等	纤维素，聚氯乙烯等
渗透压	可忽略	可忽略	渗透压高
操作压力/MPa	0.01～0.2	0.01～0.5	2～10
分离的物质	粒径大于 0.1μm 的球粒，如细菌、酵母等	分子量大于 500 的大分子和细小的胶体微粒	分子量小于 500 的小分子物质，如盐、葡萄糖、乳糖、微污染物等
分离机理	筛分，膜的物理结构起决定性作用	筛分，膜表面的物化性质对分离有一定的影响	非简单筛分，膜物化性能起主要作用
水的渗透通量/[m^3/(m^2·d)]	20～200	0.5～5	0.1～2.5

3.4.2.1　微滤

微滤膜可以用烧结法、拉伸法、径迹蚀刻法和相转化法制备，不同的方法所得的膜结构不同，根据需要可以制成平面形、管形、中空纤维形或者卷筒形状，以适应不同用途和减少占用体积。可选用的膜材料有疏水化合物，如聚四氟乙烯、聚偏二氟乙烯、聚丙烯等，或一些亲水性聚合物，如纤维素酯、聚碳酸酯、聚砜/聚醚砜、聚酰亚胺/聚醚酰亚胺、脂肪族聚酰胺等。

微滤膜广泛用于除去大于 0.05μm 左右的微细球粒，如在食品和制药工业中用于饮料和制药产品的除菌和净化，在半导体工业中超纯水的制备，在生物技术和生物工程中用于细胞捕获及用于膜反应器，从血细胞中分离血浆等物质。

3.4.2.2　超滤

超滤是指用多孔膜滤除胶体级的微粒以及大分子溶质，超滤膜为多孔的不对称膜，由较为致密的表面层与大孔支撑层组成，表面层很薄，厚度0.1～1.5μm，表面层孔径为1～20nm，膜的分离性能主要取决于这一层；支撑层的厚度为50～250μm，起支撑作用，它决定膜的机械强度，呈多孔状，超滤膜的大孔支撑层为直状孔。膜的应用形式可为平板膜或中空纤维膜。

超滤膜的材料主要有聚砜/聚醚砜/磺化聚砜、脂肪族聚酰胺、聚酰亚胺、聚丙烯腈和醋酸纤维素等，超滤膜的工作条件取决于膜的材质。

超滤膜在使用的过程中，同微滤膜一样，也存在着浓差极化和污染的问题，也就是在溶液透过膜的同时，粒径较大的溶质被截留，而在膜的表面积聚，形成被截留的溶质的浓度边界层，使超滤过程的有效压差减小，渗透通量降低。

超滤主要用于溶液中分子量500～500000g/mol的高分子物质与溶剂或含小分子物质的溶液的分离，超滤在目前应用很广，涉及化工、食品、医药、生化等领域。

3.4.2.3 反渗透和纳滤

反渗透（reverse osmosis）与浓度梯度驱动的透析过程相反，溶剂是从高浓度一侧向低浓度一侧渗透，其结果是两侧的浓度差距拉大，因此要考虑渗透压的作用。

如海水（约2.5%NaCl）的渗透压在25℃时约为2.42MPa，也就是说，如果用一个反渗透膜将海水和淡水分开，在没有外加压力的情况下，淡水在渗透压作用下将渗透过反渗透膜到海水一侧，将其稀释。这种溶剂从低浓度一侧透过半透膜向高浓度一侧迁移的现象为渗透。如果在浓溶液一侧施加压力，施加的压力将阻止溶剂的渗透。当施加的压力等于渗透压时，溶剂的渗透达到平衡，将没有净溶剂透过。而当施加的压力超过渗透压时，溶剂的渗透方向将发生逆转，从高浓度一侧向低浓度一侧迁移，形成反渗透。施加的压力超过渗透压的部分称为有效压力，是驱动溶剂迁移的动力。其过程如图3-7所示。

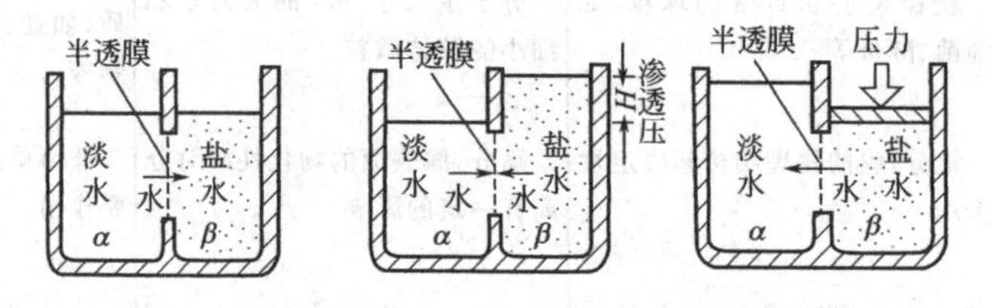

图3-7 反渗透过程示意图

反渗透膜的材料主要有醋酸纤维素、芳香聚酰胺和芳香聚酰胺-酰肼、聚苯并咪唑、无机的多孔膜、磺化聚苯醚、聚芳砜、聚醚酮、聚芳醚酮、聚四氟乙烯接枝聚合物等。在结构上可以是不对称膜、复合膜和中空纤维膜。不对称膜通常由致密的皮层（厚度小于1μm）和多孔的亚层（厚度约为50～150μm）组成，致密层上的微孔约2nm，大孔支撑层为海绵状结构；复合膜由超薄膜和多孔支撑层等组成，图3-8所示为复合膜的结构示意图。超薄膜很薄，只有0.1μm，有利于降低流动阻力，提高透水速率；中空纤维反渗透膜的直径极小，壁厚与直径之比比较大，因而不需支持就能承受较高的外压。

反渗透过程是从溶液（主要是水溶液）中分离出溶剂（水），并可对溶质进行浓缩，其很大的一个应用是海水的淡化，另外可用于硬水软化制备锅炉用水、高纯水的制备等，此外，在医药、食品工业中用以浓缩药液，如抗生素、维生素、激素和氨基酸等溶液的浓缩，果汁、咖啡浸液的浓缩，处理印染、食品、造纸等工业的污水，浓缩液用于回收或利用其中的有用物质。

近几年来，微滤（MF）、超滤（UF）、反渗透（RO）出现相互重叠的倾向，反渗透和超滤之间出现交叉，这就是纳滤。纳滤膜可使 90%的 NaCl 透过膜，而使 99%的蔗糖被截留。

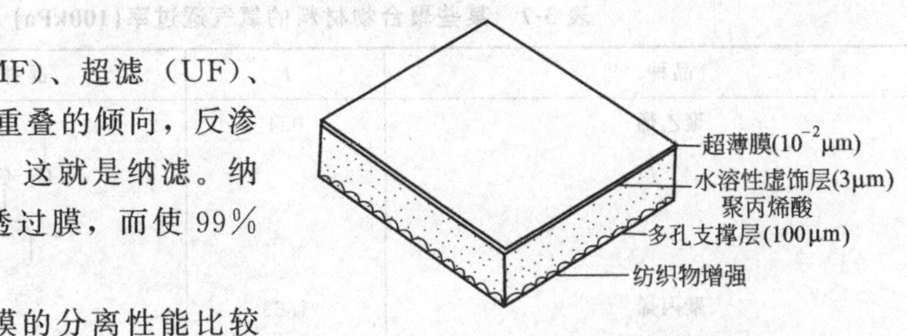

图 3-8　复合膜的结构示意图

纳滤膜与其他分离膜的分离性能比较如图 3-9 所示，纳滤恰好填补了超滤与反渗透之间的空白，它能截留透过超滤膜的那部分小分子量的有机物，透析被反渗透膜所截留的无机盐。

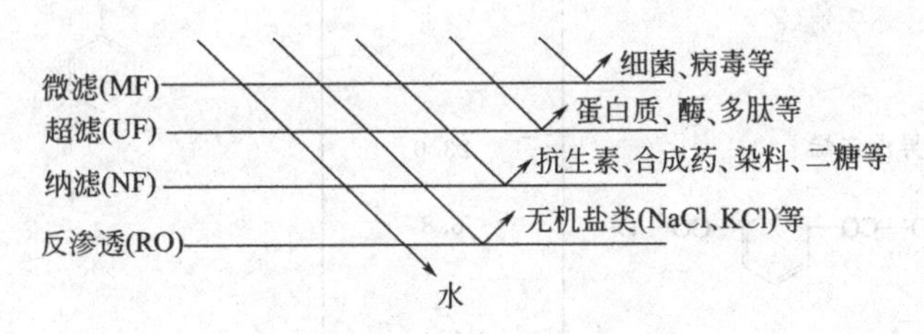

图 3-9　膜分离特性示意图

纳滤膜的分离机理与反渗透膜的相似，由于无机盐能透过纳滤膜，使其渗透压远比反渗透膜的低。因此，在通量一定时，纳滤过程所需的外加压力比反渗透的低得多；而在同等压力下，纳滤的通量则比反渗透大得多。而且，纳滤能使浓缩与脱盐同步进行。所以用纳滤代替反渗透，浓缩过程可有效、快速地进行，并达到较大的浓缩倍数。

3.4.3　浓度差驱动的膜分离过程

浓度差驱动的膜过程有气体的分离、可液化气体或蒸气分离（渗透蒸发）和液体的分离（透析）。它们共同的特征是均采用无孔膜。所分离的液体或气体可能与高分子产生一定的亲和性，从而影响高分子的链段运动，使通量增大。因此在考虑这类膜过程时，需从高聚物与被分离物质的亲和性和被分离物质的浓度两方面考虑。

3.4.3.1　气体分离膜

气体的分离可以采用多孔膜和致密膜，但多孔膜的分离因子低，在经济上不合算，因此只在一些特殊的场合上有所应用，大部分的气体分离是通过致密膜来完成的。致密膜对气体的分离是基于不同气体在给定膜中渗透系数不同来实现的。表 3-7 到表 3-9 为不同的气体及高聚物材料的渗透系数。

用于氢气和氦气的分离富集的聚合物膜可以选用聚砜、醋酸纤维素以及聚酰亚胺等。富氧膜主要应用在医用和工业燃烧等两个方面，所选用的高分子主要是一些硅烷类聚合物，如改性的聚二甲基硅氧烷（PDMS）、聚[1-(三甲基硅烷)-1-丙炔]（PTMSP）等。一般富氧膜大多可作为 CO_2 分离膜使用，为进一步提高其渗透系数和分离系数，可在材质中导入亲 CO_2 的基团。硅氧烷、乙基纤维素、三醋酸纤维素、聚丙烯酸酯/涤纶、聚偏氟乙烯、聚环氧乙烷等均可作为 SO_2 分离膜，为提高其渗透性和分离性，可向其中引入对 SO_2 具有很高溶解度的亚砜化合物，如二甲基亚砜或环丁砜。

表 3-7 某些聚合物材料的氧气透过率(100kPa)

品种	*P*	品种	*P*
聚乙烯	0.4	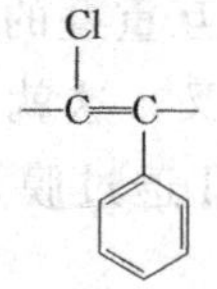 $-C(Cl)=C(C_6H_5)-$	5.9
聚丙烯	1.63		
聚异丁烯	1.3		
1,2-聚丁二烯	9.0		
1,4-聚丁二烯	29.5		
3,4-聚异戊二烯	4.8	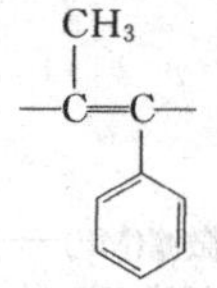 $-C(CH_3)=C(C_6H_5)-$	7.5
1,4-聚异戊二烯	23.0		
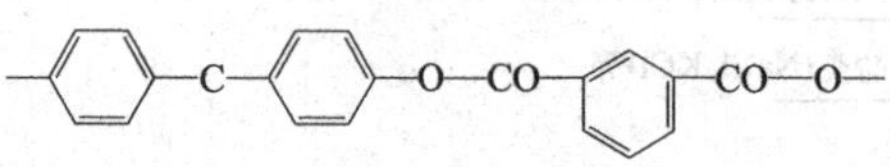 $-C_6H_4-C-C_6H_4-O-CO-C_6H_4-CO-O-$	6.8		
 $-C_6H_4-C-C_6H_4-O-CO-O-$	1.4		
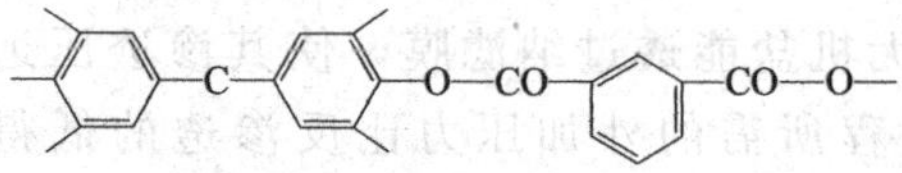 $-C_6H_2(CH_3)_2-C-C_6H_2(CH_3)_2-O-CO-C_6H_4-CO-O-$	142	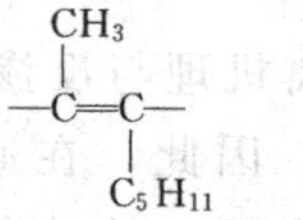 $-C(CH_3)=C(C_5H_{11})-$	34
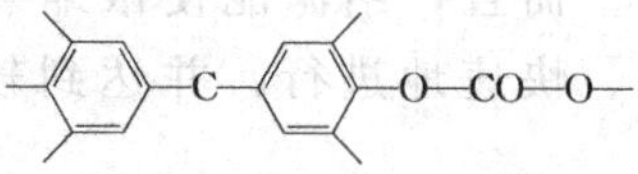 $-C_6H_2(CH_3)_2-C-C_6H_2(CH_3)_2-O-CO-O-$	5.59	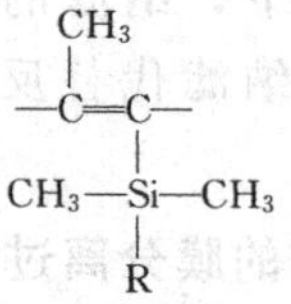 $-C(CH_3)=C(Si(CH_3)_2R)-$	
聚乙烯基三甲硅烷	32.3	$R=C_6H_{13}$	20
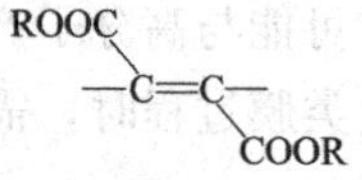 $-C(COOR)=C(COOR)-$			
R=乙基	11	$R=C_3H_7$	100
R=异丙基	26	$R=C_2H_5$	700
R=叔丁基	130	$R=CH_3$	5000

表 3-8 二氧化碳和甲烷在各种聚合物中的渗透系数(100kPa)

聚合物	P_{CO_2}	P_{CO_2}/P_{CH_4}
聚三甲基甲硅烷基丙炔	33100	2.0
硅橡胶	3200	2.4
天然橡胶	130	4.6
聚苯乙烯	11	8.5
聚酰胺-5	0.16	11.2
聚氯乙烯	0.16	15.1
聚碳酸酯	10.0	26.7
聚砜	4.4	30.0
聚对苯二甲酸乙二醇酯	0.14	31.6

续表

聚合物	P_{CO_2}	P_{CO_2}/P_{CH_4}
醋酸纤维素	6.0	31.0
聚醚酰胺	1.5	45.0
聚醚砜	2.4	50.0
聚酰亚胺	0.2	64.0

表 3-9 氧和氮在某些聚合物中的渗透系数(100kPa)

聚合物	T_g/℃	P_{O_2}	P_{N_2}	P_{O_2}/P_{N_2}
PPO	210	16.8	2.8	4.4
PTMSP	200	10040.0	6745.0	1.5
乙基纤维素	43	11.2	2.3	2.4
聚甲基戊二烯	29	37.2	8.9	4.2
聚丙烯	−10	1.6	0.3	5.4
氯丁橡胶	−73	4.0	1.2	2.3
低密度聚乙烯	−73	2.9	1.0	2.9
高密度聚乙烯	−23	0.4	0.14	2.9

气体分离膜的应用领域十分广泛，目前在工农业生产和科学研究中大量被采用。比如某些特殊气体的富集，调节环境气氛用于蔬菜、水果保鲜，合成氨等工业中氢气分离、高纯气体制备、三次采油等领域都有气体分离膜的应用。

3.4.3.2 渗透蒸发膜

渗透蒸发(pervaporation)的实质是利用高分子膜的选择性透过来分离液体混合物，主要包括三个步骤：原料侧膜的选择性吸附；通过膜的选择性扩散；在渗透物侧脱附到蒸气相。具体过程如图 3-10 所示。由高分子膜将装置分为两个室，上侧为贮放待分离混合物的液相室，下侧是与真空系统相连接或用惰性气体吹扫的气相室。通过高分子膜渗透到下侧的组分，由于蒸气分压小于其饱和蒸气压而在膜表面汽化，随后进入冷凝系统，用液氮将蒸气冷凝下来即得渗透产物，过程的推动力是膜内渗透组分的浓度梯度。由于用惰性气体吹扫涉及大量气体的循环使用，而且不利于渗透产物的冷凝，所以一般都采用真空汽化的方式。

渗透蒸发所用的膜是致密的高分子膜，在结构上可为对称膜（或称均质膜）、非对称膜、复合膜。

基于溶解扩散理论，只有对需要分离的某组分有亲和性的高分子物质才可能作为膜材料。如透水膜都是亲水膜，以聚乙烯醇（PVA）及醋酸纤维素（CA）最为普遍，而憎水性的聚二甲基硅烷（PDMS）则属于透醇膜材料的范畴。对于二元液体混合物，要求膜与每一组分的亲和力有较大的差别，这样才有可能通过传质竞争将二组分分开。

作为一种无污染、能效高的膜过程，渗透蒸发具有广泛应用前景。目前最为成功的应用是醇-水的分离。如用亲水膜或荷电膜对醇类或其他有机溶剂进行脱水；利用憎水膜去除水

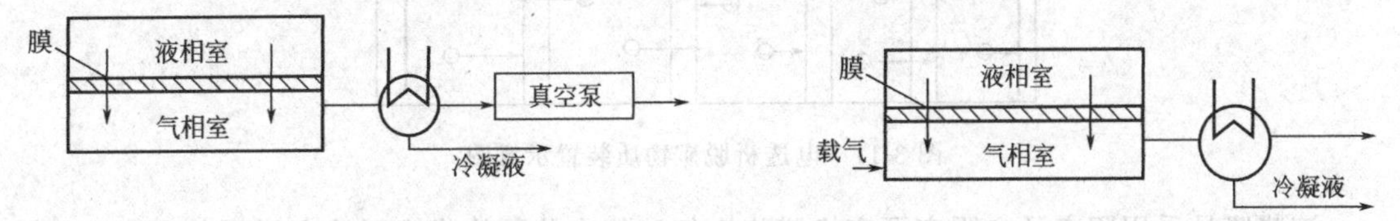

图 3-10 渗透蒸发分离示意图

中的少量有机物，如卤代烃、酚类等；对石油工业中的烃类等有机物进行分离；在有机合成如酯化反应中连续除去水，以提高转化率。

3.4.3.3 透析

透析（dialysis）是溶质在其自身浓度梯度下从膜的一侧（原料侧）传向另一侧（透析物侧或渗透物侧）的过程。由于分子大小及溶解度不同，使得扩散速度率不同，从而实现分离。

透析过程中物质的传递是通过在致密膜的扩散进行的。目前透析主要应用于水溶液，因此膜材料多采用一些亲水性聚合物，如再生纤维素如赛璐玢和铜纺、醋酸纤维素、乙烯-醋酸乙烯酯共聚物、聚丙烯酸、聚乙烯醇、聚甲基丙烯酸甲酯、聚碳酸酸和聚醚共聚物等。

目前透析的主要用途是血液透析。其他较重要的应用包括在黏胶生产中从胶质半纤维素中回收苛性钠及从啤酒中除去醇。此外还可用于生物及制药行业中生物产品的脱盐和分馏脱盐。

3.4.4 电场力驱动膜过程

这种膜过程是利用带电离子或分子的传导电流的能力来实现的，如向盐溶液中施加电压，则正负离子将向电性相反的电极方向移动，离子的移动速度取决于电场强度和离子的电荷密度，以及溶液的阻力。如果在离子运动的路线上存在一个半透性分离膜，移动速度还将受到膜半透性制约。各种带电和不带电球粒将在电场力和分离膜双重作用下得到分离。依据膜所带的电荷，可以分为带正电的阳离子交换膜和带负电的阴离子交换膜。

3.4.4.1 电透析

电场力驱动膜过程中最重要的应用是电透析。电透析可以用来将电解质与非电解质分离、大体积电解质与小体积电解质的分离、电解质溶液的稀释和浓缩、离子替换、无机置换反应、电解质分级以及电解产物的分离等方面。

电透析分离的主要依据是在电场力作用下，同离子、反离子和非电解质在电场内的受力大小和方向不同，通过离子交换膜的透过能力也有较大差别。只有那些带电离子才能受到电场力驱动，所带电荷种类不同，受到的驱动力方向将不同，非荷电物质电场力对其没有作用。

电透析膜分离的应用比较广泛，其中水溶液脱矿物质和脱酸是电透析的重要应用。电透析脱矿物质装置如图 3-11 所示。

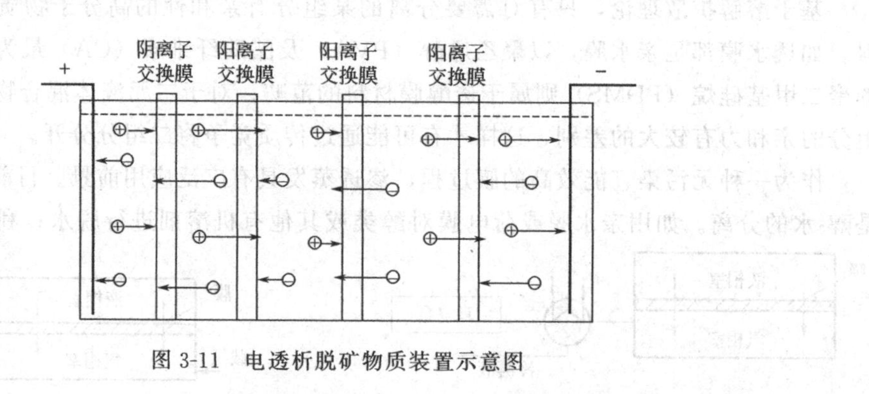

图 3-11 电透析脱矿物质装置示意图

该装置是采用阳离子和阴离子交换膜将电解池依次分隔构成串联式电透析装置。在电场力作用下，阳离子和阴离子只能分别通过相应的离子交换膜，其结果是在交替构成的电透析池中，有一半池中的矿物质得到浓缩，另一半中的矿物质被稀释。这一过程可以用于柠檬汁脱酸工艺，并已经实现工业化生产，采用这种脱酸工艺具有简便、快速、成本低的特点，对柠檬汁的风味影响比较小。

3.4.4.2　膜电解

膜电解法中采用阳离子交换膜将电解池分成两个部分，在阴极一侧注入食盐水，经电解产生氯气放出；同时生成的钠离子透过分离膜进入阳极一侧，与电解生成的氢氧根负离子结合成烧碱流出；电解产生的氢气也在阴极一侧放出。由于这种膜只允许阳离子透过，因此在阳极一侧没有氯化钠原料出现，产品烧碱的纯度比用隔板法生产高得多。离子交换膜的离子电导大，电解时产生的电压降小，因此电流效率较高。

用于膜电解的高聚物材料主要有20世纪60年代美国杜邦公司开发的全氟磺化聚合物(Nafion膜)，含有碳酸根为离子交换基团的全氟树脂以及它们的复合物，有时为了增强分离膜的机械强度，在膜中往往加入聚四氟乙烯纤维或者网状增强物质。

膜电解主要用于电化学工业中的氯碱工业，并取得了明显的经济效益和社会效益，除此之外，离子交换膜在其他电化学工业中也有广泛的应用，可以广泛应用于各种电解装置中。Nafion膜在氢氧燃料电池的研究中起着重要的作用，并已有Nafion膜燃料电池样机在运行。

3.4.4.3　双极性膜

双极性膜由层压在一起的阳离子交换膜、阴离子交换膜及两层膜之间的中间层构成，当在阳极和阴极间施加电压时，电荷通过离子进行传递，如果没有离子存在，则电流将由水解出来的氢氧根和氢离子传递。

双极性膜的一个应用实例就是生产硫酸和氢氧化钠。双极性膜位于阳离子交换膜和阴离子交换膜之间。把硫酸钠溶液加入到阳离子交换膜和阴离子交换膜之间的膜池内。硫酸根离子通过阴离子交换膜移向阳极方向，与双极性膜提供的氢离子结合形成硫酸。同时，钠离子通过阳离子交换膜向阴极方向移动，与来自双极性膜的氢氧根形成氢氧化钠，从而实现由硫酸钠制备硫酸和氢氧化钠。该过程也可用于单极性膜的膜电解过程中，但此时质子和氢氧根离子要靠水在两个电极处电解来形成，因而能耗较双极性膜过程高。

3.4.5　智能型高分子分离膜

对于分离膜而言，若能对分离体系中不同的pH值、盐浓度及温度等刺激作出响应，从而改变膜的结构（特别是膜孔的结构），以达到控制分离的目的，这种分离膜即为智能型分离膜。它可应用于生化物质的分离提纯、人工器官、药物控制释放和仿生科学等领域。目前智能高分子膜的形式主要有荷电型超滤膜、接枝型智能膜、互穿网络膜、聚电解质配合物膜、导电聚合物膜等。

3.4.5.1　荷电型超滤膜

Brenner等人于1978年提出带负电荷的毛细血管壁可能会对血清蛋白和其他聚阴离子的过滤起到阻碍的作用，之后，Suhara和Kimura在阴离子磺化聚砜膜的超滤实验中，证实了荷电膜会排斥具有相同电荷的溶质和胶粒，因而不易在表面形成胶层导致膜孔堵塞。同时利用这种膜的静电效应可以截留比膜孔体积小得多的无机盐。采用这种膜分离氨基酸时，可通过改变体系的pH值，使氨基酸的混合液得到分离，这些工作奠定了荷电型超滤膜的研究基础。

随后发现盐的浓度对膜的通透性有一定的影响。Kobayashi等用丙烯腈-对氯甲基苯乙烯季铵盐共聚物制备了一种荷电型超滤膜，其结构为：

$$\text{-}\!\!(CH_2-CH)_{1-x}\!\!-\!\!(CH_2-CH)_x\!\!\text{-} \quad (\text{CH 上接 }CN;\ \text{另一 CH 上接苯环}-CH_2-N^+(CH_3)_2R\ Cl^-)$$

R为 $-CH_3$ P(AN—*co*—TMA)
$-CH_2-CH_2-CH_2-CH_3$ P(AN—*co*—BMA)
$-CH_2\!\!-\!\!(CH_2)_8CH_3$ P(AN—*co*—OMA)
$-CH_2\!\!-\!\!(CH_2)_{16}CH_3$ P(AN—*co*—SMA)

对其研究表明，季铵盐中的烷基链越长，超滤膜越倾向于截留较大的分子，而且随着 NaCl 溶液浓度的增加，膜孔将发生变化，膜的通透量也发生变化，并且与季铵基团中的亲油性烷基链有关。其机理可解释为：具有较小亲油性基团的荷电膜，在无盐的情况下，膜上带正电的链由于静电的相互排斥以伸展的形式存在，而在有 NaCl 的情况下，由于 Cl^- 的静电屏蔽使斥力减少而倾向于保持紧密状态，因而盐的加入会导致超滤膜孔尺寸增大。

3.4.5.2 接枝型智能膜

将热敏性的智能高分子如聚异丙基丙烯酰胺接枝于高分子膜上[如聚偏二氟乙烯(PVDF)]即可得到接枝型的智能膜，随着温度的变化，膜表面的接枝链发生溶胀和收缩，从而控制膜的扩散分离，如同温控阀门的作用。

如将聚碳酸酯膜通过一定的反应接枝上聚丙烯酸，可得到 pH 值响应的智能膜，当 pH <4 时，由于聚电质接枝链因氢键的解离而收缩使膜孔开放，因此接枝膜渗水性随着 pH 值的减小而迅速增大；若提高 pH 值，使接枝链离子因溶胀而伸展，堵塞膜孔，则导致渗水率下降。

3.4.5.3 互穿网络膜

将具有环境敏感性的高分子以互穿网络的形式与另一种高分子膜材料结合，即可得到互穿网络的智能高分子膜。

如将强度、加工性、抗污染性和温度与 pH 值稳定性良好的聚乙烯醇和聚丙烯酸，用戊二醛和双甲基丙烯酸乙二醇酯为交联剂，即可得到对 pH 值敏感的聚乙烯醇/聚丙烯酸互穿网络水凝胶智能膜。

3.4.5.4 聚电解质配合物膜

由聚阴离子和聚阳离子以界面反应生成的聚电解质配合物可作为新型的膜材料，如利用壳聚糖上的氨基（$-NH_2$）和果胶的羧基（—COOH）间形成聚电解质配合物网络，制备的膜材料具有 pH 值敏感性。带正电荷的这种聚配合物对电解质的渗透有明显的影响，电解质（如 KCl）的渗透速率随着 KCl 浓度的增加，渗透速率明显增大，但对于中性物质如葡萄糖，则在任何浓度下其渗透速率均是相同的。典型的透析膜则没有这种效应。

这类膜可用于渗透蒸发过程进行醇水分离、酶或细胞和活性生化物质的固定化、医用植入物、薄膜和纤维涂层、催化剂载体、土壤改良剂、造纸工业助剂等。

3.4.5.5 导电聚合物膜

由于导电聚合物如聚吡咯可在氧化态荷电，而在还原态呈中性，为保持电中性，氧化态的聚合物在合成时就与抗衡离子（X^-）结合。若此抗衡离子活动性大，则还原时就被排斥到支持电解质，且根据 X^- 的迁移率，阳离子如 K^+ 可以插入而改变电荷的平衡。这样分离液中的 KCl 则可以在外加循环电压的情况下传递到接收液中。如 KCl 双导电膜分离实验结果表明，当外加电压为零时，膜两端的传递也就停止，而在脉冲电压阶段，K^+ 的通量几乎不变，而且两张膜的传递速率也是相同的。通过选择不同的电化学参数可以控制膜的传递速率，同时还可设想采用不同组成的两张膜构成新的分离体系，以其对两种不同的目标物进行分离。

膜分离技术与传统的分离技术相结合，发展出一些崭新的膜过程。这些新的膜过程在不同程度上吸取了二者的优点而避免了某些原有的弱点。如膜蒸馏、膜萃取、亲和膜分离，等等。在膜蒸馏过程中既有常规蒸馏中的蒸汽传质冷凝过程，又有分离物质扩散透过膜的膜分离过程。它避免了蒸馏法易结垢、怕腐蚀和反渗透法需要高压操作的缺点。这类新膜过程大都是 20 世纪 80 年代前后才出现的，还有一些理论和重大技术关键需要解决，距大规模应用还有一段时间。

参 考 文 献

[1] 马建标．功能高分子材料．北京：化学工业出版社，2000.

[2] 赵文元，王亦军．功能高分子材料化学．北京：化学工业出版社，2003.

[3] 何天白，胡汉杰．功能高分子与新技术．北京：化学工业出版社，2001.

[4] 郑领英，王学松．膜技术．北京：化学工业出版社，2000.

[5] 贡长生，张克立．新型功能材料．北京：化学工业出版社，2001.

[6] 郑领英．高分子通报，1999，(3)：431.

[7] 吴学明，赵玉玲，王锡臣．塑料，2001，30 (2)：42.

[8] 李娜，刘忠洲．膜科学与技术，2001，21 (6)：27.

[9] 汪勇，程博闻，杜启云．科学与技术，2002，22 (4)：60.

[10] 陈世英，冯朝阳，杜倩，等．纤维素科学与技术，1993，1 (1)：61-65.

[11] 高洁，汤烈贵．纤维素科学与技术．1993，1 (1)：1-11.

[12] N Nishioka，M Unoand，K Kosai. J Appl Polym Sci.，1990，41：2857.

[13] 群晕，苑学竟，陈联楷．水处理技术，1999，(1)：33.

[14] 张守海，骞锡高，杨大令．现代化工，2002，22 (增刊)：203.

[15] 喜旺，陈翠仙，蒋维钧．膜科学与技术，1996，16 (2)：1.

[16] 李悦生，丁孟贤，徐纪平．高分子通报，1998，(3)：1.

[17] 陈桂娥，许振良．化学世界，2006，(1)：29-32.

[18] 聂富强，郭冬梅，徐志康，等．化学通报，2002，(7)：463.

[19] 方军，黄继才，郭群晖．膜科学与技术，1998，18 (5)：1.

[20] 杨丽芳，沈锋，成国祥．化工进展，1999，(4)：32.

[21] 许晨，卢灿辉，丁马太．福建师范大学学报，1996，12 (3)：48.

[22] 罗川南，杨勇．化学研究与应用，2003，15 (2)：177.

[23] 严勇军，丁马太，骆惠雄，等．功能材料，1994，25 (2)：121.

[24] 吴麟华．膜科学与技术，1997，17 (5)：17.

[25] 郝继华，王世昌．高分子学报，1997 (5)：559.

[26] 吴春金，张国亮，蔡邦肖，等．水处理技术，2002，28 (1)：6

[27] 李明春，陈国华，姚康德．化工进展，1997，(6)：6

[28] 黄维菊，魏星编著．膜分离技术概论．北京：国防工业出版社，2008.

第4章　导电高分子材料

导电高分子也称为导电聚合物，既具有明显聚合物特征，又具有导电体的性质，结合两种性质的材料成为导电高分子材料。

众所周知，日常见到的人工合成有机聚合物都是不导电的绝缘体。常规高分子材料的这一性质在实践中已经得到了广泛的应用，成为绝缘体材料的主要组成部分之一。但自从 1973 年有科学家发现四硫富瓦烯-7，7，8，8-四氰二次甲基苯醌电荷转移复合物具有超导涨落现象；1974 年日本筑波大学的白川英树（H. Shirakawa）研究室在意外的情况下于高催化剂浓度下合成出具有交替单键和双键结构的高顺式聚乙炔（PA）。随后的研究发现聚乙炔薄膜经过 AsF_5 或 I_2 掺杂后，呈现明显的金属特性和独特的光、电、磁及热电动势性能，其导电性增加了 10^9 倍，到达 10^3S/cm，远远超过此前所有的聚合物，而且伴随着掺杂过程聚乙炔的颜色由银灰色转变成具有金属光泽的金黄色。考虑到此类聚合物的导电机理和特征类似于金属导体，也有人称其为“金属聚合物”或者“合成金属”。导电聚合物这一性质的发现对于高分子物理和化学的理论研究是一次划时代的事件。瑞典皇家科学院宣布了 2000 年诺贝尔化学奖的得主——日本筑波大学白川英树（Shirakawa H.）、美国宾夕法尼亚大学艾伦·马克迪尔米德（MacdiarmidA. G.）和美国加利福尼亚大学的艾伦·黑格尔（HeegerA. J.），以表彰他们在导电聚合物这一新兴领域所做的开创性工作。

随着理论研究的逐步成熟和新的有机聚合导电材料不断涌现，这种新型材料的新的物理化学性能也逐步被人们所认识，如电致发光、光导电、电致变色、电子开关、隐形等性质。由此而来的是应用研究领域大大拓展。以这种功能型材料为基础，在全固态电池、非线性光学器件、高密度记忆材料、新型平面彩色聚合物显示装置、抗静电和电磁屏蔽材料、隐形涂料，以及有机半导体器件等研究方面都取得了重大进展，部分研究成果已经获得实际应用。

4.1　导电高分子材料分类

导电高分子材料也称导电聚合物，即具有明显聚合物特征，如果在材料两端加上一定电压，在材料中应有电流流过，即具有导体的性质。同时具备上述两条性质的材料被称为导电高分子材料。虽然同为导电体，导电聚合物与常规的金属导电体不同，首先它属于分子导电物质，而后者是金属晶体导电物质，因此其结构和导电方式也就不同。

按材料的结构组成，导电高分子材料根据材料的组成可以分成本征型导电高分子材料（intrinsic conductive polymers）、复合型导电高分子材料（composite conductive polymers）和超导型导电高分子（super conductive polymer）三大类。

这三类导电高分子的分类和特点如表 4-1 所示。

表 4-1　导电高分子的分类和特点

分类	特　点	研究和应用现状	典型实例
结构型导电高分子(本征导电高分子)	自身可提供载流子，经掺杂可大幅度提高电导率。除聚苯胺外，多数在空气中不稳定，加工性差，可通过改进掺杂剂品种和掺杂技术、共聚或共混等方法改性	导电机理、结构与导电性关系等理论研究活动。应用方面：大功率高分子储蓄电池、高能量密度电容器、微波吸收材料及电致变色材料	聚乙炔、聚噻吩、聚对苯、聚吡咯、聚苯胺、聚苯硫醚、7，7，8，8-四氰二亚甲基苯醌等

续表

分类	特　点	研究和应用现状	典型实例
复合型导电高分子	在绝缘性通用高分子材料中掺入碳粉、金属粉或铂等导电填料，通过分散、层积、表面等方法复制成复合材料	制备方便，成本较低，实用性强，故有许多商业化产品。如导电橡胶、导电涂料、导电黏合剂、电磁波屏蔽材料和抗静电材料等	用40%的炭黑与通用橡胶填充可获得电导率达 10^2S/cm 的导电橡胶
超导型导电高分子	在一定条件下，处于无电阻状态的高分子材料。超导态时没有电阻，电流流经导体时不发生热能损耗，超导临界温度（T_c）低于金属和合金	在远距离电力输送、制造超导磁体等高精尖技术应用方面有重要意义，研究目标是超导临界温度达到液氮温度（77K）以上，甚至是常温超导材料	无机高分子聚氮硫（0.2K）

其中本征导电高分子材料也被称为结构型导电高分子材料，其高分子本身具备传输电荷的能力，这种导电聚合物如果按其结构特征和导电机理还可以进一步分成以下三类：载流子为自由电子的电子导电聚合物；载流子为能在聚合物分子间迁移的正负离子的离子导电聚合物；以氧化还原反应为电子转移机理的氧化还原型导电聚合物。后者的导电能力是由于在可逆氧化还原反应中电子在分子间的转移产生的。

而复合型导电高分子材料是由普通高分子结构材料与金属或碳等导电材料，通过分散、层合、梯度复合、表面镀层等复合方式构成。其导电作用主要通过其中的导电材料来完成。由于不同导电聚合物的导电机理不同，因此各自的结构也有较大差别。复合型导电高分子材料需要建立适当的导电通道，导电能力主要与导电材料的性质、粒度、化学稳定性、宏观形状等有关。由于其加工制作相对简单，成本较低。这类导电高分子材料已经在众多领域获得广泛应用。

电子导电型聚合物的共同结构特征是分子内有大的线性共轭 π 电子体系，给载流子-自由电子提供离域迁移的条件。离子导电型聚合物的分子有亲水性，柔性好，在一定温度条件下有类似液体的性质，允许相对体积较大的正负离子在电场作用下在聚合物中迁移。而氧化还原型导电聚合物必须在聚合物骨架上带有可进行可逆氧化还原反应的活性中心。导电高分子材料的主要特征是在一定条件下具有导电能力，导电能力的评价是通过电导（用 σ 表示）或者阻抗（在纯电阻情况下用 R 表示）来进行的。在施加电压的情况下，不同的导电材料可以表现出不同的导电性质，其主要性质有以下几类。

（1）电压与电流关系　当施加的电压与产生的电流关系符合欧姆定律，即电流与电压成线性正比关系时，称其为电阻型导电材料。复合型导电高分子材料和具有线形共轭结构的本征导电高分子材料在一定范围内具有上述性质。而氧化还原型导电高分子材料没有上述规律，它们的导电能力只发生在特定的电压范围内。

（2）温度与电导之间的关系　当升高温度，导电能力升高，即电阻值随之下降，具备这种性质的高分子材料称为负温度系数（negative temperature coefficient，NTC）导电材料。具有线形共轭结构的本征导电高分子材料和半导体材料具有这类性质。当温度升高，电导能力下降，即电阻值升高，具备这种性质的材料称为正温度系数（positive temperature coefficient，PTC）导电材料，金属和复合型高分子导电材料具有这种性质。

（3）电压与材料颜色之间的关系　当施加特定电压后，材料分子内部结构发生变化，因而造成材料对光吸收波长的变化，表现在材料本身颜色发生变化，这种性质称为电致变色（electrochromism）。许多具有线形共轭结构的本征导电高分子材料具有上述性质。这种材料可以应用到制作智能窗（smart window）等领域。

(4) 在电压作用下的发光性质　当对材料施加一定电压，材料本身会发出可见或紫外光时称其具有电致发光特性（区别于电热发光）(electroluminecent)，某些具有线形共轭结构的本征导电高分子材料具备上述性质。其发出的光与材料和器件的结构有关，还与施加的外界条件有关。这类材料可以用来研究制备发光器件和图像显示装置。

(5) 导电性质与材料掺杂状态的关系　具有线形共轭结构的本征导电高分子材料在本征态（即中性态）时基本处在绝缘状态，是不导电的；但是当采用氧化试剂或还原试剂进行化学掺杂，或者采用电化学掺杂后，其电导率能够增加 5～10 个数量级，立刻进入导体范围。利用上述性质可以制备有机开关器件。此外，导电高分子材料的导电性质还赋予其诸如抗静电、电磁波屏蔽、雷达波吸收等特殊性质，使其在众多领域获得应用。

除上述电子导电聚合物外，还有一类称为“快离子导体”的离子导电聚合物。如聚环氧乙烷与高氯酸锂复合得到的快离子导体，电导率达 10^{-4}S/cm。对含硫、氮和氰基的聚合物形成的离子导体的研究也有报道。

此外，不同聚合物的导电机理不同，其结构也有较大区别。按照导电聚合物的导电机理进行的分类，可将导电聚合物分为三类：①离子导电聚合物：载流子是能在聚合物分子间迁移的正负离子的导电聚合物，其分子的亲水性好、柔性好，在一定温度下有类似液体的特性，允许相对体积较大的正负离子在电场作用下在聚合物中迁移。②电子导电聚合物：载流子为自由电子，其结构特征是分子内含有大量的共轭电子体系，为载流子-自由电子的离域提供迁移的条件。③氧化还原型导电聚合物：以氧化还原反应为电子转化机理的氧化还原型导电聚合物。其导电能力是由可逆氧化还原反应中电子在分子间的转移产生的。该类导电聚合物的高分子骨架上必须带有可以进行可逆氧化还原反应的活性中心。

4.2 结构型导电高分子

结构型导电高分子材料是高分子本身的结构具有一定的导电性能，或者经过一定掺杂处理后具有导电功能的高分子物质，一般用于电子高度离域的共轭聚合物经过适当的电子给体或受体进行掺杂后制得。这种高分子材料本身具有“固有”的导电性，由其结构提供载流子，一经掺杂，电导率可大幅度提高，甚至可达到金属的导电水平。从导电时载流子的种类来看，结构型导电高分子又可分为离子型和电子型两类。离子型导电高分子又称高分子固体电解质，其导电时载流子主要是离子。电子型导电高分子指的是以共轭高分子为主体的导电聚合物材料，导电时的载流子是电子（或空穴），这类材料目前是世界上导电高分子研究开发的重点。

4.2.1 结构型导电高分子材料的重要特性

(1) 较宽的室温电导率　结构型导电高分子室温电导率可在绝缘体-半导体-导体范围(10^{-9}～10^{5}S/cm)变化，如此宽广的电导率范围是目前其他材料无法比拟的，因此导电高分子材料呈现出诱人的应用前景。如具有半导体性能的导电高分子，可用于光电器件和发光二极管等；而具有高导电的导电高分子可用于电磁屏蔽、防静电材料及分子导线。

(2) 完全可逆的掺杂/去掺杂（即氧化/还原过程）　结构型导电高分子的重要性能之一是可以重复进行掺杂与去掺杂，即具有完全可逆的掺杂/去掺杂过程。由于同时具有较高的室温电导率，使结构型导电高分子成为理想二次电池掺杂的电极材料，用于制造全塑固体电池。而与可吸收雷达波的特性相结合，则可作为快速切换的隐身材料和电磁屏蔽材料。

4.2.2 典型结构型导电高分子

自1970年代第一种导电聚合物——聚乙炔发现以来，一系列新型的导电高聚物相继问世。常见的导电聚合物有：聚氮化硫、聚乙炔、聚噻吩、聚吡咯、聚苯胺、聚苯和聚双炔等。

(1) 聚氮化硫 最早发现的导电高分子是1975年合成的聚氮化硫，这是很出名的合成无机高分子。其特点是常温下具有金属光泽和导电性能，其电导率(3×10^3S/cm)略低于汞、镍铬或铋(1×10^4S/cm)。电导率随温度降低而增加，温度从25℃降至4.2K，电导率增加200倍，降至0.26K，就成了超导。常温下载流子沿聚氮化硫分子链单向导电；低温时进入超导范围，就成为各向同性，三向导电。到目前为止，只有纯聚氮化硫不经过掺杂就具有导电性。

聚氮化硫可以成膜和成纤，但室温下不耐氧，长期放置或加热，将分解成硫、氮和其他产物；在空气中加热或受压，还有爆炸危险，因此应用受到限制。但可当作电子电导聚合物的模型，为其他导电高分子的研制打开思路。

(2) 聚乙炔 聚乙炔、聚苯乙炔和聚对苯是共轭导电聚合物的三大主要种类，合成它们的单体多种多样，合成路线也有多余。虽然目前看来仍然显得工艺颇为复杂、价格昂贵，但是经过高分子工作者20多年的不懈努力，目前导电聚合物无论其性能还是价格已经较初期改善了许多。其中聚乙炔是研究最早、最系统、也是迄今实测电导率最高的导电聚合物，成为导电聚合物的重要代表。聚乙炔由乙炔聚合而成。在甲苯、四氢呋喃等溶剂中，低温下，采用钛系或稀土系等Ziegler-Natta引发剂，甚至$MOCl_4$和$WOCl_4$单组引发剂，都可使乙炔聚合成聚乙炔。聚乙炔的结晶度可达85%。聚乙炔存在的4种分子构型中，反式结构和顺式结构相对比较稳定。

聚乙炔原本是绝缘体，但实际上含有微量杂质，致使其薄膜呈金属色泽，具有半导体性质。如果经人为掺杂，电导率可增加很多，而成为半导体或导体。经过氧化或还原处理使聚合物转变成导体或半导体的过程称作“掺杂”，实质上是电荷从聚乙炔分子向掺杂剂转移，形成载流子。聚乙炔可用少量电子受体（如氯、溴、碘、ASF5）进行氧化掺杂（P型），也可用电子给予体（如萘钠）作还原掺杂（n型）。掺杂使聚乙炔电导率增加的原因与电荷转移络合物（CTC）的生成有关。聚乙炔具有离域π派电子结构，无杂质时，π电子无法流动，故不导电。一经给体或受体掺杂，就与π电子形成电荷转移络合物，形成电子或“空穴”载流子。载流子沿分子链自由流动，产生导电现象。高结晶度和低交联聚乙炔经掺杂后，电导率可高达1.5×10^5S/cm，相当于铜的1/3。如果聚乙炔分子链的平面结构受到破坏、聚合度降低或结晶降低，都使导电率降低。取代基会使聚合物的导电性降低。这是由于取代基的立体效应会使聚合物发生扭曲而不再共面。例如聚苯乙炔的稳定性虽比聚乙炔好，但因苯基侧的位阻效应，将使分子链呈非平面构象，电导率因而显著降低。

线形高分子量聚乙炔是不溶不熔，对氧敏感的结晶性高分子半导体，深色有金属光泽。理论预测聚乙炔的电导率可达$10^6\sim10^7$S/cm，迄今报道的掺杂聚乙炔的最高电导率达2×10^5S/cm，接近于金属铜，然而其力学性能却远逊色于金属铜。用齐格勒-纳塔催化剂，如$TiCl_4$、$TiCl_3$或$Ti(OR)_4$与AlR_3（R为烷基）组合催化剂可使乙炔直接聚合成膜，此外也可用钒、钴、铁等化合物如$VO(CH_3COO)_2$与$Al(C_2H_5)_3$组成的催化剂体系聚合，聚合温度−78℃。用稀土催化剂（如环烷酸稀土和 AlR_3）时，则可在室温制得高顺式聚乙炔。聚乙炔是尚在开发研究中的新型功能高分子，已成功制成太阳能电池、电极和半导体材料，但尚未达到工业应用阶段。

（3）聚吡咯　1979 年用电化学氧化法合成了聚吡咯。与聚乙炔不同的是，在电化学氧化聚合过程中，有支持电解质存在，聚吡咯直接形成掺杂形式，而且在空气、水中稳定，可以加热至 200℃而电性能不变，是具有发展前途的导电高分子。以 R_4NClO_4 或 R_4NBF_4 作为支持电解质，在乙腈中，吡咯可经电化学氧化聚合，形成有光泽的蓝黑色聚吡咯薄膜，沉析在电极上，可以剥离下来。这样合成的聚吡咯带正电，每 3 至 4 个单元与一阴离子相平衡，呈现电中性，电导率可达 10^2S/cm，处于半导体范围。电导率随温度而增加。

聚吡咯薄膜具有良好的机械强度，在大气中稳定，经氧化和还原，可以变色，可用于显示装置中的电色开关，在蓄电池中已实际应用。

（4）聚噻吩　聚噻吩和聚吡咯具有将聚乙炔的氢用硫或 NH 取代的结构，尽管它们的电导率没有聚乙炔高，但其稳定性好，能够用于制备电子器件。1982 年，经电化学氧化，聚合得聚噻吩。但其电导率低(10^{-3}～10^{-4}S/cm)，空气中不稳定。有取代的噻吩聚合物才有价值，如噻吩格氏试剂经催化偶联，可制得聚(3-烷基噻吩)。未取向的聚(3-十二烷基噻吩）经碘掺杂，平均电导率 6×10^2S/cm，最大可达 10^3S/cm。

聚噻吩和聚吡咯都可用作电显示材料。中性聚吡咯呈黄色，氧化后呈深棕色。中性聚(3-甲基噻吩）在蓝区（480nm）有较强吸收，而氧化后，最大吸收带转移到红区（560nm）。

（5）聚苯胺　被称为“苯胺黑”的聚苯胺粉末早在 1910 年已经合成出来，然而直到从酸性的水溶液介质中通过苯胺单体的氧化聚合而制备的聚苯胺才具有较高的电导率。聚苯胺具有结构多样化、在空气中稳定、物理化学性能优异、制备工艺简单等特点，在二次纽扣电池和电致变色等方面有着诱人的应用前景。

苯胺是一类化学活性很高的还原芳烃类有机物，其在特殊的介质和氧化条件下，可以生成具有长程共轭分子结构的导电聚合物，聚苯胺大分子链的重复结构单元包括苯二胺和醌二亚胺两种结构单元。在 20 世纪末首先制备了聚苯胺，目前已知有好几种氧化态。随着氧化的进行，材料的颜色和导电性发生越来越多的变化，可以在酸性水溶液中轻易地制备这种材料，使用的是普通氧化剂，如过硫酸铵。翠绿亚胺膜可以通过 *N*-甲基吡咯烷酮溶液浇铸形成，而且通过质子酸的掺杂方法使之具有导电性。质子酸掺杂可以通过将膜浸入酸中的方法或与蒸汽接触的方法制备。结果导致亚胺氮原子的质子化：

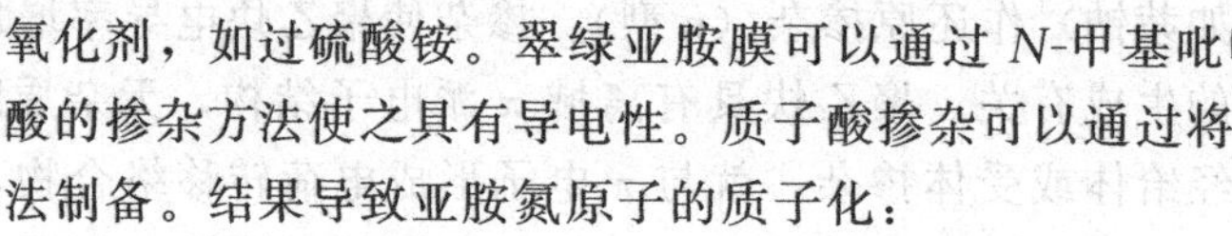

y—氧化程度，$0<y<1$

从表 4-2 可以看出，完全还原型($y=0$)和完全氧化型($y=1$)的聚苯胺均不能发生“掺杂反应”，其质子化只能导致成盐，为绝缘体。普通聚苯胺掺杂后的电导率与分子式中的 y 值密切相关，在 $y=0.5$ 附近，即聚苯胺分子链中的氧化单元数和还原单元数相等的中间氧化态电导率最高。聚苯胺掺杂酸可以是无机酸（如 HCl、H_2SO_4、$HClO_4$ 等）或有机酸（如羧酸、磺酸等），在 pH=1～2 的浓度范围内，所获得的聚苯胺导电性较好。可用的氧化剂种类也很多，研究最多的是过硫酸铵。氧化剂的摩尔用量在单体的一倍上下较好。

表 4-2　不同 y 值所对应的聚苯胺的导电性

y 值	商品名称	类型	颜色	导电性
0	无色翠绿亚胺	中性	淡黄	绝缘体
0	无色翠绿亚胺	掺杂	淡黄	绝缘体
0.25	原翠绿亚胺	中性	蓝色	绝缘体
0.25	原翠绿亚胺	掺杂	浅绿	半导体
0.5	翠绿亚胺	中性	深蓝	绝缘体
0.5	翠绿亚胺	掺杂	绿色	金属体
0.75	苯胺黑	中性	蓝黑	绝缘体
0.75	苯胺黑	掺杂	蓝	绝缘体
1	全苯胺黑	中性	紫色	绝缘体
1	全苯胺黑	掺杂	紫色	绝缘体

(6) 亚苯基聚合物　聚(对亚苯基)、聚(亚苯基乙烯基)、聚苯硫醚、聚(1,6-庚二炔)都属于亚苯基聚合物。亚苯基引入主链，也可形成共轭体系，赋予导电性。经掺杂，电导率多在半导体范围。聚(对亚苯基)简称聚苯，可用 $AlCl_3/CuCl_2$ 催化剂，由苯脱氢聚合而成。聚苯具有离域的 π-电子结构，长期以来总希望其能成为导电高分子，可在聚合度很低时就从溶剂中沉析出来，终止增长，形成低聚物；而且熔点很高，难加工。只能利用低聚物来掺杂，研究导电性能。低聚物用 AsF_5 掺杂后，发现低聚物分子可连接成高聚物，未掺杂时电导率很低(10^{-14}S/cm)，掺杂后电导率却又很大的提高(5×10^{2}S/cm)。

聚苯硫醚可由二氯苯与硫化钠在 *N*-甲基吡咯烷酮溶液中缩聚而成，早已商品化。聚苯硫醚化学稳定性和热稳定性俱佳，可溶可熔，可模塑成纤成膜，应用方便。经 AsF_5 氧化掺杂，电导率可提高到 1～10S/cm。

4.2.3　导电高分子的合成与掺杂

4.2.3.1　导电高分子合成方法

导电高分子合成方法可以分为：化学氧化法、电化学法、光化学聚合、易位聚合、乳液聚合、包接聚合、固态聚合、等离子体聚合等。其中化学氧化法、电化学法是最重要的两种合成方法。

(1) 化学氧化法　化学氧化法是在有机介质或水溶液中用氧化剂使单体氧化聚合。在化学聚合法中，单体分子在氧化剂的作用下，发生氧化偶联聚合反应，生成高分子聚合物。反应首先形成二聚体，二聚体再生成三聚体，并逐渐长大，反应过程中有活性阳离子自由基产生。常用的氧化剂有过硫酸盐、重铬酸钾、双氧水、高铝酸盐等；水溶液一般是含有硫酸、盐酸、氟硼酸或高氯酸的酸性溶液。单体的浓度、氧化剂的性质、氧化剂与单体的比例、聚合温度、聚合气氛、掺杂剂的性质及掺杂程度等诸多因素将影响导电高分子的物理化学性质。化学聚合的优点：制备方法简单，得到的产物大多数是导电高聚物粉末，适宜大批量生产。

以聚苯胺为例，其化学氧化聚合过程阳离子聚合机理如图 4-1 所示。

链引发：

$$H_2\ddot{N}-C_6H_5 \longrightarrow H_2\dot{N}^{+}-C_6H_5 \longleftrightarrow H\overset{+}{N}=C_6H_5(\cdot)H$$

链增长：

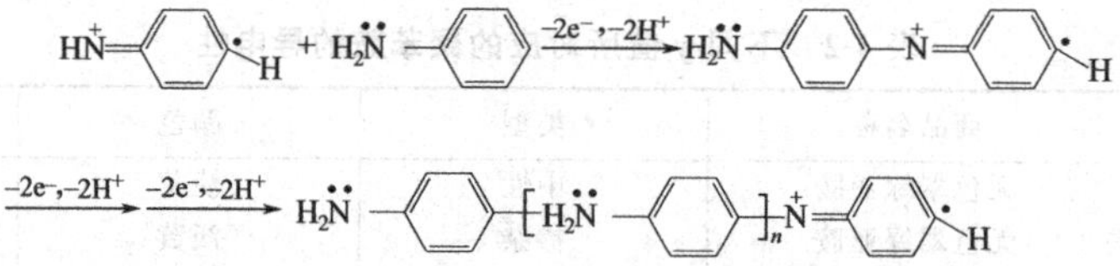

$$\mathrm{H\overset{+}{N}{=}C_6H_4{\cdot}H + H_2\ddot{N}{-}C_6H_5 \xrightarrow{-2e^-,-2H^+} H_2\ddot{N}{-}C_6H_4{-}\overset{+}{N}{=}C_6H_4{\cdot}H}$$

$$\mathrm{\xrightarrow{-2e^-,-2H^+}\xrightarrow{-2e^-,-2H^+} H_2\ddot{N}{-}C_6H_4{-}[H_2\ddot{N}{-}C_6H_4]_n{-}\overset{+}{N}{=}C_6H_4{\cdot}H}$$

链终止：

$$\mathrm{H_2\dot{N}{-}C_6H_4{-}[H_2\dot{N}{-}C_6H_4]_n{-}\overset{+}{N}{=}C_6H_4{\cdot}H + H_2\dot{N}{-}C_6H_5}$$

$$\mathrm{\xrightarrow{-2e^-,-2H^+} H_2\dot{N}{-}C_6H_4{-}[H_2\dot{N}{-}C_6H_4]_{n+1}{-}H\dot{N}{=}C_6H_5}$$

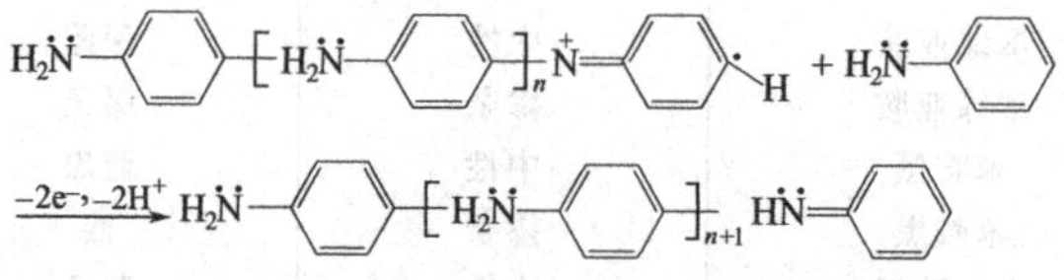

图 4-1 苯胺聚合自由基反应历程

聚合反应分三步：链引发、链增长和链终止。首先，苯胺被慢速氧化形成阳离子自由基 $C_6H_5NH_2^{+}$，苯胺阳离子自由基的形成是决定反应速率的主要一步。接着这个阳离子可能失去质子和电子，与苯胺单体结合生成一个苯胺的二聚体（*N*-苯基=1,4-亚苯基二胺），这种结合主要是以头尾连接的方式结合，二聚体一旦形成，就可以迅速被氧化成醌结构，这是因为它的氧化潜能低于苯胺的氧化潜能。二聚体的形成是反应的关键步骤。另一个苯胺单元可能亲和性地进攻被氧化的二聚体形成三聚体，这个过程就像形成二聚体一样，不需要氧化两个苯胺分子。随着氧化单元逐步加到二聚体上，所产生的低聚物更易被氧化，更易接受苯胺单体的亲和性进攻。由于阳离子之间的相互排斥作用，链增长以头-尾结合的方式进行着，一旦这种结构的浓度足够大，它就可能被氧化，并与剩余的苯胺单体反应，直到高分子量的聚合物形成。

MacDiarmid 1983 年发现 PANI 与酸碱的反应实际上就是掺杂反应。关于 PANI 的质子酸掺杂机理和掺杂产物的结构，主要有极化子晶格模型和四环苯醌变体模型，如图 4-2 所示。两者的共同点是：掺杂反应从亚胺氮的质子化开始，质子携带的正电荷经过分子链内部的电荷转移，沿分子链产生周期性的分布。两者的不同是前者电荷分布的重复单元包括两个芳环，由于重复单元结构的对称性，分子链中只能区分出一种芳环和两种 N 原子；而后者的重复单元包括四个芳环，可以区分出三种芳环（式中 $2B'_1$、B'_2、Q'）和两种 N 原子。最近，耿延候等人获得了聚（2，5-二甲基苯胺）（PDMA*n*）的高分辨的 ^{1}H NMR 和 ^{13}C NMR 谱，令人信服地证明了掺杂后存在三种不同芳环，存在分子链上以及甲基与分子链之间的电荷迁移，这为四环苯醌变体模型提供了新的证据，其相应的掺杂机理也图示在图 4-3 中。

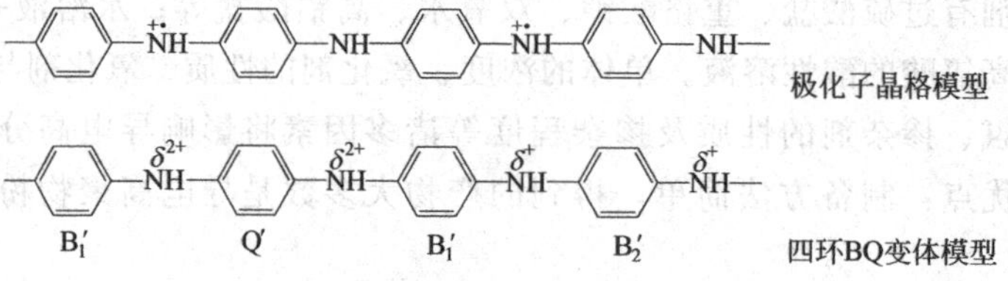

$$\mathrm{{-}C_6H_4{-}\overset{+}{N}H{-}C_6H_4{-}NH{-}C_6H_4{-}\overset{+}{N}H{-}C_6H_4{-}NH{-}}$$

极化子晶格模型

$$\mathrm{{-}\underset{B'_1}{C_6H_4}{-}\overset{\delta^{2+}}{N}H{-}\underset{Q'}{C_6H_4}{-}\overset{\delta^{2+}}{N}H{-}\underset{B'_1}{C_6H_4}{-}\overset{\delta^{+}}{N}H{-}\underset{B'_2}{C_6H_4}{-}\overset{\delta^{+}}{N}H{-}}$$

四环BQ变体模型

图 4-2 聚苯胺掺杂态结构模型

（2）电化学法 电化学聚合法是在电场作用下电解含有单体的溶液而在电极表面获得导电高分子。在电化学聚合法中，单体分子在阳极的氧花作用下，发生氧化偶联聚合反应，生成高分子化合物。这一方法采用外加电位作为聚合反应的引发核反应驱动力，在电极表面进行聚合反应并直接生成导电高分子膜，可在掺杂的过程中定量控制掺杂剂用量，所得到产物

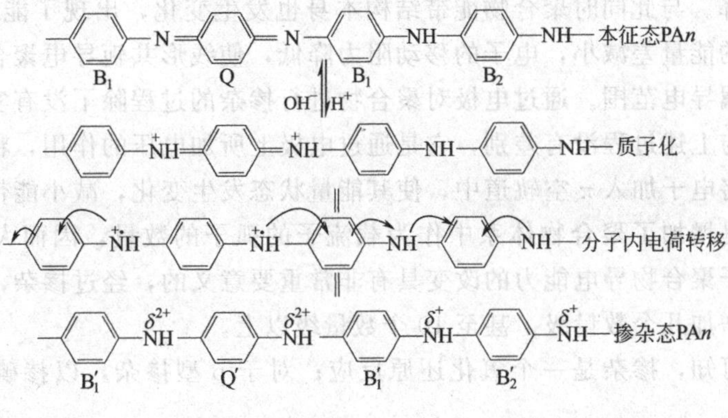

本征态PAn
质子化
分子内电荷转移
掺杂态PAn

图 4-3　聚苯胺质子酸掺杂机理（四苯环醌变体模型）

可以直接进行电化学研究。一些单体氧化聚合峰电位见表 4-3。一旦聚合电位升高到能引发单体电聚合反应时，聚合物的大分子链将会很快增加。氧化聚合峰电位越低，说明聚合反应或化学聚合反应越容易进行。在电化学聚合反应中生成的共轭高分子产物已在反应过程中被阳极氧化掺杂，因而具有导电性，这也是电聚合反应连续不断进行的理由。

表 4-3　一些杂环单体和芳香族单体的氧化峰聚合电位(V/SCE)

吡咯	噻吩	吡啶	苯胺	咔唑
1.2	2.07	1.3	0.71	1.82

4.2.3.2　导电高分子的掺杂

(1) 掺杂过程、掺杂剂及掺杂量与电导率之间的关系 “掺杂”（dopping）一词来源于半导体化学，指在纯净的无机半导体材料（锗、硅或者镓等）中加入少量具有不同价态的第二种物质，以改变半导体材料中空穴和自由电子的分布状态。在制备导电聚合物时，为了增强材料的电导率也可以进行类似的“掺杂”操作。对于线形共轭聚合物进行掺杂有两种方式：一是同半导体材料的掺杂一样，加入第二种具有不同氧化态的物质；二是聚合材料在电极表面进行电化学氧化或还原反应，直接改变聚合物的荷电状态。上述两种方法是目前采用最多的掺杂方法。此外，在特殊情况下还有如下三种掺杂方法可供选择：其一是酸碱化学掺杂，主要是对聚苯胺型导电聚合物，在与质子酸反应后聚合物中的氨基发生质子化，引起分子内氧化还原反应，改变分子轨道荷电状态；其二是光掺杂，当聚合物吸收光能之后产生正负离子对，离子对分解后，分别对其临近分子轨道电子状态施加影响，实现掺杂过程；其三是电荷注入掺杂，是利用各种电子注入方法直接将电子注入聚合物。其目的都是为了在聚合物的空轨道中加入电子，或从占有轨道中拉出电子，进而改变现有 π 电子能带的能级，出现能量居中的半充满能带，减小能带间的能量差，使自由电子或空穴迁移时的阻碍减小。

在制备导电聚合物时根据掺杂剂与聚合物相对氧化能力的不同，分成 p 型掺杂剂和 n 型掺杂剂两种。比较典型的 p 型掺杂剂（氧化型）有碘、溴、三氯化铁和五氟化砷等，在掺杂反应中作为电子接受体（acceptor）。n 型掺杂剂（还原型）通常为碱金属，是电子给予体(donor)。在掺杂过程中掺杂剂分子插入聚合物分子链间，通过两者之间氧化还原反应完成电子转移过程，使聚合物分子轨道电子占有情况发生变化。根据共轭聚合物分子结构分析，当进行 p 型掺杂时，掺杂剂从聚合物的 π 成键轨道中拉走一个电子，使其呈现半充满状态，价带能量升高。当进行 n 型掺杂时，掺杂剂将电子加入聚合物的 π 空轨道中，同样形成半充满状态，能量下降。与此同时聚合物能带结构本身也发生变化，出现了能量居中的亚能带。其结果是能带间的能量差减小，电子的移动阻力降低，使线形共轭导电聚合物的导电性能从半导体进入类金属导电范围。通过电极对聚合物进行掺杂的过程除了没有实际掺杂物参与之外，其作用实质与上述过程没有差别，它是通过电极上所加电压的作用，将 π 占有轨道中的电子拉出，或者将电子加入 π 空轨道中，使其能量状态发生变化，减小能带差。根据孤子理论，掺杂的结果是增加了聚合物体系中作为载流子的孤子的数量，因而大大提高其导电能力。掺杂对于电子聚合物导电能力的改变具有非常重要意义的，经过掺杂，共轭型聚合物的导电性能往往会增加几个数量级，甚至 10 个数量级以上。

从以上介绍可知，掺杂是一个氧化还原反应；对于 p 型掺杂，以掺碘为例，其反应过程为：

$$(CH)_x + \frac{xy}{2} \longrightarrow (CH^{y+})_x + (xy)I^-$$

$$(xy)I^- + (xy)I_2 \longrightarrow (xy)I_3^-$$

$$(CH^{y+})_x + (xy)I_3^- \longrightarrow [(CH^{y+})(I_3^-)_y]_x$$

对于 n 型掺杂，以萘基金属掺杂为例，其反应为：

$$(CH)_x + (xy)Nphth^- \longrightarrow [(CH^{y-})]_x + (xy)Nphth$$

$$[(CH^{y-})]_x + (xy)Na^+ \longrightarrow [Na_{y-}{}^+]_x$$

式中，Nphth 表示萘基。

掺杂剂与导电聚合物的电导率有着极密切的关系。仍以聚乙炔为例，碘为掺杂剂，实验结果显示聚乙炔的电导率与碘的掺杂程度（以加入掺杂剂与饱和掺杂量之比表示）有如图 4-4 所示的关系。

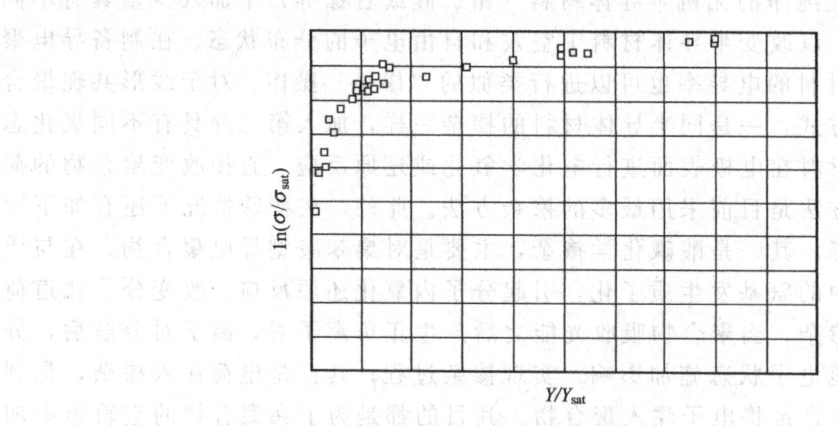

图 4-4　聚乙炔掺碘量与电导率的关系

图 4-4 中 σ 表示聚乙炔的电导率(S/cm)，Y 为掺杂剂碘的掺杂量，下标 sat 表示掺杂剂在聚合物中饱和时测得值。

图 4-4 中曲线显示在掺杂剂量小时，电导率随着掺杂量的增加而迅速增加；但是随着掺杂剂量的继续加大，电导率增加的速度逐步减慢；当达到一定值时电导率不再随着掺杂量的增加而增加。此时的掺杂量称为饱和掺杂量(Y_{sat})。这一关系基本上可以用下面的数学表达式表达：

$$\sigma = \sigma_{sat}\exp[(-Y/Y_{sat})^{-0.5}]$$

根据这一数学关系式或关系图，在制备导电聚合物时可以确定最佳掺杂量。

(2) 温度与电子导电聚合物电导率之间的关系　与复合型导电聚合物类似，电子导电聚合物的电导率也会随着温度的变化而变化。金属材料的温度系数是正值，即温度越高，电导率越低，电阻率增大，属于正温度系数效应。在图4-5中给出了掺碘聚乙炔的电导率-温度关系图。从图中可以看出，与金属材料的特性不同，电子导电聚合物的温度系数是负的；即随着温度的升高，电阻率减小，电导率增加，属于负温度效应范畴。

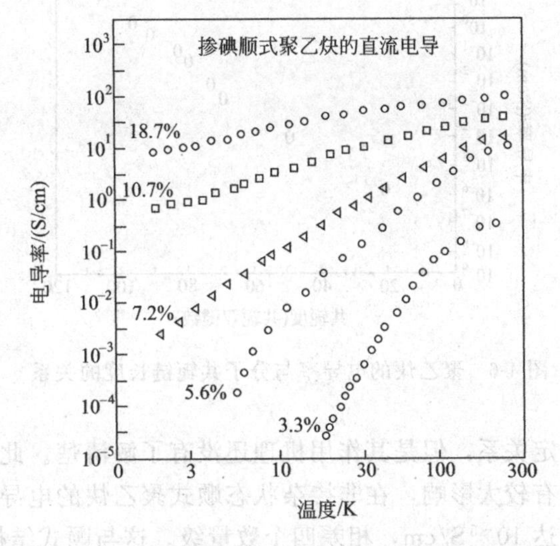

图4-5　掺碘聚乙炔电导率-温度关系图

分析图中给出的实验曲线，掺杂态聚乙炔不仅与金属的电导率-温度的关系不同，而且与典型的半导体材料的电导率与温度的关系也不尽相同。尽管二者都有正的温度系数，但是无机半导体材料的电导值与温度呈指数关系；而电子导电聚合物的电导率与温度的关系需要用下面的数学式来表达：

$$\sigma = \sigma_{sat} \exp[(-T/T_0)^{-\gamma}]$$

式中，σ_{sat}，T_0 和 γ 分别为常数，具体数值取决于材料本身的性质和掺杂的程度，γ 取值一般在0.25～0.50之间。

这一现象的产生基于以下几种原因，首先，对于常规金属晶体，温度升高引起的晶格振动会阻碍电子在晶体中的自由运动；因而随着温度的升高，电阻增大，电导率下降。而在电子导电聚合物中阻碍电子移动的主要因素来自于 π 电子能带间的能级差。从统计热力学来看，电子从分子的热振动中获得能量，显然温度提高有利于电子从能量较低的满带向能量较高的空带迁移，较容易完成其导电过程。然而，随着掺杂度的提高，π 电子能带间能级差越来越小，已不是构成阻碍电子移动的主要因素。因此在上图中给出的结果表明，随着导电聚合物掺杂程度的提高，电导率与温度曲线的斜率变小。即电导率受温度的影响越来越小，温度特性逐渐向金属导体过渡。

(3) 聚合物电导率与分子中共轭链长度之间的关系　电子导电聚合物的电导率还受到聚合物分子中共轭链长度的影响。与晶体化的金属和无机半导体相比，导电聚合物的晶体化程度不高，晶格对电导率的影响可以不加考虑。而且，从微观的角度看，线形共轭导电聚合物分子结构中的电子分布也不是各向同性的；换句话说，聚合物内的价电子更倾向于沿着线形共轭的分子内部移动，而不是在两条分子链之间。因为描述分子内 π 电子运动的波函数不是球形对称的，在沿着分子链方向有较大的电子云密度。而且随着共轭链长度的增加，π 电子波函数的这种趋势越明显；从而有利于自由电子沿着分子共轭链移动，导致聚合物的电导率增加。从图4-6中可以看出，线形共轭导电聚合物的电导率随着其共轭链长度的增加而呈指数快速增加。因此说提高共轭链的长度是提高聚合物导电性能的重要手段之一。这一结论对所有类型的电子导电聚合物都运用。值得指出的是，这里所指的是分子链的共轭长度，而不是聚合物分子长度，与聚合度虽有一定关系，但是概念不完全相同。

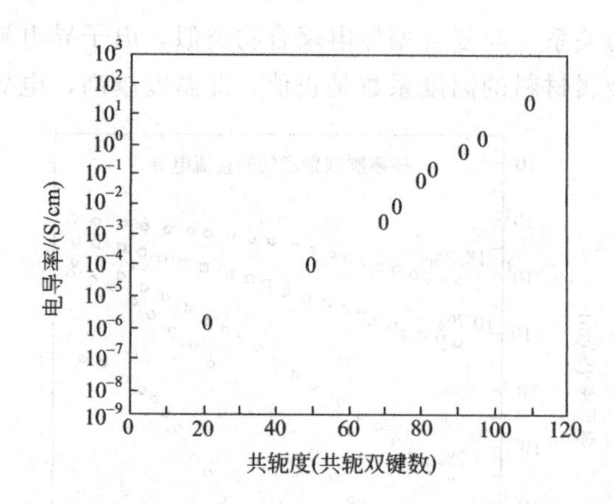

图 4-6 聚乙炔的电导率与分子共轭链长度的关系

除了上面提到的影响因素之外。电子导电聚合物的电导率还与掺杂剂的种类，制备及使用时的环境、压力和光照等因素有直接或间接的关系。根据已有的资料，对聚乙炔型导电聚合物的制备，碘是最有效的掺杂剂。而采用电极对导电聚合物进行直接的氧化或还原反应则是更有效，更方便的"掺杂"方法。一般来讲，提高压力或增加光照，导电性能也会相应有所提高，但是不如前面讨论的影响因素作用明显。聚合物的结晶程度和聚合分子中不同分子轨道所占比例值与聚合物的电导率有一定关系，但是其作用机理还没有了解清楚。此外，聚合物中共轭结构的立体构形对其电导率有较大影响，在非掺杂状态顺式聚乙炔的电导率为 10^{-9}S/cm，而反式聚乙炔的电导率则可达 10^{-5}S/cm，相差四个数量级。这与顺式结构影响分子的共平面有一定关系。但是聚乙炔经高温处理后，所有顺式结构均变成反式结构，导电性能会有所改善。在线形聚合物中引入取代基也会对电导值产生影响。其影响因素包括电负性和立体相应，直接影响聚合物的电子分布和共平面。

4.2.4 结构型聚合物的导电机理

导电高分子自身具有导电功能，具有导电性的高分子一般是具有线形或平面形的结构，电子可以在整个分子范围内运动。典型的导电高分子是聚乙炔，也是最早合成的一个导电高分子。但完全由 π 电子共轭产生的导电性是不高的，后来人们发现通过掺杂可以提高导电性，掺杂的物质有(约 1%) AsF_5、I_2 和 Br_2 等。掺杂的机理一般认为是在共轭大分子的链与链之间，及分子聚集体间形成电荷移动的通道。

结构性导电聚合物根据其导电机理的不同可分为自由电子的电子导电聚合物、离子导电聚合物和氧化还原型导电聚合物。

(1) 电子导电聚合物的导电机理及特点　在电子导电聚合物的导电过程中，载流子是聚合物中的自由电子或空穴，导电过程中载流子在电场的作用下能够在聚合物内定向移动形成电流。电子导电聚合物的共同结构特征是分子内有大的线性共轭 π 电子体系，给自由电子提供了离域迁移条件。作为有机材料，聚合物是以分子形态存在的，其电子多为定域电子或具有有限离域能力的电子。π 电子虽然具有离域能力，但它并不是自由电子。当有机化合物具有共轭结构时，π 电子体系增大，电子的离域性增强，可移动范围增大。当共轭结构达到足够大时，化合物即可提供自由电子，具有了导电功能。

没有经过掺杂处理的导电聚合物电导率很低，属于绝缘体。其原因在于导电聚合物的能隙很宽（一维半导体的不稳定性），室温下反键轨道（空带）基本没有电子。但经过氧化掺杂（使主链失去电子）或还原掺杂（使主链得到电子），在原来的能隙中产生新的极化子、双极化子或孤子能级，其电导率能上升到 10～10^3S/cm，达到半导体或导体的电导率范围。

纯净或未"掺杂"上述聚合物分子中各 π 键分子轨道之间还存在着一定的能级差。而在电场作用下，电子在聚合物内部迁移必须跨越这一能级，这一能级差的存在造成 π 电子还不能在共轭聚合中完全自由跨越移动。掺杂的目的都是为了在聚合物的空轨道中加入电子，或从占有的轨道中拉出电子，进而改变现有 π 电子能带的能级，出现能量居中的半充满能带，减小能带间的能量差，使得自由电子或空穴迁移时的阻碍力减小因而导电能力大大提高。掺杂的方法目前有化学掺杂和物理掺杂。电子导电聚合物的导电性能受掺杂剂、掺杂量、温度、聚合物分子中共轭链的长度的影响。

以聚苯胺掺杂导电机理为例，理解电子型导电聚合物导电机理。针对电子型聚苯胺的导电机理，目前主要有三种模型：

① 定态间电子跃迁-质子交换助于导电模型（PEACE）　质子交换助于电子导电模型是基于水的存在有利于聚苯胺导电试验事实。真空干燥后的聚苯胺电导率随着吸水量的增加而增大。将干燥的聚苯胺置于一定的蒸气压下，其电导率随时间的增长而增大。24h 后达到稳定。核磁共振（NMR）研究证实聚苯胺中有两种类型的质子存在，分别对于游离的核固定的吸附水。当聚苯胺减压抽真空时，可观察到游离水信号迅速下降，但突然引入重水时，其信号又显著增强，表明水分子在固定相和游离相之间存在交换作用。我国学者王利祥等认为聚苯胺的电导过程是通过电子跃迁来实现的，即电子从还原单元迁移到氧化单元上，而电子发生跃迁的基本前提是水在单元之间交换，改变热力学状态。其模型如图 4-7 所示。

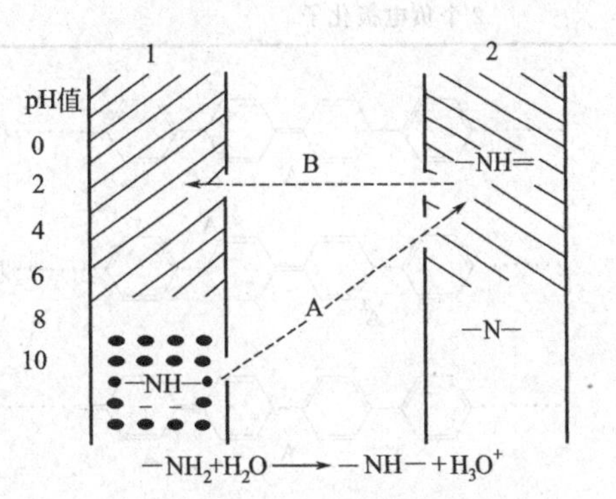

图 4-7　不同形式的聚苯胺热力学稳定区与 pH 值关系

可见，—NH—和—N═两个基团不在同一 pH 值区域，$-NH_2$ 和—NH—的热力学稳定态虽在同一区域，但质子化程度不同，$-NH_2-$在失去一个质子时，不能同时失去一个电子（B 路线）。而水可以起到碱的作用，引起质子交换。然而，电子可以从—NH—基团上失去，导致定态间电子跃迁，有利于导电。但是这一模型只考虑到双极子态，不适用于高掺杂时所形成的“极化子晶格”，显然有些不够完整。

② 颗粒金属岛模型（granular metal island model）　导电聚合物的“颗粒金属岛”模型的提出是基于以下事实：中等掺杂度的聚苯胺（掺杂率小于 30%）的磁化率随掺杂率的升高而呈线性增加。这些现象被认为是由于不均匀掺杂产生的“金属区”和“非金属区”的相分离结果。充分掺杂的三维微“金属岛”存在于未掺杂的绝缘母体中；若掺杂进一步进行，“岛”的尺寸稍微增大，形成新的“金属岛”。这一模型得到了热电动势、电导与电场依赖性、声频电导、ESR、IR 和 NMR 研究的支持。传输性质研究表明，两个“金属岛”之间存在适当尺寸的“障碍”，这一势垒的存在妨碍了高导电率的获得。计算表明，“金属岛”内的电导率约为 250S/cm，大于宏观所测的电导率；“金属岛”的尺寸约 20nm，与掺杂聚苯胺结晶区的相关长度吻合。“金属岛”之间的电荷传导受控于“电荷能量限制隧道”（charge-energy-limited tunneling）。少量水的存在可能降低隧道障碍的有效高度和宽度，从而有利于导电。

③ 极子和双极化子相互转化模型　尽管极化子、极子和孤子来自不同的简并态，但是它们之间存在着如表 4-4 所示的内在联系，而且它们的物理实质都是能隙间的定域态，极子是孤子形成的稳定形式。因此，孤子是生成聚苯胺载流子的最基本的单元。“孤子”的概念是 W. P. Su，J. R. hrieffer 和 A. J. Heeger（SSH）首先提出用来解释聚乙

表 4-4 孤子、极子和双极化子间内在联系

中性孤子＋正电孤子	⟶	正电极化子
中性孤子＋负电孤子	⟶	负电极化子
中性孤子＋中性孤子	⟶	中性极化子
2 个正电极化子	⟶	正电双极化子
2 个负电极化子	⟶	负电双极化子

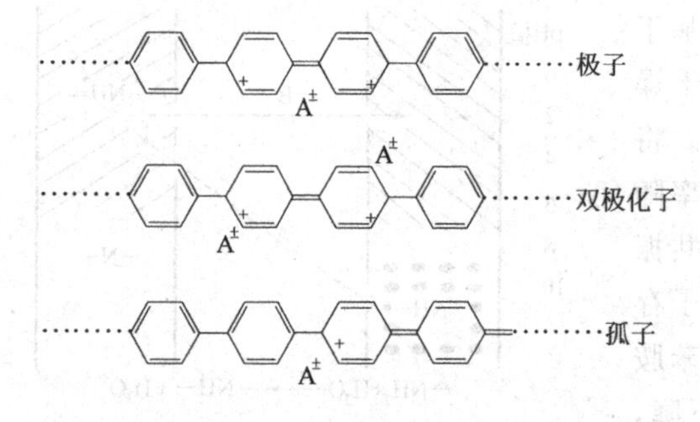

图 4-8 聚苯胺极子、双极化子和孤子结构示意图

炔电导率及其物理性能的。聚乙炔具有规整的单双键交替的主链结构，这种一维的主导电子态之间强的相互作用，从拓扑学上来说，主要是由能量相同的两个不同的相 A 和相 B 的交界处形成“畴壁”，即“孤子”。它可带电或不带电，而且可以在链上运动。事实上，所有共轭高分子中，具有两种简并基态的只有反式聚乙炔，其他的高分子一旦长短键换位后，能量就增加很大，因而不存在“孤子”。如聚苯胺具有非简并的基态，这种体系最终不能形成孤子，而只有形成极化子和双极化子。如图 4-8 所示为聚苯胺极子、双极化子和孤子的结构。

已有的研究结果表明，对于非取代聚苯胺，在用质子酸低度掺杂时其导电的载流子主要是单极化子。王慧中等人提出的掺杂态聚苯胺单极化子和双极化子相互转化结构模型比较好的用极子和双极化子理论解释了聚苯胺的导电机理，如图 4-9 所示：

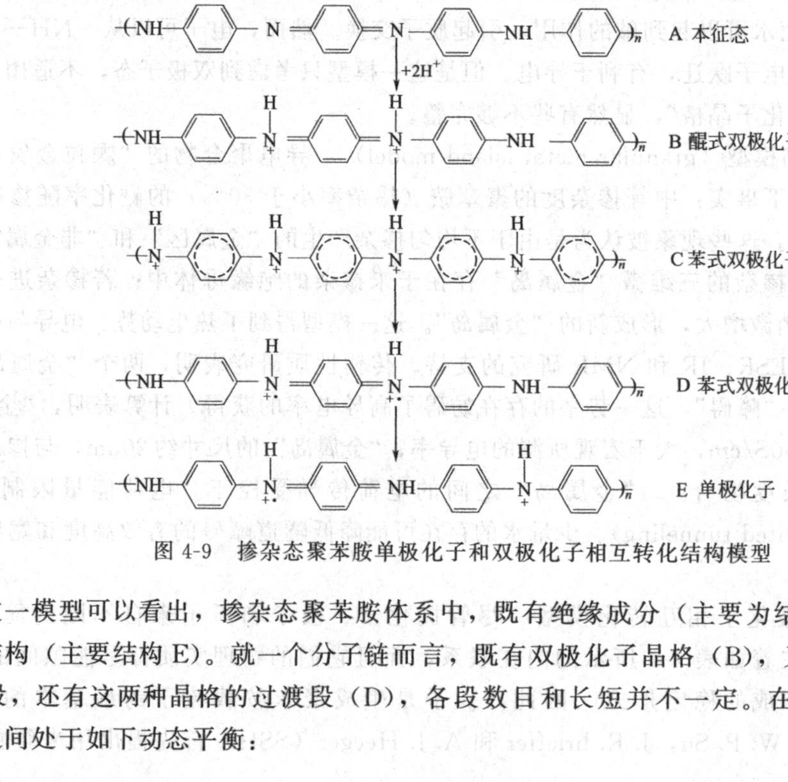

A 本征态

$+2H^+$

B 醌式双极化子

C 苯式双极化子

D 苯式双极化子

E 单极化子

图 4-9 掺杂态聚苯胺单极化子和双极化子相互转化结构模型

这一模型可以看出，掺杂态聚苯胺体系中，既有绝缘成分（主要为结构 B），也有各种导电结构（主要结构 E）。就一个分子链而言，既有双极化子晶格（B），又有单极化子晶格（E）段，还有这两种晶格的过渡段（D），各段数目和长短并不一定。在一定的 pH 值下，它们之间处于如下动态平衡：

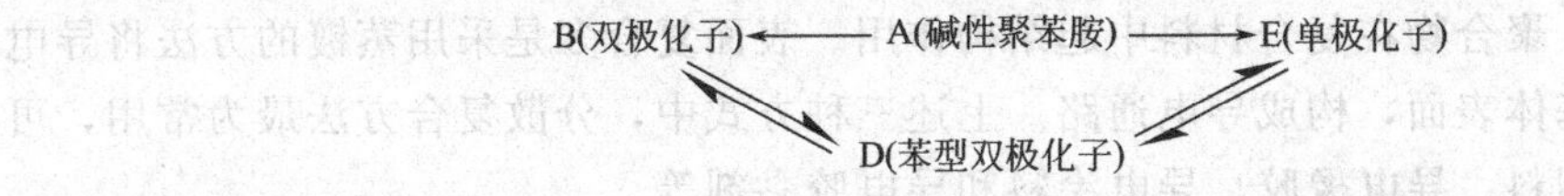

在导电过程中，苯型双极化子 D 起着特殊作用，实际上可视为结构 B 或 E 的端缺陷。随着热振动和质子化，结构 D 不断的生成和消失，同时造成电荷的链间传输，使电荷绕过绝缘段在“金属岛”之间畅通，实现电导。

(2) 离子型导电聚合物的导电机理　以正负离子为载流子的导电聚合物被称为离子型导电聚合物。解释其导电机理的理论中比较受大家认同的有非晶区扩散传导离子导电理论、离子导电聚合物自由体积理论和无须亚晶格离子的传输机理等理论。

固体离子导电的两个先决条件是具有能定向移动的离子和具有对离子溶合能力。研究导电高分子材料也必须满足以上两个条件，即含有并允许体积相对较大的离子在其中“扩散运动”；聚合物对离子具有一定的“溶解作用”。非晶区扩散传导离子导电理论认为如同玻璃等无机非晶态物质一样，非晶态的聚合物也有一个玻璃化转变温度。在玻璃化温度以下时，聚合物主要呈固体晶体性质，但在此温度以上，聚合物的物理性质发生了显著变化，类似于高黏度液体，有一定的流动性。因此，当聚合物中有小分子离子时，在电场的作用下，该离子受到一个定向力，可以在聚合物内发生一定程度的定向扩散运动，因此，具有导电性，呈现出电解质的性质。随着温度的提高，聚合物的流动性愈显突出，导电能力也得到提高，但机械强度有所下降。

离子导电聚合物自由体积理论认为，虽然在玻璃化转变温度以上时，聚合物呈现某种程度的“液体”性质，但是聚合物分子的巨大体积和分子间力使聚合物中的离子仍不能像在液体中那样自由扩散运动，聚合物本身呈现的仅仅是某种黏弹性，而不是液体的流动性。在一定温度下聚合物分子要发生一定振幅的振动，其振动能量足以抗衡来自周围的静压力。在分子周围建立起一个小的空间来满足分子振动的需要，这来源于每个聚合物分子的热振动。当振动能量足够大，自由体积可能会超过离子本身体积。在这种情况下，聚合物中的离子可能发生位置互换而发生移动。如果施加电场力，离子的运动将是定向的。离子导电聚合物的导电能力与玻璃化转变温度及溶剂能力等有着一定的关系。

(3) 氧化还原型导电聚合物　这类聚合物的侧链上常带有可以进行可逆氧化还原反应的活性基团，有时聚合物骨架本身也具有可逆氧化还原反应能力。导电机理为：当电极电位达到聚合物中活性基团的还原电位（或氧化电位）时，靠近电极的活性基团首先被还原（或氧化），从电极得到（或失去）一个电子，生成的还原态（或氧化态）基团可以通过同样的还原反应（氧化反应）将得到的电子再传给相邻的基团，自己则等待下一次反应。如此重复，直到将电子传送到另一侧电极，完成电子的定向移动。

4.3　复合型导电高分子材料

4.3.1　复合型导电高分子材料的结构与导电机理

复合型导电高分子材料是指以结构型高分子材料为基体（连续相），与各种导电性物质（如碳系材料、金属、金属氧化物、结构型导电高分子等）通过分散复合、层积复合、表面复合或梯度复合等方法构成的具有导电能力的材料。其中分散复合方法是将导电材料粉末通过混合的方法均匀分布在聚合物基体中，导电粉末粒子之间构成导电通路实现导电性能。层积复合方法是将导电材料独立构成连续层，同时与聚合物基体复合成一体。导电性能的实现仅由导电层来完成，聚合物在复合材料中起结构作用。表面复合多是采用蒸镀的方法将导电材料复合到聚合物基体表面，构成导电通路。上述三种方式中，分散复合方法最为常用，可以制备常见的导电塑料、导电橡胶、导电涂料和导电胶黏剂等。

4.3.1.1 复合型导电高分子材料的结构

（1）分散复合结构 分散复合型导电高分子通常选用物理性能适宜的高分子材料作为基体材料，导电性粉末、纤维等材料采用化学或物理方法均匀分散在基体材料中。当分散相浓度达到一定数值后，导电粒子或纤维之间相互接近构成导电通路。当材料两端施加电压时，载流子在导电粒子或纤维之间定向运动，形成电流。这种导电高分子材料其导电性能与导电添加材料的性质、粒度、分散情况以及聚合物基体的状态有关。在一般情况下，复合导电材料的电导率会随着导电材料的填充量的增加而增加，还会随着导电粒子粒度的减小以及分散度增加而增加而增。此外，材料的导电性能还与导电材料的形状有关，比如，采用导电纤维作为填充料，由于其具有较大的长径比和接触面积，在同样的填充量下更容易形成导电通路，因此导电能力更强。分散复合的导电高分子材料一般情况下是非各向异性的，即电导率在各个取向上基本一致。

（2）层状复合结构 在这种复合体中，导电层独立存在并与同样独立存在的聚合物基体复合。其中导电层可以是金属箔或金属网，两面覆盖聚合物基体材料。这种材料的导电介质直接构成导电通路，因此，其导电性能不受聚合物基体材料性质的影响。但是这种材料的导电性能具有各向异性，即仅在特定取向上具有导电性能，通常作为电磁屏蔽材料使用。

（3）表面复合结构 广义上的表面复合既可以将高分子材料复合到导电体的表面，也可以将导电材料复合在高分子材料表面。由于使用方面的要求，表面复合导电高分子材料仅指后者，即将导电材料复合到高分子材料表面。使用的方法包括金属熔射、塑料电镀、真空蒸镀、金属表面等。其导电能力一般也仅与表面导电层的性质有关。

（4）梯度复合结构 指两种材料各自构成连续相，如金属和高分子材料，两个连续相之间有一个浓度渐变的过渡层。这是一种特殊的复合导电材料。

4.3.1.2 复合型导电高分子材料的组成

复合导电高分子材料主要由高分子基体材料、导电填充材料和助剂等构成，其中前两项是主要部分。

（1）高分子基体材料 高分子材料作为复合导电材料的连续相和黏结体起到两方面的作用：发挥基体材料的物理化学性质和固定导电分散材料。一般来说绝大多数的常见高分子材料都能作为复合型导电材料的基体。高分子材料与导电材料的相容性和目标复合材料的使用性能是选择基体材料经常考虑的主要因素。如聚乙烯等塑性材料可以作为导电塑料的基材，环氧树脂等可以作为导电涂料和导电胶黏剂的基材，氯丁橡胶、硅橡胶等可以作为导电橡胶的基材。此外，高分子材料的结晶度、聚合度、交联度等性质也对导电性能，或者加工性能产生影响。一般认为，结晶度高有利于电导率提高，交联度高导电稳定性增加。基体的热学性能则影响复合型导电高分子材料的特殊性能，如温度敏感和压力敏感性质。

（2）导电填充材料 目前常用的导电填充材料主要有碳系材料、金属材料、金属氧化物材料、结构型导电高分子。其中碳系材料包括炭黑、石墨、碳纤维等。炭黑是目前分散复合法制备导电材料中最常用的导电填料；石墨由于常含有杂质，使用前需要进行处理；碳纤维不仅导电性能好，而且机械强度高，抗腐蚀。由于自身的聚集效应，提高碳系填充材料在聚合物中的分散性是经常需要考虑的工艺问题。常用金属系填充材料包括银、金、镍、铜、不锈钢等。其中银和金的电导率高，性能稳定，从性能上看是理想的导电填料，价格高是其明显的缺点。目前有人将其包覆在其他填充材料表面构成颗粒状复合型填料，可以在不影响导电和稳定性的同时，降低成本。镍的电导率和稳定性居中，铜的电导率高，但是容易氧化，因此影响其稳定性和使用寿命。不锈钢纤维作为导电填料正处在实验阶段。常用的金属氧化物导电填充物主要有氧化锡、氧化钛、氧化锌等。这类填料颜色浅、稳定性较好，但是要解决其电导率低的问题。结构型导电高分子是自身具有导电能力的一种聚合物，采用共混方法与其他常规聚合物复合制备导电高分子材料是已经开始研究的课题，密度小、相容性好可能是其主要优点。常见的导电添加材料及其性能列于表4-5中。

表4-5　常用复合型导电高分子材料的导电添加材料

项目	填充物种类	复合物电阻率/Ω·cm	性质特点
碳系填料	炭黑	$10^0 \sim 10^2$	成本低、密度小，呈黑色，影响产品外观颜色
	处理石墨	$10^2 \sim 10^4$	成本低，但杂质多，电阻率高，呈黑色
	碳纤维	$\geqslant 10^{-2}$	高强、高模，抗腐蚀，添加量小
金属填料	金	10^{-4}	耐腐蚀、导电性好，但成本昂贵、密度大
	银	10^{-5}	耐腐蚀、导电性优异，但成本高、密度大
	镍	10^{-3}	稳定性、成本和导电性能居中
	铜	10^{-4}	导电性能较好，成本较低，但易氧化
	不锈钢	$10^{-2} \sim 10^2$	主要使用不锈钢丝，成本较低
金属氧化物	氧化锌	10	稳定性好、颜色浅、电阻率较高
	氧化锡	10	稳定性好、颜色浅、电阻率较高
导电聚合物	聚吡咯	$1 \sim 10$	密度轻、相容性好、电阻率较高
	聚噻吩	$1 \sim 10$	密度轻、相容性好、电阻率较高

4.3.1.3　复合型导电材料的导电机理

复合型导电材料的发展可以追溯到20世纪中叶。自从复合型导电高分子材料出现后，人们对其导电机理进行了广泛的研究，但仍然存在争论。目前比较流行的有两类理论：一是宏观的渗流理论，即导电通道学说；另一种是量子力学的隧道效应和场致发射效应学说。目前这两种理论都能够解释一些实验现象。

（1）渗流理论（导电通道机理）　渗流理论的实践基础是复合型导电材料，其添加浓度必须达到一定数值后才具有导体性质。在此浓度以上，导电材料粒子作为分散相在高分子材料连续相中互接触构成导电网络。该理论认为这种在复合材料体系中形成的导电网络是导电的主要原因。根据上述理论，导电网络的形成主要取决于导电颗粒在连续相中的浓度、分散度和粒度等。因此，形成复合导电材料的导电能力与导电添加材料的电阻率、相面间的接触电阻、导电网络的结构等相关。导电分散相在连续相中形成导电网络必然需要一定浓度和分散度，只有在这个浓度以上时复合材料的导电能力会急剧升高，因此这个浓度也称为临界浓度。

目前根据渗流理论推导出的各种数学关系式主要用来解释导电复合物电阻率-填料浓度的关系，是从宏观角度来解释复合物的导电现象，寻找出的与电流-电压曲线相符合的经验公式。它们的指导意义是借用实验数据找出一些合适的常数，使经验公式用于制备工艺研究。

如果将导电分散相颗粒假定为球形，可以借助于Flory凝胶化理论公式推导出能够解释复合导电高分子材料电阻率的Bueche公式：

$$p/p_{\mathrm{m}} = [1 - V - VW_{\mathrm{f}}(p_{\mathrm{m}}/p)]^{-1}$$

式中，m 和 f 分别表示聚合物基体和导电分散颗粒；V 表示导电颗粒的体积分数；p_m 和 p 分别表示聚合物基体与构成导电粒子材料的电阻率；W_f 由下面的关系式确定：

$$W_f = 1-(1-a)^2 y/(1-y)^2 a$$

$$a(1-a)^{f-2} y = y/(1-y)^{f-2} a$$

式中，常数 f 表示一个导电粒子可以和 f 个导电粒子连接，与粒子的空间参数和形状有关；a 表示粒子间连接概率。上述公式只能适合于部分导电复合材料。Bruggeman 应用有效介质理论推导出计算导电复合物电阻率的公式：

$$\sigma_m = y + (r^2 + 8\sigma_1\sigma_2)^{1/2}/4$$

$$r = (3V_1 - 1)\sigma_1 + (3V_2 - 1)\sigma_2$$

其中，σ_m 是复合物的电导率；σ_1 和 σ_2 分别为两种复合颗粒的电导率；它们相应的体积百分含量分别为 V_1 和 V_2 表示。应用本计算公式的极限浓度不能超过 1/3。此外，对于炭黑/高分子复合体系不适用。类似的经验计算公式还有一些，但对于实际应用都还有一定差距。

(2) 隧道导电理论　虽然导电通道理论能够解释部分实验现象，但是人们发现，在导电分散相的浓度还不足以形成网络的情况下也具有导电性能，或者说在临界浓度时导电分散相颗粒浓度还不足以形成完整导电网络。Polley 等在研究炭黑/橡胶复合的导电材料时，在电子显微镜下观察发现：在炭黑还没有形成导电网络时已经具有导电能力，导电现象必然还有其他非接触原因。解释这种非接触导电现象主要有电子转移隧道效应和电场发射理论。前者认为，当导电粒子接近到一定距离时，在热振动时电子可以在电场作用下通过相邻导电粒子之间形成的某种隧道实现定向迁移，完成导电过程。后者认为这种非接触导电是由于两个相邻导电粒子之间存在电位差，在电场作用下发生电子发射过程，实现电子的定向流动而导电。但是在后者情况下复合材料的电阻应该是非欧姆性的。根据隧道导电理论可以给出如下计算公式：

$$j(e) = j_0 \exp[-\pi\omega(|e|/e_0 - 1)^2/2] \qquad (|e| < e_0)$$

式中，$j(e)$是间隙电压为 e，间隙电导率为 j_0 时产生的隧道电流；ω 是粒子间隙宽度；$e_0 = 4V_0/em$。

虽然上面这些理论能够解释一些实验现象，但是其定量的导电机理由于其复杂性，到目前为止还不能完全解释实验现象。总体上来说复合型导电高分子材料的导电能力主要由接触性导电（导电通道）和隧道导电两种方式实现，其中普遍认为前一种导电方式的贡献更大，特别是在高导电状态时。

(3) 复合型导电高分子材料的 PTC 效应　所谓的 PTC 效应(positive temperature coefficient)，即正温度系数效应，是指材料的电阻率随着温度的升高而升高的现象。由于在恒定电压情况下，电流或电热功率随着电阻率的升高而下降，因此在作为电加热器件时具有自控温特性。大多数复合型导电高分子材料在一定温度区域内具有 PTC 效应。关于 PTC 效应的产生主要有以下几种理论解释。

① 热膨胀说　当复合材料温度升高时材料发生热膨胀，根据导电通道理论，原来由导电颗粒形成的导电网络逐步受到破坏，因此电阻率升高。其次，根据隧道导电理论，复合材料的电阻率与导电粒子之间的距离 ω 成指数关系，热膨胀将造成 ω 增大，会引起电阻率迅速升高。由于高分子材料在不同温度下热膨胀性质不同，因此 PTC 效应在不同的温度范围内是不同的，并且呈非线性特征。其计算公式如下：

$$\rho = \rho_0 \exp[-T_1/(T_0 + T)]$$

式中，$T_0=2^{1/2}h\varphi^{2/3}A/\pi^3e^2km^{1/2}\omega^2$；$\rho_0=\pi h^2/6e^2(2m\varphi)^{1/2}$；$T_1=2\varphi^2A/\pi e^2k\omega$；$\rho$ 为复合材料温度为 T 时的电阻率，Ω•cm；ρ_0 为材料初始电阻率，Ω•cm；T 为热力学温度，K；h 为普朗克常量，J•s；A 为导电颗粒间聚合物的截面积，m^2；k 为玻尔兹曼常数，J/K；φ 为隧道势垒高度，m；ω 为间隙宽度，m；m 为电子质量，kg。由于间隙宽度处在指数项上，因此由于热膨胀引起的间隙增大对电阻率的影响最为明显。

② 晶区破坏说 当聚合物存在部分结晶状态时，一般认为，导电粒子只分散在非晶区，非晶区越小，导电粒子在其中的浓度就越大，就更容易形成完整导电通路，在同样浓度下电导率较高。反之，当温度升高，晶区减小时，导电颗粒在非晶区的相对浓度下降，电阻率会随之上升。当温度接近或超过材料软化点温度时，晶区受到破坏，电阻率也会迅速上升。但是，当材料的温度超过其玻璃化温度后，由于导电颗粒流动性增强，同时发生导电颗粒的聚集作用，电阻率会减小，从而发生负温度效应（NTC）。

复合型导电高分子材料的PTC效应在实践中有很多应用，如自控温加热器件、限流器件等。与非金属的陶瓷PTC器件相比，高分子PTC器件具有成本低、可加工性能好、使用温度低的特点。

4.3.2 复合型导电高分子材料的制备方法

复合型导电高分子材料的制备主要目的是如何将连续相聚合物与分散相导电填加材料均匀分散结合在一起。在制备方法研究方面主要有以下内容：高分子基体材料和导电填料的选择与处理、复合方法与工艺研究、复合材料的成型与加工研究等。

4.3.2.1 导电填料的选择

目前可供选择的导电填料主要有金属材料、炭黑、金属氧化物和本征型导电聚合物四类。从填料本身的导电性质而言，采用金属导电填料对于提高复合物的导电性能是有利的，特别是采用银或者金粉时可以获得电阻率仅为 10^{-4} Ω/cm 的高导电复合材料。铜虽然也具有低电阻率，由于易于氧化等原因使用不多。其次，金属填料的临界浓度比较高，一般在50%左右，因此需要量比较大，往往对形成的复合材料的机械性能产生不利影响，并增加制成材料的密度。金属填料与高分子材料的相容性较差，密度的差距也大，往往影响复合材料的稳定性。此外，采用银和金等贵金属时成本增加较大。目前克服上述缺点的主要方法有改填加金属粉料为金属纤维，这样更容易在较低浓度下在连续相中形成导电网络，大大降低金属用量。或者在其他材料颗粒表面涂覆金属，构成薄壳型填加剂，同样可以在保证较低电阻率的情况下减少金属用量。

炭黑是目前导电聚合物制备过程中使用最多的填加材料，主要原因是炭黑的价格低廉、规格品种多、化学稳定性好、加工工艺简单。聚合物/炭黑复合体系的电阻率稍低于金属/聚合物复合体系，一般可以达到10Ω•cm 左右。其主要缺点是产品颜色受到填料本色的影响，不能制备浅色产品。作为分散体系的填料，主要是使用炭黑粉体，而且粉体的粒度越小，比表面积越大，越容易分散，形成导电网络的能力越强，从而导电能力越高。实验结果表明，当炭黑平均粒度从30nm 增加到500nm 时，电导率提高的同时，PTC效应也增加1.5倍。炭黑表面的化学结构对其导电性能影响较大，表面碳原子与氧作用会生成多种含氧官能团，增大接触电阻，降低其导电能力。因此，在混合前需要对其进行适当处理，其中常用的方法之一是在保护气氛下进行高温处理。石墨由于含有杂质，电导率相对较低，直接作为导电复合物填料的情况比较少见，一般需要经过加工处理之后使用。碳纤维是另外一种常用的碳系导电填料，特点是填加量小，同时可以对形成的复合材料有机械增强作用。

多种金属氧化物都具有一定导电能力，也是一种理想的导电填充材料，如氧化锌和氧化钛等。硼酸铝晶须也有作为导电填料的。金属氧化物的突出特点是无色或浅色，能够制备无色或浅色导电复合材料。以氧化物晶须作为导电填料还可以大大减少填料的用量，降低成本。电阻率相对较高是金属氧化物填加材料的主要缺点。

本征型导电高分子材料是近几十年来迅速发展起来的新型导电高分子材料，高分子本身具有导电性质。采用本征导电聚合物作为导电填料是目前一个新的研究趋势，例如，导电聚吡咯与聚丙烯酸复合物的制备、导电聚吡咯与聚丙烯复合物的制备、导电聚苯胺复合物的制备等。

4.3.2.2 聚合物基体材料的选择

聚合物基体作为复合材料的连续相和黏结体，对于导电复合材料的性能的影响是非常显著的。聚合物基体的选择主要依靠导电材料的用途进行，考虑的因素包括机械强度、物理性能、化学稳定性、温度稳定性和溶解性能等。比如，制备导电弹性体可以选择天然橡胶、丁腈橡胶、硅橡胶等作为连续相；制备导电塑料可以选择聚乙烯和聚丙烯作为基体材料，选择聚酯或聚酰胺等工程塑料作为基体材料可以增强材料的机械性能；导电胶黏剂的制备需要选择环氧树脂、丙烯酸树脂、酚醛树脂类高分子材料；导电涂料的制备常选择环氧树脂、有机硅树脂、醇酸树脂、聚氨酯树脂等；采用聚酰胺、聚酯和腈纶等可以制备复合型导电纤维。除了聚合物的种类选择之外，聚合物的分子量、结晶度、支化度和交联度都对复合材料的机械和电学性质产生影响。结晶度高有利于导电网络的形成，降低临界浓度，节约导电填料的使用量。聚合物基体的热学性质也是重要考虑因素之一，因为复合材料的 PTC 效应、压敏效应等均与复合材料的转化温度相关。

4.3.2.3 复合型导电聚合物的制备成型工艺

将导电填料、聚合物基体和其他添加剂经过成型加工成具有实际应用价值的材料和器件是复合型导电聚合物研究的重要方面。从混合型导电复合材料的制备工艺来说，目前主要有三种方法：即反应法、混合法和压片法。反应法是将导电填料均匀分散在聚合物单体或者预聚物溶液体系中，通过加入引发剂进行聚合反应，直接生产与导电填料混合均匀的高分子复合材料。根据引发剂的不同可以采用光化学聚合或热化学聚合等。采用反应法制备得到的导电复合物，其中导电填料的分散情况比较好。其原因是单体溶液的黏度小，混合过程比较容易进行。此外，对于那些不易加工成型的聚合物，可以将聚合与材料混合成型一步完成，简化工艺。混合法是目前使用最多的复合型高分子导电材料制备方法，其基本过程是利用各种高分子的混合工艺，将导电填料粉体与处在熔融或溶解状态的聚合物本体混合均匀，然后用注射、流延、拉伸等方法成型。直接采用大工业化高分子产品作为原料使用，是该方法的主要优势。压片法是将高分子基体材料与导电填料充分混合后，通过在模具内加压成型制备具有一定形状的导电复合材料。

4.3.3 复合型导电高分子材料的性质与应用

4.3.3.1 复合型导电高分子材料的性质

复合导电高分子材料的基本性质是具有导电能力。除此之外，由于其结构的特殊性，它们还具有一些其他性质。

(1) 导电性质 导电性质是复合型导电聚合物的主要性质，其主要导电机理是导电通道机理和电场发射理论，即作为分散相的导电填料粒子在连续相中形成导电网络（粒子间距离小于1nm），或者粒子间距离在电场发射有效距离之内（小于5nm）。与导电能力相关的因素包括导电填料的性质和粒度、填料在连续相中的分布情况，还包括聚合物连续相的结晶状态等性质。一般来说，导电填料的电阻率越低，制备的导电复合物的导电能力越强。减小粒度有利于导电能力的提高，适度提高聚合物基体的结晶度有利于导电性能的提高。

（2）压敏性质　压敏效应是指材料受到外力作用时，材料的电学性能发生明显变化，对于复合型导电聚合物而言，主要是电阻发生明显变化。从复合导电材料的导电机理分析可知，其导电作用主要依靠导电填料在连续相中所形成的导电网络来完成，如果外力的施加能够导致材料发生形变或密度发生变化，必然会造成导电网络的变化，从而引起电阻率的变化。从易于发生形变的角度，用导电复合材料制作压敏器件，采用形变能力大的橡胶类高分子材料作为连续相是有利的。

（3）热敏性质　当材料的电学性质随温度发生变化时，称其具有热敏性质。对于复合型导电聚合物来讲，当温度发生变化时，其电阻率会发生一定程度的改变。对于大多数复合型导电聚合物，在加热的过程中的不同阶段会呈现不同的热敏效应：在温度远远小于软化温度时，多呈正温度系数效应，但热敏特性不明显；当温度接近软化点时热敏特性加强。但是当温度超过软化温度之后，多会发生性能反转，变成负温度系数效应。上述变化可以用渗流理论和电场发射理论解释。

4.3.3.2 复合型导电聚合物的应用

（1）导电性能的应用　利用复合材料的导电性能可以在以下领域获得应用，以金属/环氧树脂复合构成的导电胶黏剂可以用于电子器件的连接，如电子管的真空导电密封、波导元件和印刷电路的制造，半导体收音机的安装和电子计算机中插件的黏合等，相对于其他连接方法可以提高器件的抗震性能；如在人造卫星、宇宙飞船上，几千个硅太阳能电池的安装、印刷电路与微元件的黏合就是使用导电性胶黏剂完成的。以炭黑/聚氨酯复合构成的导电涂料可以用于设备防静电处理、电磁波吸收和金属材料的防腐等。炭黑/硅橡胶体系构成的导电橡胶用于动态电接触器件的制备，如计算机和计算器键盘的电接触件，材料导电橡胶后不仅导电性好，而且具有弹性，手感好。利用其导电性能还可以制备全塑电池的电极材料。

（2）温敏效应的利用　利用复合型导电聚合物的PTC效应，可以制备自控温加热器件，如加热带、加热管。这些加热材料广泛用于液体输送管道的保温、取暖、发动机低温启动等场合。由于其优秀的自控温性能，自控温材料在日常生活、工业生产、农业、军事、航天等领域有着广泛的应用领域。此外复合型导电聚合物还是制备热敏电阻、限流器件等的基本材料。

（3）压敏效应的应用　利用复合型导电聚合物的压敏特性可以制备各种压力传感器和自动控制装置。

除了上述应用领域以外，导电聚合物还具有吸收电磁波，将波能耗散的特性，目前在隐形材料方面的研究开发也取得了一定成果。

4.4 导电高分子材料的应用

导电聚合物最重要的特点是它的电导率覆盖范围广，约为$10^{-9}\sim10^{5}$S/cm，这跨越了绝缘体、半导体、金属态。如此宽的范围是目前任何种类材料都无法相媲美的，也使它在技术应用上具有很大的潜力。此外，导电聚合物还保留了聚合物的结构多样化、可加工性和密度轻等性质，这些正好满足了现代信息科技中器件尺寸的日益微型化要求。这也是现有的无机半导体材料所望尘莫及的。近年来随着研究不断深入，科研工作者们逐渐认识到，导电聚合物这一新型高分子功能材料所能运用的范围日益扩大，尤其是在电子、光学、磁等器件上。若在结构上进行改造，如与纳米科技相结合制成多功能复合材料，运用前景更是不同凡响。另外，导电聚合物在超导领域内的应用前景也非常广阔。

4.4.1 光电学材料

导电聚合物在电化学掺杂时伴随着颜色的变化，它可以用作电致变色显示材料和器件。这种器件不但可以用于军事上的伪装隐身，而且可以用作节能玻璃窗的涂层。自 1990 年剑桥大学推出聚合物电致发光器件以来，在材料科学和信息技术领域引起了世界范围内的国际竞争——有机高分子全色平面显示材料与器件。它所具有的自发光、高亮度、高效率、低压直流驱动、低成本、无视角依赖、响应速度快、薄、轻、柔性好、大面积和全色显示等优点，给现代显示技术展现了美好的前景。该领域吸引着许多国家不同学科的科学家以及越来越多的研究机构和公司的关注和投入。目前，菲利浦和柯达公司用有机发光二极管（OLED）制作手机显示屏，先锋公司用 OLED 制作汽车显示屏，并建成了月产 3 万台的生产线。

导电高聚物具有好的非线性光学性能，它的非线性光学系数大，响应速度快。由于非线性光学材料具有波长变换、增大振幅和开关记忆等许多功能，因此作为 21 世纪信息处理和前所未有的光计算基本元件而特别令人关注。另外，导电聚合物还是光致变和光限幅材料。

4.4.2 电极材料与电子器件

导电聚合物的电导率依赖于温度、湿度、气体和杂质等因素，因此可作为传感器的感应材料。目前，人们正在开发用导电聚合物制备的温度传感器、湿度传感器、气体传感器、pH 值传感器和生物传感器等。导电聚合物还可以用来制作二极管、晶体管和相关电子器件，如肖特基二极管、整流器、光电开关和场效应管等。有些导电聚合物具有光导性，即在光的作用下，能引起光生载流子的形成和迁移，可以用作信息处理如静电复印和全息照相，也可以用于光电转换如太阳能电池。

导电聚合物与无机半导体的一个明显不同点是它还存在脱掺杂的过程，而且掺杂-脱掺杂完全可逆。这一特性若与高的室温电导率相结合，则导电聚合物将成为二次电池的理想电极材料，从而使全塑固体电池得以实现。导电聚合物具有掺杂和脱掺杂特性、较高的室温电导率、较大的比表面积和比重轻等特点，因此可以用于可充放电的二次电池和电极材料。日本的精工电子公司和桥石公司联合研制的 3V 纽扣式聚苯胺电池已在日本市场销售，德国的 BASF 公司研制的聚吡咯二次电池也在欧洲市场出现，日本关西电子和住友电气合作试制出高输出大容量的锂-聚合物二次电池。与普通的铅蓄电池相比，这种二次电池具有能量密度高、转换效率高和便于管理等特点。

导电高分子可以代替传统的“电解电容器”中的液体或固体电解质和传统“双电层电容器”中的电解质，制成相应的导电高分子电容器，其原理如图 4-10 所示。

它由三层构成：阳极层是传统电容器的阳极材料如铝，通常称为“阀金属”，通过电化学腐蚀或粉末烧结法形成多孔结构；电介质层是阀金属电化学形成的氧化物；阴极层是掺杂的导电高分子，已经商品化的是聚吡咯和聚苯胺。相对传统的电解电容器，导电高分子电容器具有等效串联电阻小、高频特性好、全固体、体积小、耐冲击和耐高温性能好等优点，在

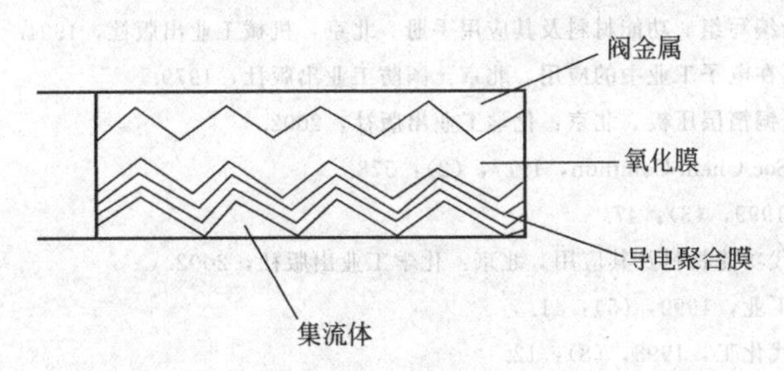

图 4-10　导电聚合物电容器结构示意图

现代电器，尤其是手携和高频电器中具有广泛用途。

4.4.3　微波材料

掺杂-脱掺杂的可逆性若与导电聚合物的可吸收雷达波的特性相结合，则导电聚合物又将是快速切换隐身技术的首选材料。传统的电磁屏蔽材料多为铜或铝箔，虽然它们具有很好的屏蔽效率，但重量重，价格昂贵。导电聚合物在电磁屏蔽方面具有几乎同样的性能，并且有成本低、可以制成大面积器件、使用方便等优点，因此是传统电磁屏蔽材料的一种理想替代品，可以用在诸如计算机房、手机、电视机、电脑和心脏起搏器上。

近几年来，国内外学者合成了一系列新型的导电聚合物并研究了其微波吸收特性，发现一些体系具有优异的微波吸收性能。因此，导电聚合物作为兼具优异的微波吸收特性、密度小和价格便宜的新型吸收剂已具有一定的实验基础。中科院化学所万梅香等研究指出，当导电高聚物的电导率在 10^{-1}S/cm$<\sigma<10^{2}$S/cm 范围，无论是电损耗还是磁损耗均为最大值，在此范围内呈现较好的微波吸收，且电损耗大于磁损耗。由电磁参量优化的辅助软件计算得到在法向极化状态下的反射率 R 与电导率的关系，当电导率 $\sigma<10^{-4}$S/cm 时，导电高聚物和普通的高聚物一样，无明显的微波吸收；当电导率 10^{-4}S/cm$<\sigma<10^{2}$S/cm 时，它具有很好的微波吸收，并且最大衰减随电导率的增加而增加；但是当 $\sigma>10^{2}$S/cm 时，与普通金属一样呈现电磁屏蔽效应。因此具有半导体特性的导电高聚物具有较好的微波吸收特性并属于电损耗型的吸收剂。

4.4.4　结语

尽管导电聚合物向世界预示了一个美好的明天，但是现在的研究还存在着一些问题。虽然其电导率目前已经非常接近铜，但是其综合电学性能铜还有差距，它离合成金属的要求也还比较远。它在理论上还不完善，基本上沿用的是无机半导体理论和掺杂概念，所以也未完全达到金属态，要从分子设计的角度重实现合成金属的途径。在分子水平上，导电聚合物的自构筑、自组装分子器件的研究存在着很多问题。在最前沿的导电聚合物生命科学研究上，人的所有感知，包括皮肤、肌肉、视觉、嗅觉等等与电信号的关系都还需要深入的探索。在现实应用上，导电聚合物目前也还处在突破的前夜，真正的实用化还未取得质的进步，需要进一步验证。

参　考　文　献

[1] 刘引烽．特种高分子材料．上海：上海大学出版社，2001.
[2] 陈义镛．功能高分子．上海：上海科学技术出版社，1988.
[3] 王国建，王公善．功能高分子．上海：同济大学出版社，1996.
[4] Modern Plastics Encyclopedia 49 10A. New York：McGraw-Hill，1972.

[5] 功能材料及其应用手册编写组．功能材料及其应用手册．北京：机械工业出版社，1991.
[6] 国营长岭机器厂．塑料在电子工业中的应用．北京：国防工业出版社，1979.
[7] 辜信实．印制电路用覆铜箔层压板．北京：化学工业出版社，2002.
[8] Shiraknwa H. J Chem Soc Chem Commun，1977，(2)：578.
[9] 万梅香．高分子通报．1999，(3)：47.
[10] 郭卫红，汪济奎．现代功能材料及其应用．北京：化学工业出版社，2002.
[11] 高恭，赵久宏．涂料工业，1990，(5)：41.
[12] 杜仕国，李文钊．现代化工，1998，(8)：12.
[13] 张福强．塑料科技，1996，(1)：5.
[14] 王克智．塑料科技，1996，(4)：42.
[15] Utracki L A. Polym Plast Technol Eng.，1984，22 (1)：27.
[16] Lee B L. J Appl polym Sci.，1993，47 (4)：587.
[17] 杜仕国．化工进展，1994，(6)：31.
[18] Wessling B. Kunststoffe，1986，76：930.
[19] Tieke B. Polymer，1990，31：20.
[20] 杜仕国．化工新型材料，1994，22 (8)：6.
[21] 王宏军．化工进展，1990，(6)：36.
[22] 杜仕国．塑料科技，1995，(2)：1.
[23] 马如璋，将敏化，徐祖雄．功能材料学概论．北京：冶金工业出版社，1999.
[24] 蒋红梅，王久芬，高保娇．华北工学院学报，1998，19 (3)：231.
[25] 杨浩，陈欣方，罗云霞．高分子材料科学与工程，1996，12 (2)：1.
[26] [日] 雀部博之．导电高分子材料．北京：科学工业出版社，1989.
[27] Buche F. J Appl Phys.，1972，43：4837.
[28] Miyasaka K. International Polymer Science and Technology. 1986，13：41.
[29] Polley M H. Rubber Chem Technol.，1957，30：170.
[30] 张柏生．涂料工业，1996，(1)：31.
[31] 周祚万，卢昌颖．高分子材料科学与工程，1998，14 (2)：5.
[32] 潘延明，张淑彦，郑铁英．黎明化工，1997，(3)：30.
[33] 张柏生，陈小凤．现代化工，1994，(11)：25.
[34] 高恭．涂料工业，1991，(4)：1.
[35] 占凤昌，李悦良．专用涂料．北京：化学工业出版社，1988.
[36] 许佩新，陈治中．科学与工程，1998，16 (1)：75.
[37] 孙酣经．功能高分子材料及应用．北京：化学工业出版社，1990.
[38] 钱人元．高分子通报，1992，(2)：65.
[39] 封伟，项昱红，韦玮．化工新型材料，1998，(6)：13.
[40] 兰立文．功能高分子材料．西安：西北工业大学出版社，1995.
[41] Cao Y. Synth Met. 1992，26：383.
[42] Jonathan B. Optical Engineering，1993，32 (8)：1921.
[43] 孙鑫．高聚物中的孤子和极化子．成都：四川教育出版社，1987.
[44] 苏勉曾．固体化学导论，北京：北京大学出版社，1987.
[45] 王惠忠．高等学校化学学报，1991，(9)：1229.
[46] Hidefumi H. Chemistry Letters，1987，(6) 1461.
[47] Susumu H. Chemistry Letters，1989，(6)：1437
[48] 江建明．高分子材料科学与工程，1991，(5)：94.
[49] Wang L，Tian Z. Proceedings of IUPAC 6th International Sysmposium on Macromolecule Metal Complexes. 1995. 113.
[50] Tourilln G，Yoshino K. J Appl Phys.，1994，76 (6)：1038.
[51] Floyd L K，Cao Y. Synthetic Metals.，1993，56：989.

[52] Morta M. J Polym Sci B：Polym Phys.，1991，29：1567.
[53] Wan M X. J Polym Sci A：Polym Chem.，1992，30：543.
[54] Genies E M，Lapkowski M，Penneau J F. J Electroanal Chem.，1988，249：47.
[55] Diaz A F，Logan J A. J Electroanal Chem.，1980，111：111.
[56] Genies E M，Lapkowski M. J Electroanal Chem.，1987，220：67.
[57] 曾幸荣．高分子材料科学与工程，1993，(5)：21.
[58] Osterholm J E，Cao Y，Smith P. Polymer，1994，35：2902.
[59] Lenz R W. J Polym Sci A：Polym Chem.，1988，26：324.
[60] Yang Z，Katasz F E. Polymer，1994，35 (2)：391.
[61] Sachdev V K，Kumar R，Singh A，et al. Electrically Conducting Polymers，in Proc ICSMT. 1996. 104.
[62] 张光敏，阎康平．电子元件与材料，1999，(4)：41.
[63] 朱道本，王佛松．有机固体．上海：上海科学出版社，1999.
[64] 黄维恒，闻建勋．高技术有机高分子材料进展．北京：化学工业出版社，1994.
[65] 万梅香．香港化学，1998，2：25.
[66] Kim Y H，Kwon S K. J Polym Sci A：Polym Chem.，1998，36 (6)：949.
[67] Tajitsu Y. J Mater Sci Lett.，1998，17 (12)：989.
[68] Schlick U，Teichert F，Hanack M. Synth Met.，1998，92 (1)：75.
[69] 曾汉民主编．高技术新材料要览．北京：科学出版社，1995.
[70] 赵凤林，周彪，徐变珍．大学化学，1998，13 (1)：28.
[71] 邢其毅．基础有机化学（下册）．第2版．北京：高等教育出版社，1994.
[72] 曹观坤．药物化学选论．北京：中国医药科技出版社，1993.
[73] 王贤保，陈正国，程时远．化学研究，1999，9 (3)：1.
[74] 赵峰，钱新明，汪尔康，等．化学进展，2002，14 (5)：374.
[75] Wright P V. Br Polym J.，1975，7：319.
[76] 丁黎明，董绍俊，汪尔康．电化学，1997，3 (4)：349.
[77] Angell C A，Liu C，Sanchez E. Nature，1993，362：137.
[78] Lightfoot P，Mehta M A，Bruce P G. Science，1993，262：883.
[79] Peng Z L，Wang B，Li S Q，et al. J Appl Phys.，1995，77：334.
[80] Kloster G M，Thomas J A，Brazis P W，et al. Chem Mater.，1996，8：2418.
[81] Choe H S，Carroll B G，Pasquariello D M，et al. Chem Mater.，1997，9：369.
[82] Lauter U，Meyer W H，Wegner G. Macromolecules.，1997，30：2092.
[83] MacFarlane D R，Huang J，Forsyth M. Nature，1999，402：792.
[84] Wu L，Lisowski M，Talibuddin S，et al. Macromolecules，1999，32：1576.
[85] Jiazeng S，Macfarlane D，Forsyth M. Solid State Ionics，1996，85：137.
[86] Byoung K，Young W，Kyoung H. J Power Sources，1997，68：357.
[87] Macfarlane D，Newman P，Naim K. Electrochim Acta.，1998，42：1333.
[88] 张子鹏，王标兵，顾利霞．功能高分子学报，1999，12：497.
[89] Murata K，Izuchi S，Yoshihisa Y. Electrochim Acta.，2000，45：1501.
[90] Killis A，LeNest J F，Gandini A. Solid State Ionics，1984，14：231.
[91] Hall P G，Davies G R，McIntyre J E，et al. Polym Commun.，1986，27：98.
[92] Nishimoto J，Furuya N，Watanabe M. Extended Abstracts of 62nd Meeting of Japanese Electrochemical Society，1995. 3J12：256.
[93] Vallee A，Besner S. J Electrochim Acta，1992，37：1579.
[94] Besner S，Sylla S，Alloin F，et al. J Electrochim Acta.，1995，40：2259.
[95] Watanabe M，Yamada S，Sanui K，et al. J Chem Soc Chem Commun.，1993，(3)：929.
[96] Feuillade G，Perche P. J Appl Electrochem，1975，5：63.
[97] Tsuchida E，Ohno H，Tsunemi K. Electrochim Acta.，1983，28：591.

[98] Fukumasa T, Morita M, Tsutsumi H, etal. Extended Abstracts of 31st Japanese Battery Symposium, 1990. 1A16: 35.
[99] Vashishta P, Mundy J N, Shenoy G K. Fast Ion Transportin Solids. New York: NorthHolland, 1979.
[100] Wright P V. J Electrochim Acta., 1998, 43: 1137.
[101] 彭新生，陈东霖，王佛松．应用化学，1989，6：1.
[102] Ratner M A, Shriver D F. Chem Rev., 1988, 88: 109.
[103] Payne D R, Wright P V. Polym., 1982, 23: 690.
[104] Meyer W H. Adv Mater., 1998, 10: 439.
[105] 王兆翔，黄碧英，薛荣坚，等．电化学，1998，4：79.
[106] Payne D R, Wright P V. Polymer, 1982, 23: 690.
[107] Gejji S P, Hermansson K, Tegenfeldt J, et al. J Phys Chem., 1993, 97: 1402.
[108] Wang Z X, Huang B Y, Wang S. J Electrochem Soc., 1997, 144: 778.
[109] Xu W, Siow K, Gao Z, Lee S. Chem Mater., 1998, 10: 1951.
[110] Johansson P, Tegenfeldt J, Lindgren. J Polym., 1999, 40: 4399.
[111] Mertens J A, Wubbenborest M, Oosterbaan W D. Macromolecules, 1999, 32: 3314.
[112] Kano M, Hayashi E, Watanabe M. J Electrochem Soc., 1998, 145: 1521.
[113] Nagaoka K, Naruse H, Shinohara I. J Polym Sci Polym Lett., 1984, 22: 659.
[114] Watanabe M, Oohasi S, Sanui K. Macromolecules, 1985, 18: 1945.
[115] Bannister D J, Davis G R, Ward L M. Polymer, 1984, 25: 1291.
[116] Bohnke O, Rousselot C, Gillet P A. J Electrochem Soc., 1992, 139: 1862.
[117] Matsuda Y, Morita M, Tsutsumi H. J Power Sources, 1993, 43: 439.
[118] Takahashi T, Ashitaka II. J Electrochem Soc., 1990, 137: 3401.
[119] Ferry A, Doeff M, Jonghe L. J Electrochem Soc., 1998, 145: 1586.
[120] Morales E, Acosta J L. Electrochim Acta., 1999, 45: 1049.
[121] 钱新明，古宁宇，程志亮，等．北京大学学报（自然科学版），2001，37（2）：182.
[122] 古宁宇,，钱新明，程志亮，等．高等学校化学学报，2001，22：1403.
[123] Wieczorek W, Raducha D, Zalewska A. J Phys Chem., 1998, B102: 8725.
[124] Croce F, Appetecchi G B, Persi L. Nature, 1998, 394: 456.
[125] Qian X M, Gu N Y, Cheng Z L, et al. J Solid State Electrochem, 2001, 6: 8.
[126] 何莉，刘军，沈强，等．化学试剂，2003，25（3）：145.
[127] 曹镛，叶成，朱道本译．导电高分子材料，北京：科学出版社，1989.
[128] Macdiaemid A G, Heeger A J, Nigrey P J. US Patent. 442187 1984.
[129] 吉野胜美．导电性高分子及其应用，日本：产业图书出版社，1992.
[130] Couves L D, Porter S J. Synth Met., 1989, 28: C761.
[131] 娄永兵，剧金兰，顾庆超．功能材料，1991，3：319.
[132] 钟代英．西安邮电学院学报，1996，1（4）：30.
[133] Skothein T A. Handbook of Conducting Polymers. New York: Marcel Dekker, 1986.
[134] 谢德民，谢忠巍，王荣顺．功能材料，1995，26（2）：120.
[135] 李玲，向航，等.．功能材料，北京：化学工业出版社，2002.
[136] 生瑜，陈建定，朱德钦，等．功能高分子学报，2002，15（2）：236.
[137] Gangopadhyay R D. Chem Mater, 2000, 12 (3): 608.
[138] 耿延侯，景遐斌，王献红等．高分子通报，1995，(2)：86
[139] 范俊华，万梅香，朱道本．高分子通报，1997，(1)：22.
[140] 江明，府寿宽．高分子科学的近代论题．上海：复旦大学出版社，1998.
[141] Gill M, Mykytiuk J, Armes S P, et al. J Chem Soc Chem Commun, 1992, (1): 108.
[142] Stejskal J, Kratochvil P, Armes S P, et al. Macromolecules, 1996, 29: 6813.
[143] Gill M, Armes S P, Fairhurst D, et al. Langmuir, 1992, 8: 2178.

[144] Terrill N J, Crowley T, Gill M, et al. Langmuir, 1993, 9: 2093.
[145] Maeda S, Armes S P. J Colloid Interface Sci., 1993, 159: 257.
[146] Armes S P, Maeda S, Gill M. Polym Mater Sci Eng., 1993, 70: 352.
[147] Lascelles S F, McCarthy G P, Butterworth M D, et al. Colloid Polym Sci., 1998, 276: 893.
[148] Perruchot C, Chehimi M M, Delamar M, et al. Surf Interface Anal., 1998, 26: 689.
[149] Goodwin J W, Harbron R S, Reynolds P A. Colloid Polym Sci., 1990, 268: 766.
[150] Philipse A P, Vrig A. J Colloid Interface Sci., 1994, 165: 519.
[151] Maeda S, Corradi R, Armes S P. Macromolecules, 1995, 28: 2905.
[152] Gan L M, Zhang L H, Chan H S O, et al. Mater Chem Phys., 1995, 40: 93.
[153] Selvan S T. J Chem Soc Chem Commun., 1998, (2): 351.
[154] 万梅香, 周维侠. 物理学报, 1992, 41: 347.
[155] Yoshizawa K, Tanaka K, Yamabe T. J Chem Phys., 1992, 96: 5516.
[156] Mizobuchi H, Kawai T, Yoshino K. Solid State Commun., 1995, 96 (12): 925.
[157] Wang M X, Li S Z, Li J C. Solid State Commun., 1996, 97 (6): 527.
[158] Kryszewski M, Jeszka J K. Synth Met., 1998, 94: 99.
[159] Butterworth M D, Bell S A, Armes S P, et al. J Colloid Interface Sci., 1996, 183: 91.
[160] Nguyen M T, Diaz A F. Adv Mater., 1994, 6 (11): 858.
[161] Wan M, Zhou W, Li J. Synth Met., 1996, 78: 27.
[162] Wan M, Li J. J Polym Sci Part A: Polym Chem., 1998, 36: 2799.
[163] Tang B Z. Chem Tech, 1999, 29 (11): 7.
[164] Bhattacharya A, Ganguly K M, De A, et al. Mater Res Bull., 1996, 31: 527.
[165] Gangopadhyay R, De A. Eur Polym J., 1999, 35: 1985.
[166] Miyauchi S N, Abiko H, Sorimachi Y, et al. J Appl Polym Sci., 1989, 37: 289.
[167] Baraton M I, Merhari L, Wang J, et al. Nanotechnology, 1998, 9: 356.
[168] Su W P, Schrieffer J R, Heeger A J. Phys Rev Lett., 1979, 42: 1698.
[169] Wan M X, Wang P, Cao Y, et al. Solid State Commun., 1983, 47: 759.
[170] Wan M X. Chinese J Polym Sci., 1989, 7: 330.
[171] 范俊华, 万梅香, 朱道本. 高分子通报, 1997, 1: 22.
[172] Burroughes J H, et al. Nature, 1990, 347: 359.
[173] Wan M X, Zhou W X, Li J C. Synth Met., 1996, 78: 27.
[174] 陈国华, 翁文桂. 塑料, 2000, 29 (4): 31.
[175] 可知博. Plastic Age, 1983, 29 (4): 98.
[176] 小野辉道. 化纤月报, 1980, 33 (3): 34.
[177] Anon C. Modern Plastic, 1991, 68 (9): 74.
[178] Anon C. Modern Plastic, 1992, 69 (9): 81.
[179] 杜仕国. 化工时刊, 1995, (2): 23.
[180] Utracki L A. Polym Plast Technol Eng., 1984, 22 (1): 27.
[181] Lee B L. J Appl Polym Sci., 1993, 47 (4): 587.
[182] Tieke B. Polymer, 1999, (31): 20.
[183] 张虎成, 轩小朋, 王键吉, 等. 化学通报, 2003, 66 (w09): 1.

第5章　有机光伏电池材料

当今世界经济的现代化，主要得益于石化能源，如石油、天然气、煤炭以及核能的不断开发与应用。然而，建筑在石化能源基础之上的世界经济将会面临着严峻的考验，因为这一经济的资源载体将在21世纪上半叶迅速地接近枯竭。根据石油储量的综合估算来看，地球上可支配的石化能源的极限，大约为1180～1510亿吨，以全球目前的保守年开采量33.2亿吨计算，石油储量大约在2050年左右宣告枯竭。天然气年开采量维持在2300兆立方米，预计将在57～65年内枯竭。即使地球上储量丰富的煤，也只能供应169年。根据世界能源委员会的预计，按照目前的技术和消费速率，核燃烧铀估计也仅可维持200年左右。化石能源与原料链条的中断，必将导致世界经济危机和冲突的加剧，最终使现代市场经济崩溃。届时，如果新的能源体系不能建立，能源危机将席卷全球，将使世界工业经济大幅度萎缩。

为了避免未来的能源危机，目前美国、加拿大、日本、欧盟等都在投入巨资积极开发如太阳能、风能等可再生新能源，或者将注意力转向探寻海底可燃冰（水合天然气）等新化石能源方面。

在所有的可再生能源中，太阳能是人类取之不尽、用之不竭的可再生清洁能源，合理开发和利用太阳能资源对于缓解能源危机、推动社会发展有着不可估量的战略意义。太阳内部每时每刻进行着的热核反应使辐射到地面上的能量高达每秒80万千瓦。即使把到达地球表面太阳能总量的0.1%转换为电能，按照转换率5%计算，则每年发电量可高达5.6×10^{12} kW·h，相当于目前世界上能耗总需求的40倍。因此利用太阳能发电具有独特的优势和巨大的开发利用潜力。

5.1　太阳能电池发展概况

5.1.1　太阳能电池工作原理

太阳能电池是利用半导体材料的光伏效应直接将太阳辐射能转换成电能的装置，最初制造太阳电池的材料主要以晶体硅为主。当太阳光射入太阳电池并被吸收时，其中能量大于禁带宽度E_g的光子能把价带中电子激发到导带上去，形成自由电子，价带中则留下带正电的自由空穴，即电子-空穴对，通常称它们为光生载流子。电子向n型半导体一侧移动，空穴向p型半导体一侧移动，从而在电池上下两极分别形成了正负电荷积累，产生“光生电压”，即“光伏效应”（photovoltaic effect）。这时在两个电极间接入负载，太阳电池就会输出电力，对负载做功，从而得到可利用的电能。太阳电池的工作原理如图5-1所示。

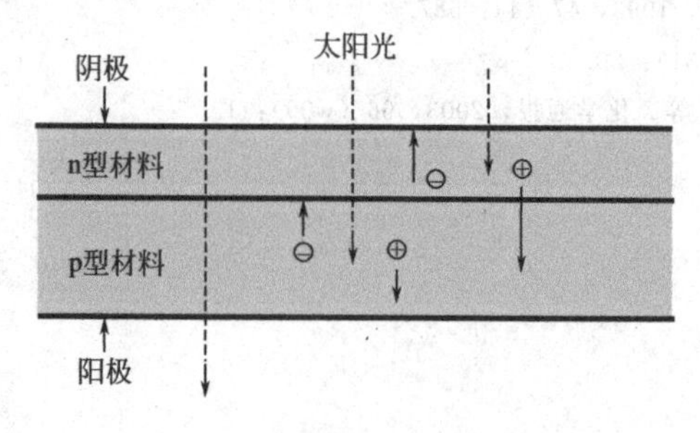

图5-1　太阳电池工作原理示意图

5.1.2　太阳能电池发展概况

光生电现象最早发现于 1839 年，法国科学家贝克雷尔发现光照能使某些半导体材料的不同部位之间产生电位差，这种现象后来被称为“光生伏特效应”。1954 年，美国科学家恰宾和皮尔松在著名的贝尔实验室内首次制成了实用的单晶硅太阳能电池，标志着实用光伏发电技术的诞生。如今太阳能光伏产业已经成为全球发展最快的新兴行业之一，太阳能电池的应用范围日益拓宽，市场规模逐步扩大，太阳能电池的研究相继在欧洲、美洲、亚洲大规模展开。近几年，美国和日本都在政府层面出台了太阳能研究开发计划。此外，美国还推出了“太阳能路灯计划”，旨在让美国一部分城市的路灯都改由太阳能供电，预计每盏路灯每年可节电 800kW•h。目前这项计划已经在发达国家的普通家庭中变成了现实。

迄今为止，太阳能电池的发展经历了两代。由单晶硅和多晶硅制作的光伏器件成为第一代太阳能电池，能量转换效率一般为 13%～15%，目前达到了工业化生产。但是由于生产工艺复杂等因素使得第一代太阳能电池的生产成本较高。为了降低成本，出现了以可粘贴薄膜为主要组件的第二代太阳能电池，例如非晶硅(α-Si)薄膜太阳电池、微晶硅薄膜太阳电池、铜铟硒($CuInSe_2$，CIS)基薄膜太阳电池、碲化镉（CdTe）薄膜太阳电池、染料敏化 TiO_2 薄膜太阳电池以及有机薄膜太阳电池，其生产成本低于第一代，尽管薄膜太阳能电池可大幅度增加电池板制造面积，但是其能量转换效率不如第一代高。目前正在积极开发的第三代太阳能电池具有以下特征：薄膜化、高效率、原材料丰富和无毒性。例如在单晶硅中掺入一些杂质，形成晶体内的缺陷，然后利用这些缺陷可得到额外的光电势能。理论上讲，以上述方法得到的第三代太阳电池的最高转换效率可高达 95%。

经过几十年的发展，太阳能电池性能不断得到优化，能量转换效率（PCE）也不断提高。目前为止，在实验室阶段无机太阳能电池 PCE 已经突破了 40%。但是，通常的无机太阳能电池，比如单晶硅、多晶硅太阳能电池，虽然 PCE 较高，但高能耗生产工艺和较高的销售价格限制了其广泛应用。相比而言，近几年出现的有机太阳能电池例如聚合物（塑料）太阳能电池，由于具有质量轻、柔性好、生产成本低和易于实现大面积加工等独特优势，在普及利用太阳能方面有很大潜力。最近，聚合物太阳能电池已经成为光伏研究中最为活跃的领域之一，受到了世界各国研究者的广泛关注。美国能源部国家可再生能源实验室最新认证的塑料太阳能电池最高 PCE 甚至达到了 7.9%，接近了实用化的门槛。

5.2　太阳能电池的分类

通常情况下，制造太阳能电池所用的材料主要包括：产生光伏效应的半导体材料、薄膜用衬底材料、减反射膜材料、电极与导线材料和组件封装材料等，其中用来制作太阳能电池所用的半导体材料又分为元素半导体、化合物半导体以及各种固溶体等几大类。从半导体材料使用的形态来看，有晶片状、薄膜和外延片状。尽管太阳能电池材料千差万别，制作工艺也灵活多变，但如果从化学组成及产生电力的方式来看，太阳能电池不外乎分为无机硅基太阳能电池、化合物太阳能电池、有机-无机纳米太阳能电池和有机/高分子太阳能电池四大类。另外，如果从形态上来看，太阳能电池又可以区分为块状(bulk)光伏电池和薄膜(thin-film)光伏电池两大类。

由图 5-2 可以看出，薄膜太阳能电池在太阳能家族中占主体地位，是发展的主流。一般的，作为光伏电池来使用时，我们首先关注的是电池所用的材料，其次是它的制作工艺，所

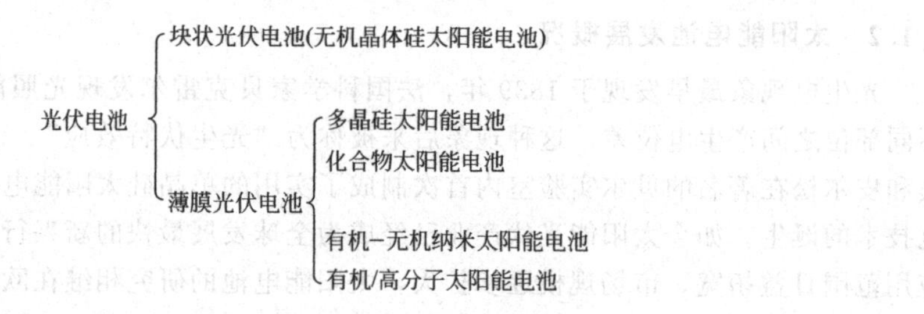

图 5-2 太阳能电池的分类

以以组成太阳能电池的化学物质的分类方法较常用。

5.2.1 无机硅太阳能电池

硅基太阳能电池是开发得最早的一种太阳能电池，它的结构和生产工艺已定型，产品已广泛用于空间和地面，主要包括单晶硅和多晶硅太阳能电池两大类。

5.2.1.1 单晶硅太阳能电池

单晶硅太阳能电池以高纯的单晶硅棒为主要原料，其纯度为99.999%，制作工艺复杂，生产成本居高不下。为了降低成本，现在地面应用的太阳能电池对材料性能指标的要求有所放宽，甚至可使用半导体器件加工的头尾料和废次单晶硅材料，经过复拉制成太阳能电池专用的单晶硅棒。实际应用时，先把单晶硅棒切成厚约0.3mm的硅片，然后经过整形、抛磨、清洗等工序，形成待加工的原料硅片。硅片经过高温扩散炉处理，在其内部扩散入微量的硼、磷、锑等掺杂物后，就在硅片上形成了P/N结。然后采用丝网印刷法，精配好的银浆印在硅片上做成栅线，经过烧结，同时制成背电极，并在有栅线的面涂覆减反射源，以防大量的光子被光滑的硅片表面反射掉。这样，单晶硅太阳能电池就制成了。用户根据系统设计，可将太阳能电池组件组成各种大小不同的太阳能电池方阵，亦称太阳能电池阵列。目前单晶硅太阳电池的光电转换效率为15%左右，实验室可达20%以上。单晶硅太阳能电池的生产需要消耗大量的高纯硅材料，而制造这些材料工艺复杂，电耗很大，在太阳能电池生产总成本中已超1/2。加之拉制的单晶硅棒呈圆柱状，切片制作太阳能电池也是圆片，组成太阳能组件平面利用率低。因此，20世纪80年代以来，欧美一些国家投入了多晶硅太阳能电池的研制。

5.2.1.2 多晶硅太阳能电池

多晶硅太阳能电池材料一般是由含有大量单晶颗粒的集合体构成的，或用废次单晶硅料和冶金级硅材料熔化浇铸而成。生产工艺是选择电阻率为100～300Ω/cm的多晶块料或单晶硅头尾料，用1∶5的氢氟酸和硝酸混合液进行一定程度的腐蚀而成。上述的多晶硅料在真空状态中加热熔化，然后注入石墨铸模中，即得多晶硅锭。这种硅锭经过切片可加工成方形太阳电池片，以提高材制利用率和方便组装。多晶硅太阳能电池的光电转换效率约12%左右，稍低于单晶硅太阳能电池，但是材料制造工艺简便，大大节约了能耗，使总的生产成本降低，因此得到了快速发展。

5.2.2 化合物太阳能电池

化合物太阳能电池所用材料主要包括砷化镓（GaAs，Ⅲ-Ⅴ族化合物）、硫化镉（CdS）、硒化镉（CdSe）及铜铟硒（$CuInSe_2$，简称CIS）薄膜电池等。其中，砷化镓（Ⅲ-Ⅴ化合物）及CIS薄膜电池由于具有较高的转换效率受到人们的普遍重视。砷化镓是一种优良的半导体材料，其能隙1.4eV，并且耐候性强，在高温度下，光电转换性能仍不受到太大的影响，其光电转换效率高达30%，特别适合做高温聚光太阳电池。研究最多的GaAs系列太阳能电池为单晶GaAs、多晶GaAs、镓铝砷-砷化镓（GaAIAs-GaAs）异质结、金属-半导体砷化镓、金属-绝缘体-半导体砷化镓太阳能电池等。

除砷化镓外，其他Ⅲ-Ⅴ化合物如锑化镓（GaSb）、镓铟磷（GaInP）等电池材料也得到了广泛开发。例如GaInP电池转换效率已经达到了14.7%。另外一种重要的化合物太阳能电池材料为CIS，它是一种多晶薄膜结构，能降为1.1eV，适于太阳能的光电转换。并且，CIS薄膜太阳能电池不存在明显的光致衰退问题。CIS电池薄膜的制备一般采用真空镀膜、硒化法、电沉积、电泳法或化学气相沉积法等工艺来制备，材料消耗少，成本低，性能稳定，光电转换效率在10%以上。CIS薄膜电池从最初8%的转换效率发展到目前的15%左右。预计未来的五年内CIS电池的转换效率将达到或超过多晶硅太阳能电池。CIS作为太阳能电池的半导体材料，具有价格低廉、性能良好和工艺简单等优点。

5.2.3　有机-无机纳米晶太阳能电池

纳米晶太阳电池（nanocrystalline solar cell）采用无机-有机复合体系（如图5-3所示），能有效地把纳米技术与太阳电池结合。

首先采用无机纳米粒子制备多孔的薄膜，然后在薄膜的微孔中修饰有机染料分子或无机半导体粒子作为光敏剂，光敏剂吸收入射光后产生电子-空穴对，通过半导体颗粒使电荷转换效率提高。除了以纳米TiO_2为主的薄膜太阳电池外，有机-无机纳米晶太阳能电池还包含以下三种类型：

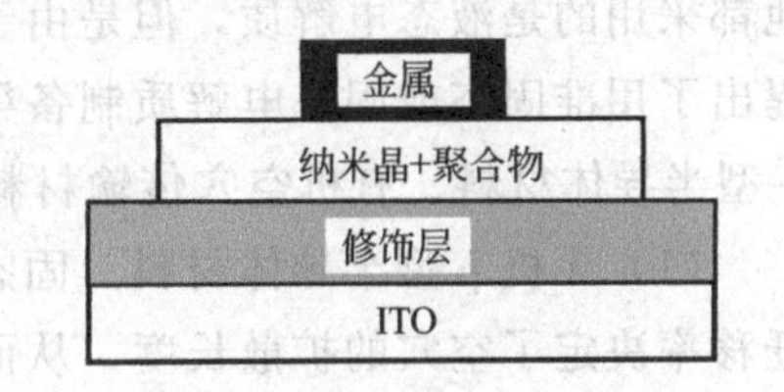

图5-3　有机-无机纳米晶太阳能电池的结构示意图

5.2.3.1　染料敏化太阳能电池

1991年瑞士洛桑的Grätzel研究小组采用高比表面积的纳米多孔TiO_2膜作半导体电极，采用有机金属钌化合物作染料，研制出一种叫做染料敏化纳米晶的非硅基太阳能电池，其光电能量转换率达到7.1%。随后，Grätzel等人又相继把染料敏化纳米太阳能电池的光电能量转换效率提高到10%～11%。1998年，固体有机空穴传输材料替代液体电解质的全固态染料敏化纳米晶太阳能电池研制成功，从而引起了全世界的关注。2004年，韩国的Kim研究组使用复合型聚电解质制成全固态染料敏化纳米晶太阳能电池，光电转换效率可达4.5%，接近于商业化应用。目前，世界上许多著名公司、大学和研究机构纷纷注入巨资，致力于染料敏化纳米晶太阳能电池的产业化研究，例如澳大利亚的STA公司、德国的INAP研究所、欧盟的ECN研究所、日本日立公司和富士公司、瑞典Uppsala大学、瑞士LeclancheS1A公司、美国Konarka公司等。澳大利亚STA公司甚至建立了世界上第一个面积为$200m^2$的染料敏化纳米晶太阳电池屋顶。欧盟ECN研究所在面积大于$1cm^2$的电池效率方面保持8%($2.5cm^2$）的最高纪录。我国目前在染料敏化纳米晶太阳能电池的研究中也取得了不少阶段性的成果。大连理工大学在纯有机染料、电极材料的修饰以及多联吡啶钌染料的优化等方面都取得了较好的结果；中科院化学研究所在凝胶复合染料和半固态电解质等方面取得了一定的结果；中科院物理所表面物理国家重点实验室在固态电解质和紧凑有序阵列电极等方面有所创新；中科院等离子所对染料敏化太阳能电池组件及封装技术做出了较系统的研究；浙江大学、东南大学对染料敏化纳米晶太阳能电池研究也取得较好的成果。在产业化研究方面，中国科学院等离子体物理研究所承担的大面积染料敏化纳米薄膜太阳电池研究项目取得了重大突破性进展；建成了500W规模的小型示范电站；光电转换效率达到5%。这些工作都为染料敏化太阳能电池的最终产业化、知识产权国产化打下了坚实的基础。

染料敏化太阳能电池（DSSC）主要由透明导电基板、二氧化钛（TiO_2）多孔纳米晶薄膜、光敏化剂（染料）、电解质和对电极组成（图5-4）。当染料敏化剂吸收光子能量后，产生电子-空穴对，电子快速注入到TiO_2导带，然后经TiO_2薄膜传递到导电基板，再经外电路传递到对电极，最后经氧化还原电对回到染料基态，构成循环电池。其中电解质起着传递载流子的作用，氧化还原电对在电解质中的扩散或者载流子在电解质中的移动直接影响了DSSC的光电转换效率。目前，DSSC按照电解质的物理状态不同，可以分为液态、准固态和固态三种。尽管常见的高效率的染料敏化太阳能电池都采用的是液态电解质，但是由于存在溶剂的泄漏、挥发等影响电池稳定性的问题，人们提出了用准固态或固态电解质制备染料敏化太阳能电池的新思路，其中研究得较多的是无机p-型半导体材料、有机空穴传输材料和导电高聚物材料。

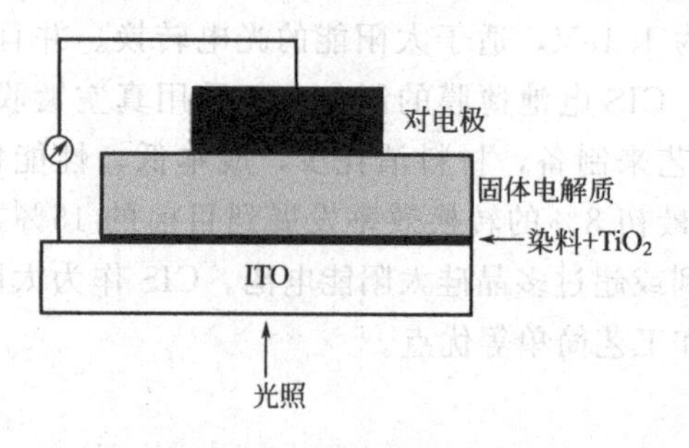

图5-4 染料敏化太阳能电池的结构示意图

（1）无机p型半导体材料 固态电解质DSSC中，电解质内部的载流子为空穴。空穴的迁移率决定了空穴的扩散长度，从而影响了DSSC的性能。无机p型半导体空穴的迁移率相比有机空穴传输材料和导电高聚物要高几个数量级，因此无机p型半导体在固体电解质DSSC中的应用很有优势。

目前，常用的无机p-型半导体材料有CuI和CuSCN两大类。p-CuI作为固态DSSC的光电转化效率达到了3%，短路电流密度达到9.3mA/cm^2，开路电压为5.6mV。利用CuSCN作为DSSC的固态电解质，短路电流密度为3.52mA/cm^2、开路电压6.6mV、填充因子0.58、光电转换效率为1.25%。

（2）有机空穴传输材料 同无机p型半导体相比，有机半导体材料具有制备简单，容易加工等优势，所以用有机空穴传输材料来代替无机p型半导体制备固态电解质DSSC逐渐成为热点。例如用有机空穴传输材料2，2′，7，7′-四（*N*，*N*-二对甲氧基苯基氨基）-9，9′-螺环二芴组装的太阳能电池，其光电转换效率为0.74%、短路电流密度为0.32mA/cm^2、开路电压3.2mV。此外，聚乙烯（3-辛基噻吩）（P3OT）、聚乙烯-3-己基噻吩（P3HT）等有机空穴传输材料的研究也非常活跃。

（3）导电高聚物 导电高聚物具有价格低廉、易于加工合成等特点，既可以作敏化剂又作为一种空穴传输材料，近年来也逐渐成为一个研究热点。1995年，曹镛等首先报道了利用聚乙烯酰胺、碳酸乙烯酯、碳酸丙烯酯、乙腈、NaI和I_2合成了高聚物凝胶结构的异质结太阳能电池。该电池的光电转换效率为3%～5%、短路电流密度为3mA/cm^2、开路电压600mV。但是由于高聚物无法很好地填充纳米晶薄膜的表面，因此该电池的入射光子电流转换效率（IPCE）较低，仅为37%。如何改善聚合物结构，增大电解质和纳米晶薄膜的接触界面，同时降低光生电荷的复合，以改善导电聚合物与TiO_2纳米晶薄膜的结合状态，是导电聚合物DSSC电池研究的主要方向。

5.2.3.2　ZnO 纳米晶太阳能电池

同 TiO_2 一样，ZnO 属于宽禁带半导体材料，但是纳米 ZnO 的电子迁移率比纳米 TiO_2 大。另外，纳米 ZnO 的制备工艺要比纳米 TiO_2 更简单、成本更低。所以自从 1994 年起人们对 ZnO 纳米晶薄膜太阳能电池的研究逐渐表现出浓厚兴趣。例如把 ZnO 纳米棒作为受体材料与 MEHPPV 共混制作太阳能器件，器件的短路电流密度 J_{sc} 达到 2.52mA/cm²，开路电压 V_{oc} 为 0.8V，光电能量转换效率为 1%。

目前，人们在纳米晶/共轭聚合物太阳能电池领域方面已经取得了一系列的成果，但其光电转换效率等电池性能依旧低于硅基太阳能电池。尽管如此，纳米晶/共轭聚合物太阳能电池的研究还是取得了一些令人振奋的成果，在今后的研究中不断寻找更好的材料、设计更理想的器件结构将成为研究的重点，改善纳米晶/共轭聚合物的结合状态，逐步解决太阳能电池在光电转换效率、稳定性及寿命等方面存在的问题。

5.2.3.3　镉化合物纳米晶太阳能电池

CdSe 是一种非常重要的Ⅱ-Ⅳ族化合物半导体。目前，其应用研究范围已经扩展到太阳能电池，其缺点主要是毒性较大。将 CdSe 纳米微球与共轭聚合物（MEH-PPV 和 P3HT）共混制备了太阳电池器件，器件的短路电流密度 J_{sc} 为 1.93mA/cm²，开路电压 V_{oc} 为 0.75V，光电转换效率为 0.48%。

半导体纳米材料 CdS 在室温下其禁带宽度约 2.4eV，在光电子器件等领域有重要的应用前景，目前已广泛应用于太阳能电池做 n 型材料，能够有效改善聚合物太阳能电池的性能。当聚合物 MEH-PPV 与纳米 CdS 共混后，J_{sc} 为 1.397mA/cm²，V_{oc} 为 0.86V，光电转化效率为 0.60%。

5.2.3.4　有机/聚合物太阳能电池

1986 年，C. W. Tang 首次报道的双层有机太阳能电池（OPSCs），在大气质量（AM）2.0 辐照下，能量转换效率达到 1%，填充因子高达 0.65。此后，随着导电高分子的逐步开发，出现了基于共轭高分子的聚合物太阳能电池。目前，以聚合物代替无机材料在太阳能电池中是一个非常有前景的研究方向。其原理是将化学能级不同的聚合物在导电材料（电极）表面进行多层复合，制成类似无机 P-N 结的结构在外电路中产生光电流，基本结构如图 5-5。

聚合物薄膜太阳能电池制备中的关键技术是如何控制聚合物半导体层的形成。目前主要有两种技术：①真空技术，包括真空镀膜溅射和分子束外延生长技术；②溶液成膜技术，例如电化学沉积技术、旋涂技术、铸膜技术、预聚物转化技术、Langmuir-Blodgett（LB）技术、分子组装技术（SAM）等。尽管有机/高聚物材料具有柔性好、制作容易、成本低等优势，在大规模利用太阳能，提供廉价电能方面具有重要意义。但有机/高聚物太阳能电池的研究仅仅起步，不论是使用寿命，还是电池效率都不能和无机硅电池相比。能否发展成为具有实用意义的产品，还有待于进一步研究探索。

在聚合物太阳能电池研究领域中，由共轭聚合物电子给体/电子受体的异质结（bulk heterojunction，BHJ）组装的太阳能电池表现出了较好的性能，目前成为该类光伏电池的主流。其中，由共轭聚合物（电子给体）和 PCBM（3′-苯基-3′*H*-环丙［1，9］［5，6］富勒烯-C_{60}-Ih-3′-

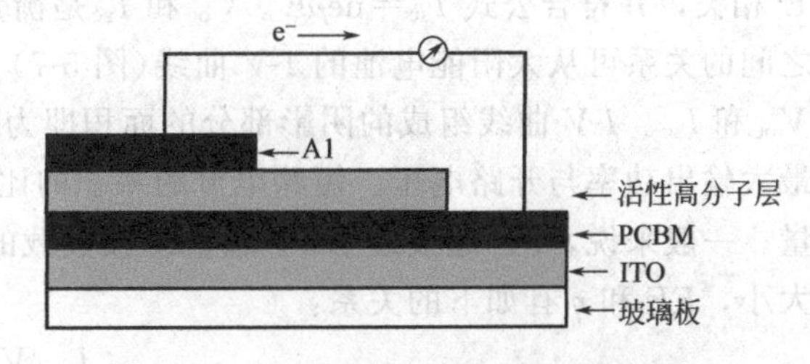

图 5-5　聚合物太阳能电池的结构示意图

丁酸甲酯，C_{60}的可溶性衍生物）（电子受体）的共混膜形成的太阳能电池表现出了较好的商业化前景，其最高能量转化效率已经达到6.5%。

（1）工作原理　与传统的无机异质结太阳能电池不同，有机/聚合物太阳能电池的工作原理在于电子给体/电子受体（donor/accepter，D/A）界面上发生的光致电荷转移现象。借用无机材料的能带结构，对于有机材料分子，人们提出了能带结构理论：最高占有分子轨道（highest occupied molecular orbital，HOMO）和最低未占有分子轨道（lowest unoccupied molecular orbital，LUMO）。HOMO和LUMO之间的能隙相当于无机半导体中的“禁带”。在有机分子中，失电子能力强的称为“供电子体（donor）”，而得电子能力强的分子称为“受电子体（acceptor）”。如图5-6所示，当有机分子吸收光子后，电子从HOMO能级跃迁到LUMO能级，从而形成了一个激子。激子在光伏器件中扩散至D/A界面处，产生激子的分离过程：电子进入电子受体的最低空轨道（LUMO），在电子给体的HOMO能级上留下空穴。随后，电子和空穴分别被相应电极所收集，从而在阴阳两极上形成了光生电压。由此可见，光电导的基本过程可以概括为：①光吸收；②激子扩散；③电荷分离；④电荷传输；⑤电荷收集。

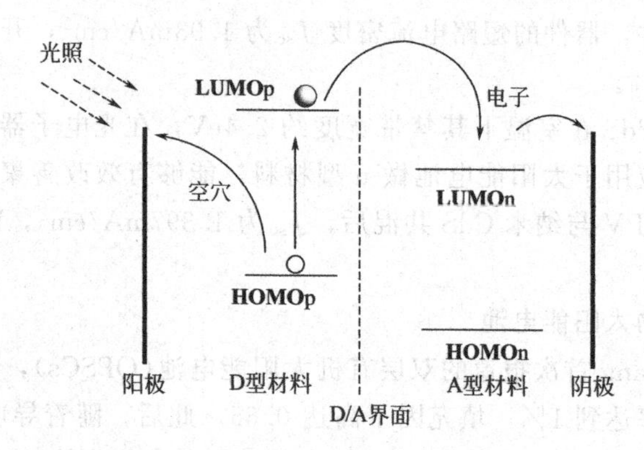

图5-6　有机太阳电池工作原理图

（2）描述有机/高分子太阳能的性能参数　描述有机/聚合物太阳能电池（OPSCs）的参数一般有以下四个：①开路电压V_{oc}；②短路电流I_{sc}；③填充因子FF和④能量转换效率η、内量子效率η_{in}和外量子效率η_{IPCE}。开路电压V_{oc}是指外电路开路时阴阳两极之间的端电压。V_{oc}的值通常与给体HOMO和受体LUMO之差密切相关，例如对于PCBM为失电子层的BHJ光伏器件：

$$V_{oc} = (1/e)(|E^{Donor}HOMO| - |E^{PCBM}LUMO|) - 0.3$$

短路电流I_{sc}是指外电路短路时通过器件的电流，I_{sc}的大小与电荷迁移率μ和内电场强度E相关，并符合公式$I_{sc} = ne\mu E$。V_{oc}和I_{sc}是衡量太阳能电池性能最为重要的物理量，两者之间的关系可从太阳能电池的I-V曲线(图5-7)上反映，图中曲线与横、纵坐标的交点即为V_{oc}和I_{sc}。I-V曲线组成的阴影部分的面积即为最大输出功率P_{max}。填充因子FF则定义为最大输出功率与开路电压、短路电流的乘积的比值，是评价太阳能电池外接负载能力的物理量。一般来说，FF越接近于1，器件外接负载的能力就越好。FF值决定了能量转换效率的大小，FF和η有如下的关系：

$$FF = \frac{I_{max}V_{max}}{I_{sc}V_{oc}}$$

填充因子是输出特性曲线“方形”程度的量度，实用太阳电池的填充因子应该在0.6～0.75。

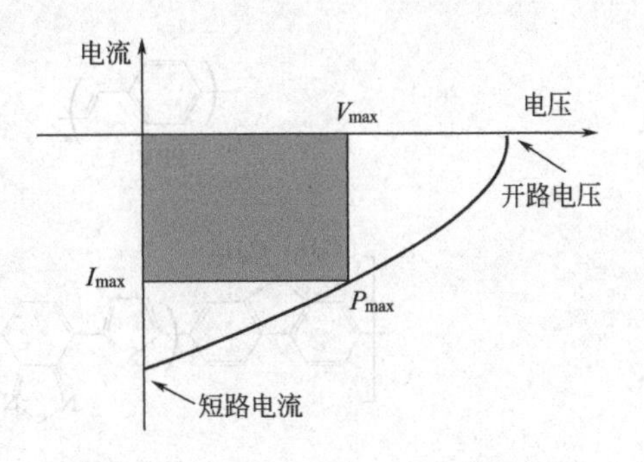

图5-7 太阳能电池的I-V曲线示意图

能量转换效率η定义为太阳电池输出的最大功率与辐照光功率之比：

$$\eta=\frac{I_{max}V_{max}}{P_{in}}=\frac{FF\times I_{sc}V_{ov}}{P_{in}}$$

太阳电池的能量转换效率是衡量太阳电池性能的最重要的指标，代表了太阳电池对整个波段的太阳光进行光电转换的能力，也是实际应用中最直接的特性参数。

内量子效率η_{in}，为每个入射光子产生电子的效率，即在电池中被吸收的每个光子产生的电子空穴对或少数载流子的数目。

$$\eta_{in}=\frac{J_{sc}}{G\lambda}\times\frac{hc}{e}=\frac{1.24J_{sc}}{G\lambda}$$

其中，J_{sc}为短路电流密度；λ为波长；G为某个波长的功率密度。对η_{in}的测量是采用单色仪将光源发出的单色光照射到待测量的样品上，测量单色光的功率密度和短路电流，按照η_{in}的定义确定各个波长的内量子效率。

η_{IPCE}，也就是外量子效率，其反映了太阳能电池对单色光的响应能力，是指短路情况下，单位时间内外电路中的电子数与入射光子数之比：

$$\eta_{IPCE}=\frac{I_{sc}t}{e}\Big/\frac{P_{in}\lambda}{hc}=\frac{I_{sc}\times1240}{P_{in}\lambda}$$

式中，λ单位为nm，η和η_{IPCE}都是衡量太阳能电池光电转换能力的重要参数。

5.3 聚合物光伏材料及器件

5.3.1 聚合物光伏材料

有机/聚合物太阳能电池一般是由夹在ITO透光电极和Al等金属电极之间的电子给体和电子受体共混膜所组成。电子给体通常为共轭聚合物，受体材料主要是C_{60}的可溶性衍生物，当然也有一部分取代型共轭聚合物、碳纳米管和无机半导体纳米晶。而作为聚合物太阳能电池的主要组成部分，共轭聚合物光伏材料是OPSCs光活性层的最主要材料，主要有聚对苯乙烯衍生物、聚噻吩衍生物和聚芴衍生物三大类（如图5-8所示）。

5.3.1.1 聚对苯乙烯(PPV)衍生物

PPV衍生物是早期聚合物光电子器件中应用得最多的聚合物光伏材料，具有良好的发光和光伏特性。为了克服其不溶不熔的缺点，目前广泛应用于光伏器件的PPV类材料都是经过有机官能团取代的PPV衍生物。基于PPV衍生物的异质结太阳能电池，其能量转换效率已经达到3.3%，成为聚合物光伏材料中能量转换效率较高的材料之一。

但是，PPV衍生物的最大缺点是带隙较宽(约2.2eV)，最大吸收波长仅在500nm，太阳光利用率低，设计窄带隙PPV成为这类光伏材料能否实用化的关键。通过在PPV分子主链上引入交替存在的电子给体、受体单元是最常见的方法之一。譬如将强吸电子取代基一

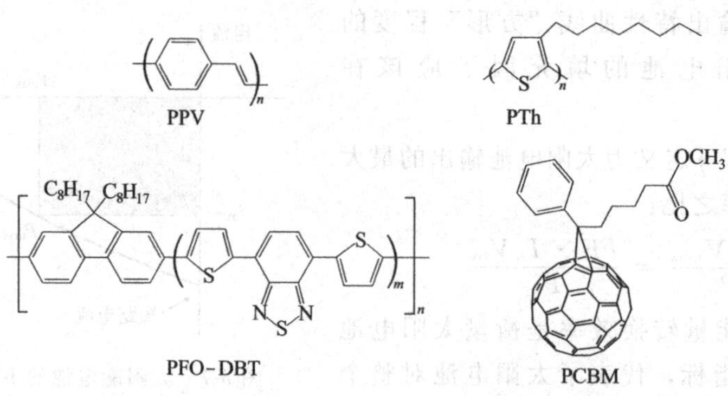

图 5-8 典型聚合物太阳能光伏材料的化学结构式

氰基引入到 PPV 主链后，PPV 的 LUMO 和 HOMO 能级均降低，从而成为聚合物光伏电池中的电子受体材料的理想候选。此外，通过在 PPV 聚合物主链上并入三键的办法，除能有效改善 PPV 材料的抗曲强度、成膜性和稳定性外，PPV 的带隙也显著降低，大大提高了光伏电池的开路电压和能量转换效率。

5.3.1.2 聚噻吩(**PTh**)衍生物

在共轭聚合物光伏材料领域，聚噻吩类衍生物是最重要的一类共轭聚合物给体材料。同样，未经取代的聚噻吩不具备可加工性，当侧链烷基长度大于 4 个碳原子时，聚噻吩即表现出良好的溶解性。己基取代聚噻吩（P3HT）是一种目前最广泛应用的高效率聚合物光伏材料，这种材料不仅具有良好的溶解性能，而且规整的 P3HT 还表现出良好的自组装性能和结晶性能。由退火后自组装的 P3HT 所制备的太阳能电池在模拟太阳光下的能量转换效率达到 4%～5%。这是因为具有规整结构的聚噻吩重复单元之间的空间位阻比较小，容易得到更好的平面性，这样与非规整的聚噻吩比较，其有效的共轭长度有明显的提高，同时也具有较高的迁移率。另外，P3HT 分子量的大小和迁移率也有紧密关系。分子量越大，迁移率越高，光伏效率也越高。

5.3.1.3 聚芴(**PF**)衍生物

聚芴及其衍生物是一类优异的电致发光材料，具有较高的热稳定性和化学稳定性、较好的成膜性和空穴传输性能，在固态时具有较高的荧光量子产率。通常情况下，芴的均聚物是很好的蓝光材料。通过在主链中引入杂环、多芳环或芳杂环的办法来增大聚合物骨架电子云的密度，或采用交替的电子给体-受体体系在聚芴主链中引入窄带隙单体，可在整个可见光范围内调节聚芴的发光颜色，使其在聚合物太阳能电池方面表现出很大的潜在应用价值。在这些窄带隙的芴基共轭聚合物中，芴与 4，7-二(2-噻吩基)苯并噻二唑的无规共聚物（PFO-DBT）不但有较高的发光效率，而且用 PFO-DBT 为电子给体材料，PCBM 为电子受体材料的聚合物太阳能电池的能量转化效率达到了 2.2%，表明该聚合物是一种很有价值的聚合物太阳能电池材料。

尽管高分子光伏材料已经取得了不少进展，但真正能实用的却很有限，其中性能优良的窄带隙光伏材料更少。未来的研究方向应该集中在以下几个方面：①开发量子效率高的窄带隙光伏材料；②合成电子迁移率高、吸光性强的电子受体；③深入研究分子结构和聚集态结构对吸光性、吸光波段的关系以及对载流子的传输的影响；④发展形态能够精确控制的复合型高分子光伏材料；⑤提高光伏材料在氧气和水条件下的环境稳定性。随着人们对光伏材料的本质取得越来越深入的理解，因此有理由相信高分子光伏材料最终会取得突破性进展的。

5.3.2 器件结构

自从1986年Tang首次提出了有机双层异质结太阳能电池结构以来，有机光伏器件实现了从平面异质结到BHJ结构的跨越，并且在提高太阳能电池性能方面取得了一系列进展。目前，典型的有机/高聚物光伏器件结构具有以下三种类型：单异质结结构、体异质结结构和叠层结构。

5.3.2.1 单异质结结构

由于有机材料激子的结合能较大(约0.2～1.0eV)，所以有机半导体吸收光子后产生的电子空穴对不会自动分离，要借助于界面处能级的突变来实现电子空穴对的分离。当给体层和受体层材料的LUMO能级差大于0.3eV时，激子在界面处分离生成载流子，最后通过电极对载流子的收集形成光电流。相比于单层的肖特基电池，异质结结构使激子的分离更有效。同时，由于电子和空穴分别在两种材料中传输，这种单异质结结构(图5-9)有效地减小了传输过程中的载流子复合概率，使能量转换效率得到提高。

单异质结结构激子的有效分离区域发生在p-n结界面附近，受激子扩散长度的影响，只有距离界面10nm左右范围内的激子才能够到达界面，距离界面较远处的激子在没有到达界面之前就损失掉了，从而导致了较低的量子效率。例如聚合物PPV（聚对苯乙炔）的激子扩散长度仅有5～8nm。因此，一般双层结构中器件主要功能层的有效厚度被限制在20nm左右，远远小于光吸收厚度（100nm左右），这样就使吸光度降低。另外，激子分离后，载流子需要在有机层中传输一段距离才能到达电极进行收集。因此，能量转换效率也受到载流子收集效率的限制。针对以上问题，人们通过掺杂的办法，即在器件中掺入载流子迁移率更高的材料，以及加入光吸收更强的荧光染料或者激子扩散长度更长的磷光材料，从而达到了提高器件性能的效果。例如使用迁移率更高的PEDOT(聚亚乙基二氧噻吩)修饰单异质结结构，可使光电转化效率达到2.1%，这就得益于PEDOT材料拥有更长的激子寿命，能有效增大激子扩散长度。

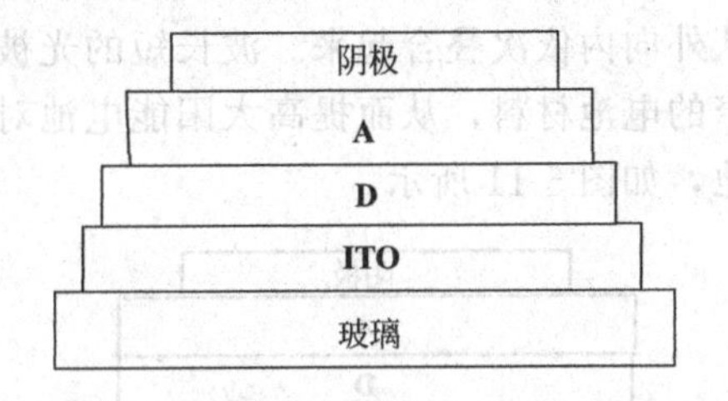

图5-9 太阳能电池的单异质结结构示意图

5.3.2.2 体异质结结构

由于单异质结结构D/A界面得面积有限，所以并不能有效利用光吸收形成的激子。为了解决器件厚度和激子扩散长度之间的矛盾，体异质结结构应运而生。体异质结结构将给体和受体材料共混在一起，形成了纳米尺度的交叉贯穿网状结构，该结构称为体异质结结构，如图5-10所示。

一方面，这种相互贯穿的异质结网络大大增加了D/A的接触面积，另一方面，如果使混合相的尺寸与激子扩散长度相当，便可以保证激子的有效扩散和解离，最终可获得较高的能量转换效率。但是，体异质结结构也有缺点，即无规则的交叉网状结构和D/A相分离问题制约了载流子的有效传输和收集，从而影响了效率的进一步提高。该结构

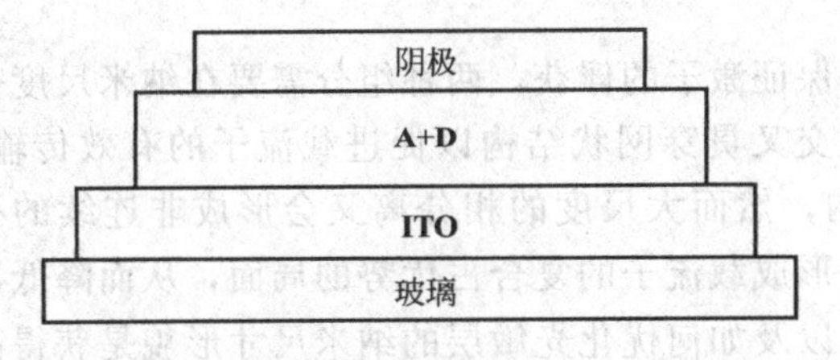

图5-10 太阳能电池的体异质结结构示意图

的理想模型应该是给体相和受体相呈“双手交叉型”结合在一起，给体和受体相的平均尺寸都控制在激子扩散长度之内，以利于光生激子的有效传输。另外，在器件的光敏层与两个电极之间还分别有一个扩散阻挡层，目的是使非相应电极需要收集的载流子在该层复合掉，防止进入外电路。

2001 年，A. M. Ramos 首次在有机太阳电池中使用 D/A 双贯穿型共轭聚合物，获得了 $420\mu A/cm^2$ 的短路电流密度和 0.83V 的开路电压。此外，也可以使用嵌段共聚物形成双向连续的体异质结网络结构以获得更大的 D/A 界面。2003 年，F. C. Krebs 成功合成了由电子给体和电子受体组成的嵌段共聚物。S. S. Sun 等人也开展了一些在 PV 中使用嵌段共聚物的研究工作。使用 PPV 嵌段共聚物的器件性能较 PPV 体异质结结构器件性能有显著提高，在相同的条件下开路电压由 0.14V 增加到 1.10V，短路电流密度由 $0.017mA/cm^2$ 提高到 $0.058mA/cm^2$。

5.3.2.3 叠层结构

太阳光光谱是不同波长的连续谱带，各个谱带的能量大小存在差异。为了最大限度地利用光能，采用能带宽度与各谱带有最佳匹配的材料做成次级电池，并按能隙从大到小的顺序从外向内依次叠合起来。波长短的光被宽隙材料电池吸收，波长较长的光透射后激发能隙较窄的电池材料，从而提高太阳能电池对太阳光的整体响应能力，这样的电池结构叫做叠层电池，如图 5-11 所示。

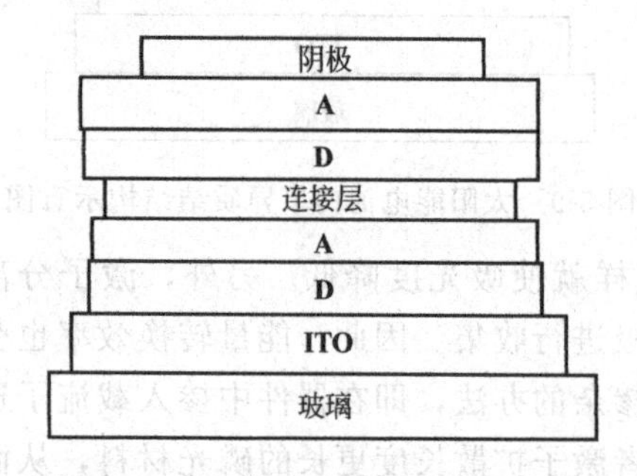

图 5-11 太阳能电池的叠层结构示意图

在叠层太阳能电池中，太阳能电池的 V_{oc} 应为各个次级电池内建电压之和，这样便可通过制作叠层结构器件实现 V_{oc} 的提升。

叠层结构除了使太阳光中各个波段的光可以被很好地吸收外，由于器件之间的耦合效应，常常可以使电池的效率大大提高。在无机太阳能电池中，目前单晶硅太阳能电池的最高效率为 22%，而多结叠层硅电池效率可以达到 30% 以上。单个Ⅲ/Ⅴ族元素化合物光伏电池光电转换效率在 10%～20% 之间，叠层器件的效率也可达到 30% 以上。染料敏化太阳电池目前最高效率为 11%，经过与其他电池进行叠层，整体效率可达到 15%。

2007 年，A. J. Heeger 与 Lee 组成的研究小组采用叠层结构使聚合物薄膜太阳电池的能量转换效率达到了 6.5%。此结构中的两个太阳电池单元分别采用 PCBM/PCPDTBT（苯并噻吩和苯并噻二唑的共聚物）和 P3HT（聚 3-己基噻吩）/PC70BM（C_{70} 衍生物）共混体系，在两个电池单元之间采用一层 TiO_x（钛氧化物材料）作为连接层。这种结构扩大了光伏器件中有机材料对太阳光的吸收范围，大大提高了器件的能量转换效率。而 6.5% 的能量转换效率也接近了有机太阳电池大规模商用的临界点。

5.3.3 结构及形貌的优化

对于异质结结构的有机太阳能来说，为了保证激子的俘获，两种组分需要在纳米尺度范围内混合，并且通常还要求伴随形成双连续的交叉贯穿网状结构以促进载流子的有效传输。如果两种组分相容性太好不利于形成网状结构，然而大尺度的相分离又会形成非连续的孤岛，对载流子传输不利。另外，过度混合还会形成载流子的复合占优势的局面，从而降低器件的整体效率。因此如何精确地控制相分离，以及如何优化光敏层的纳米尺寸形貌是获得高性能有机/高聚物太阳能电池的关键因素之一。

5.3.3.1　成膜溶剂的选择

在制作体异质结结构器件时，常借助溶剂将电子受体均匀地分散在聚合物母体中。由于溶解度和蒸气压存在着差异，不同溶剂对成膜时间、成膜厚度和光敏层形貌都会产生不同影响。例如对于光敏层为P3HT：PCBM的太阳能器件，使用氯苯作为溶剂的光敏层表面比较平滑，器件的短路电流密度可达5.25mA/cm^2，比使用甲苯的器件高出一倍多，能量转换效率达到了2.5%。因为PCBM在两种上述溶剂中的溶解度存在差别，PCBM在甲苯中的溶解度不如氯苯中高，易发生团簇集聚，导致了迁移率的降低。而使用氯苯作为溶剂时，则可以有效抑制PCBM的宏观集聚，有利于形成稳定的交叉贯穿网状结构。另外一项研究发现，使用高沸点的氯苯和二氯苯制备的薄膜相对于使用低沸点氯仿制备的薄膜来说，前两者的有序结构和结晶度都明显好于后者，这可能是由于使用高沸点溶剂延长了光敏层的固化时间，利于形成有序的自组装结构。原子力显微镜（AFM）表明，低沸点溶剂的光敏层薄膜表面较为平滑，但结晶度则相对较差，从而影响了器件的电流响应。由此可见，选用不同的溶剂对器件的形貌将会产生较大的影响，在选择溶剂的时候，不仅要考虑到两组分的溶解性问题，还要综合考虑溶剂的沸点及挥发速度等多方面的因素。此外，合理地选用混合溶剂则可以更加有效地控制光敏层的自组装行为。例如对于富勒烯类光伏电池中，使用添加了少量氯苯的氯仿溶液可以有效提高器件电流，而分别添加甲苯和二甲苯的混合溶剂均使器件性能降低。AFM研究显示，使用氯仿和氯苯混合溶液的器件表现出了较好的表面形貌。

5.3.3.2　退火处理

除了选择合适的溶剂以控制表面形貌外，在聚合物玻璃化转变温度附近对体异质结结构器件进行退火处理，亦是形貌优化的另一个有效方法。热退火能够取得以下几个方面的效果：①促进分子的扩散，有利于形成更好的互穿网络；②可以通过调节温度和时间来控制有机/高分子组分的纳米结构形貌，促进聚合物结晶；③控制相分离，增加有机层密度和分子间相互作用，提高空穴迁移率；④热退火还能增强聚合物链内的相互作用，使吸收光谱红移，提高对太阳光的响应能力。同时，由于聚合物薄膜在高于玻璃化温度之上退火时，聚合物链呈现出一定的运动性，如果在退火的同时加上大于V_{oc}的外电场，还能有助于聚合物在外电场方向上调整链取向，利于提高电荷传输性能。研究证明，经过这种偏压退火之后，器件的I_{sc}和PCE等性能都得到了大幅提升，并且器件显示出了良好的稳定性。AFM显示，在最优的退火条件下，热退火处理之后的薄膜呈现出双连续的交叉贯穿网状结构及准周期性的良好微相分离现象，并且有纳米微区的存在，这些纳米微区优化了电荷传输，也在一定程度上增加了光敏层厚度，从而可增强光的吸收成为可能。

在热退火处理中，温度和时间是影响退火效果的两个极为重要的因素。退火温度要控制在聚合物玻璃化转变温度附近，一般在70～150℃之间为宜，时间3～30min不等。值得注意的是，过度退火会造成器件性能的降低。一方面，热退火在提高聚合物结晶度的同时引起了聚合物离化势的降低，使电荷分离自由能提高，也就是说初始产生的束缚自由基能够有足够能量去克服库仑力束缚，减少了成对复合概率，提高了极化子产率，增加了器件的光电流响应。另一方面，退火还加剧了相分离，使电子给体和受体之间界面距离增加，限制了激子传输及分离的效率。由此可见，热退火对器件性能的影响是复杂的。如何根据有机/高聚物的性质来合理选择退火条件以精确控制微相分离，以及如何在提高聚合物空穴迁移率的同时抑制得电子组分的电子迁移率降低是今后研究的方向之一。

5.3.4 界面修饰

有机光伏电池工作的核心为发生在D/A界面的超快光致电荷转移效应，D/A界面的特性及能级排列决定了激子的解离效率，同时还影响器件的开路电压。另外，光敏层与金属电极之间的界面制约着载流子的提取行为。所以，有机光伏器件的界面特征直接决定着电池性能的优劣。为了优化界面能级匹配，建立顺畅的载流子传输和收集通道，近年来界面修饰成为有机光伏器件研究的重点之一。

5.3.4.1 电极/聚合物光敏层界面修饰

对于聚合物太阳能电池来说，聚合物层和金属电极之间的欧姆接触行为是显著影响着器件的主要性能，诸如I_{sc}，V_{oc}和FF等。事实上，金属电极和聚合物相连接处，存在着一个过渡层，也就是说，两相的界面并非是突变的。研究表明，在阴极Al电极和聚合物界面存在厚度达30Å(1Å=0.1nm)的绝缘层，这种绝缘层被认为是由于Al原子扩散到聚合物母体，破坏了聚合物共轭状态所致。为了降低界面势垒，提高器件效率，常常在光敏层和金属电极之间引入修饰层，以改善界面的电接触行为。LiF，NaF，KF是阴极界面修饰最常见的材料，这些碱金属氟化物修饰层不但可以起到偶极层的作用，而且还可以通过离子扩散和掺杂等途径影响有机吸收层。此外，无机的CdS、TiO_2、ZnO、Ti的配合物、有机材料聚环氧乙烷和水溶性聚电解质都可用来作阴极界面修饰层，均能不同程度的使器件的PCE、FF、I_{sc}和V_{oc}得到提升。

由于PEDOT∶PSS（聚苯乙烯磺酸盐）具有透明度好、功函数高、界面平整和导电性强的优点，普遍被用作阳极界面修饰层。PEDOT∶PSS作为阳极修饰层能够增强空穴从给体的HOMO到ITO电极的转移，但是PEDOT∶PSS容易吸收水分而发生降解，降低了PEDOT∶PSS层的导电能力，会影响太阳能电池寿命。除此之外，MoO_3、Au纳米粒子、碳纳米管、AgO_x/PEDOT∶PSS复合界面层也都能用作阳极界面修饰层，提高器件的整体性能。

5.3.4.2 自组装单分子修饰层

近年来，在表/界面引入自组装单分子层（SAMs）逐渐成为处理界面问题的有效手段。SAMs的引入可以显著改变表面能，从而形成低缺陷的光电薄膜。通过改变自组装分子的长度，使自组装分子的整个偶极矩得到有效调控。如果分子设计合理，便能达到修饰电极功函数，调控载流子行为的目的。如在旋涂成膜工艺中，考虑到低表面能的氟代化合物具有向空气/液相界面迁移的趋向，人们设计合成了一种新型的氟代富勒烯（F-PCBM）。在旋涂的过程中，F-PCBM分子会自发地迁移到光敏层表面自组装成单分子缓冲层。该缓冲层不仅可以减少电子和空穴的复合、降低光敏层和金属界面的漏电流，还可以降低阴极的功函数，减少电荷抽取的能量势垒，大幅提高器件的性能。

在阴极修饰中，利用安息香酸衍生物或羧酸基SAMs修饰的ZnO缓冲层取得了良好效果。这层SAMs所表现出的偶极效应降低了金属电极的功函数，调节了金属电极的费米能级并使之与ZnO的导带接近，形成了利于电荷收集的界面能级结构，结果使一些高功函的金属Ag或Au也可以用作器件阴极。除阴极修饰外，SAMs修饰阳极也得到了普遍应用。利用SAMs来取代ITO表面的羟基基团，可以调节ITO表面的亲水行为，改善电极与有机层的兼容性。偶极矩方向指向器件阳极的SAMs可以起到提高阳极功函的作用。带有三氟甲基的SAMs较大地提高了ITO阳极的功函数，使器件表现出了最佳性能。另外，引入疏水基团甲基和三氟甲基后，SAMs修饰的ITO表面呈现出了较低的界面能，能优化光敏层的相分离，也利于器件性能的提高。

5.4 聚噻吩及其衍生物在太阳能电池中的应用

有机光伏电池主要有以下三种结构：①单层结构的肖特基电池；②双层p-n异质结电池；③p型和n型半导体网络互穿结构的体相异质结电池。对于单层器件，激子的扩散长度很短，使得产生的激子容易复合。单纯的双层异质结结构由于接触面积有限，使得产生的光生载流子有限，D/A互穿网络异质结结构扩大了异质结构的接触面积，可以获得较多的光生载流子。近年来，人们在研究光伏器件时一般采用D/A互穿网络异质结结构。图5-12是三种结构的简单形式。

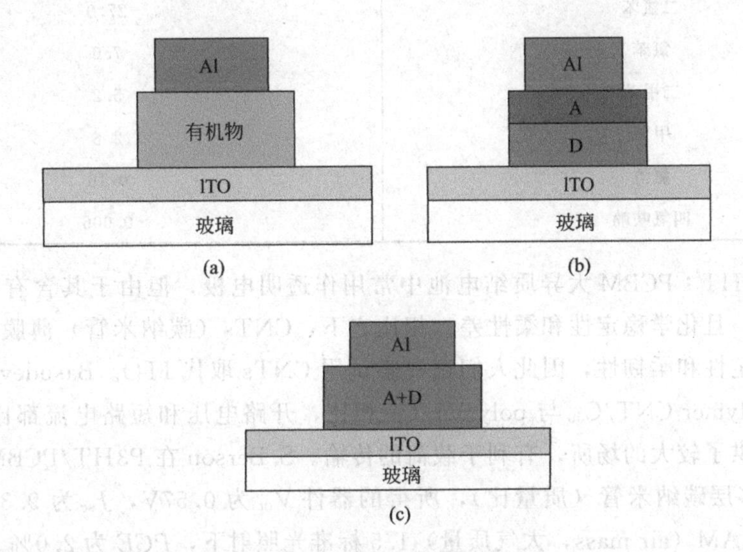

图5-12　有机光伏电池的三种结构

5.4.1 聚3-己基噻吩在聚合物太阳能电池中的应用

不经取代的聚噻吩因溶解性差不能用于聚合物光伏材料中，噻吩环的3-位取代或3，4-位双取代都能改善其溶解性，取代基碳原子数大于6以上则可以完全溶于一般有机溶剂，3，4-位双取代因位阻大溶解性比3位取代差。聚3-己基噻吩（P3HT）（如图5-13所示）因良好的溶解性、易自组装等优点在聚合物太阳能电池中占据着重要地位。用聚3-己基噻吩和PCBM（如图5-8所示）制成的大异质结太阳能电池的PCE已达到5%（串联电池达到6.5%）。P3HT有头-头、头-尾、尾-尾三种连接方式。头-头连接和尾-尾连接是无规连接，在聚合物中是一种结构缺陷，因为它们造成了噻吩环的空间扭曲，使共轭混乱，造成非定型的结构，阻止理想的固态堆砌，因此减小了电学和光学性能。

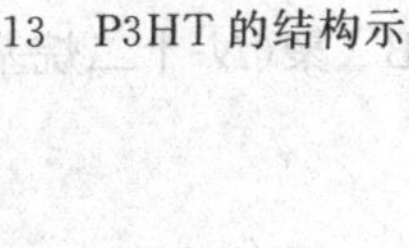

在P3HT：PCBM大异质结电池中，影响器件性能的因素有很多，包括热处理方式、活性层溶剂的选择、溶剂蒸发的速率、分子量大小、分子量分布等。性能的改变可能主要归因于膜的自组装形貌发生了变化，影响到载流子的分离与传输。热处理的方式一般有平板热处理和激光热处理。Padinger等人将P3HT：

图5-13　P3HT的结构示意图

PCBM 共混体系在高于其 T_g 的温度下经过退火处理，器件的 PCE 由 0.4%提高到 3.5%。E. W. Okraku 和他的同事们用激光对 P3HT：PCBM 电池进行热处理，结果表明，激光热处理提高了短路电流，从而提高了电池的性能。David E. 研究了溶剂对规整 P3HT：PC_{60}BM 薄膜形貌、光学及结构特性的影响。溶剂对膜的影响主要归结于溶剂对 C_{60} 的影响。因为聚合物的溶解性较好，C_{60} 却易形成聚集体，David E 研究了 C_{60} 在几种溶剂中的溶解度，结果如表 5-1 所列。其中，二氯苯和氯苯由于对 C_{60} 有较高的溶解度，所成膜较为平整，为电子传输提供了好的路径。另外，PCBM 的选择也会对电池有一定的影响，PCBM 主要有有 PC_{60}BM、PC_{70}BM、PC_{84}BM 三种。

表 5-1 C_{60} 在几种溶剂中的溶解度

溶剂	C_{60} 溶解度/(mg/ml)
二氯苯	27.0
氯苯	7.0
二甲苯	5.2
甲苯	2.8
氯仿	0.16
四氢呋喃	0.006

ITO 在 P3HT：PCBM 大异质结电池中常用作透明电极，但由于其含有稀有贵重金属铟，价格昂贵，且化学稳定性和柔性差。相比之下，CNTs（碳纳米管）薄膜具有良好的透光性、化学稳定性和柔韧性，因此人们正在尝试用 CNTs 取代 ITO。Basudev Pradhan 等研究发现器件 polymer-CNT/C_{60} 与 polymer/C_{60} 相比，开路电压和短路电流都比较高。CNTs 为激子分离提供了较大的场所，有利于载荷的传输。S. Berson 在 P3HT/PCBM(1/1)混合物中加入 0.1%多层碳纳米管（质量比），所得的器件 V_{oc} 为 0.57V，J_{sc} 为 9.3mA/cm^2，*FF* 为 38.4%，在 AM（air mass，大气质量）1.5 标准光照射下，*PCE* 为 2.0%。

5.4.2 窄带隙聚合物在光伏电池中的应用

为了有效地利用太阳光，有机半导体对太阳光的吸收谱越宽越好。在 680nm 处，太阳光子的分布较多，每个波长为 680nm 的光子能量为 1.825eV，只有当聚合物的带隙小于 1.825eV 时，才能吸收到 680nm 处的太阳光。但由于 P3HT 的带隙为 1.85eV，只能吸收 46%的太阳光，能量转换效率受到限制，因此开发窄带隙聚合物很有必要。

虽然降低带隙可以使聚合物吸收光谱向长波方向移动，但一般窄带隙聚合物都有较低的 LUMO 和较高的 HOMO，根据上面的原理可知，这会导致较低的开路电压，给体材料较低的 LUMO 易引起激子分离困难。只有当给体材料的 LUMO 比受体材料的 LUMO 大 0.3eV 以上时，电子和空穴才能有效分离。

在聚噻吩类物质中，β 位用烷基、烷氧基取代都可以降低带隙，烷氧基比烷基降低带隙的幅度大，但是烷基侧链影响聚合物的规整度，聚 3-辛基噻吩的共轭度比聚噻吩有明显降低，即聚合物链的规整度下降。低温制备有利于提高聚噻吩的规整度。规整度越高，聚噻吩重复单元之间的空间位阻比较小，平面性好，载流子迁移率高。

降低带隙一个很重要的方法是在主链中给电子单元与缺电子单元交替共聚。比如 PTPTB（聚(*N*-十二烷基-2，5-双(2′-噻嗯基)吡咯)）（如图 5-14 所示），有给电子单元 TBT

(N-十二烷基-2,5-双(2′-噻嗯基)吡咯)和缺电子单元 B（2,1,3-苯并噻二唑）组成。由于 V_{oc} 较低，基于 PTPTB 的器件 PCE 仍然很低。吡嗪也是缺电子单元，与带有 8 个碳的烷基链的噻吩共聚即 PB3OTP（聚(5,7 双-(3-辛基噻吩-2-基)-噻吩并(3,4，-b)吡嗪)）（如图 5-15 所示），带隙只有 1.3eV，大异质结光伏电池 PB3OTP/（C60-PCBM）在 660nm 处出现最大光电转化效率为 6%。

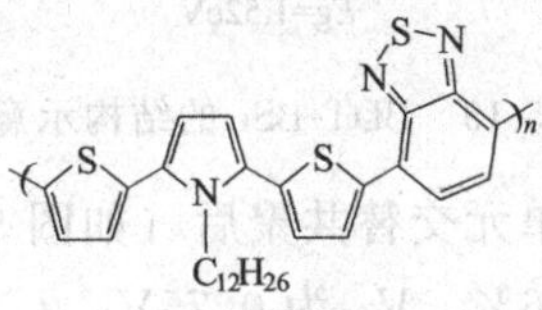

PTPTB

图 5-14　PTPTB 的结构示意图

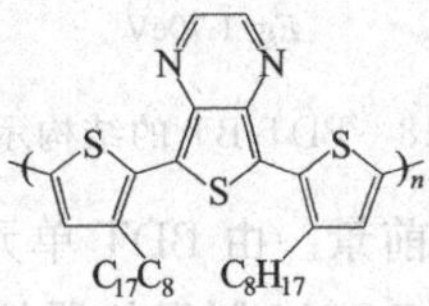

PB3OTP

图 5-15　PB3OTP 的结构示意图

1984 年，J. L. Bredas 用 VEH(valence effective Hamiltonian)伪势法研究发现随着聚吡咯、聚噻吩结构中醌式比例的增加，能带隙呈线性降低。同年，F. Wudl 等人合成了聚苯并噻吩，与聚噻吩($E_g \approx 2.0$eV)相比，其能带隙降低了将近 1eV。1990 年，P. Chandrasekhar 等人合成的聚（二烷基取代吡嗪并噻吩）系列聚合物，测得能带隙约为 0.95eV。

低带隙共轭聚合物 PCPDTBT（聚(4，4 双(2-乙基己基)环戊二烯并((2,1-b；3-4-b′)二噻吩-2,6-二基-alt-2,1,3-苯并噻二唑-4,7-二基))（如图 5-16 所示）的吸收光谱扩展到 900nm，据报道 PCPDTBT/PC70BM 的能量转换效率已达到 3.2%。在聚合物 PCPDTBT 中，两个噻吩单元被环戊二烯连接到同一个平面上，增加了共轭程度，从而降低了带隙，平板结构也有利于载荷在共轭主链上传递，传递速率可以达到 $1\times10^{-3}cm^2/(V\cdot s)$，CPDT（环戊二烯并(2,-b；3,4-b′)二噻吩)单元的烷基侧链改善了聚合物的溶解性。PCPDTBSe(聚(4,4 双(2-乙基己基)环戊二烯并(2,1-b；3-4-b′)二噻吩-2,6-二基-alt-2,1,3-苯并硒二唑-4,7-二基))（如图 5-17 所示）的带隙比 PCPDTBT 高 0.1eV，为 1.35eV。在可见光范围内，PCPDTBSe 的吸收却不如 PCPDTBT。在标准光（AM 1.5，$100mW/cm^2$）照射下，PCPDTBSe 的 PCE 为 0.89%，J_{sc}为 $5.0mA/cm^2$，V_{oc}为 0.52V，FF 为 34.3%。

PCPDTBT
Eg=1.45eV

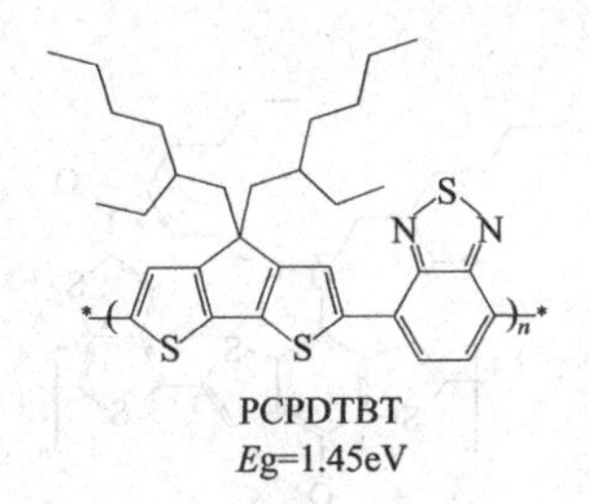

图 5-16　PCPDTBT 的结构示意图

PCPDTBSe
Eg=1.30eV

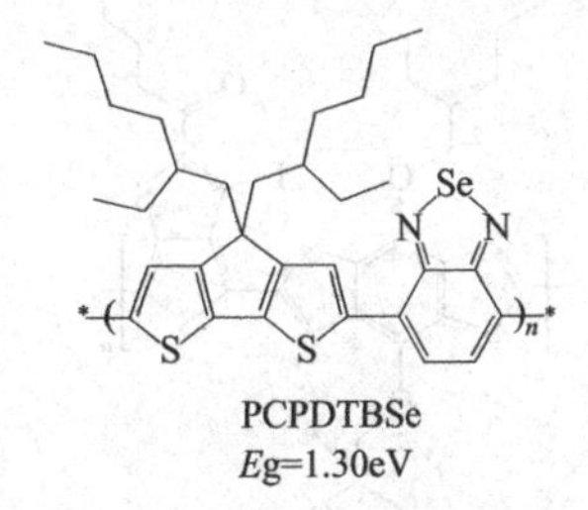

图 5-17　PCPDTBSe 的结构示意图

不少基于 BDT（苯并(1,2-b：4,5-b′)二噻吩）的聚合物也是窄带隙聚合物。BDT 基团由于好的共平面性和堆积效应、高的载流子迁移率以及好的稳定性，基于 BDT 基团表现出了高的光伏性能。BDT-BT(苯并噻二唑)（如图 5-18 所示）和 BDT-BSe（苯并硒二唑）（如图 5-19 所示）的带隙分别为 1.70eV 和 1.52eV。Hou 合成并研究了含有 BDT 单元的八种聚合物，用七种芳香单元来调整带隙及能级。结果表明，所得的器件性能虽然还比不上 P3HT，

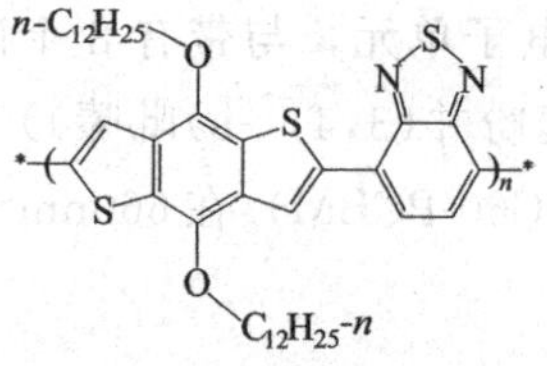

BDT-BT
Eg=1.70eV

图 5-18 BDT-BT 的结构示意图

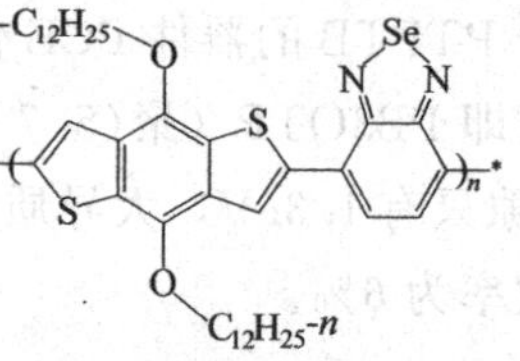

BDT-BSe
Eg=1.52eV

图 5-19 BDT-BSe 的结构示意图

但很有开发的前景。由 BDT 单元与一个无取代基的噻吩单元交替共聚后（如图 5-20 所示），所得聚合物和 PCBM 制得的器件未经后处理时 PCE 为 1.6%，V_{oc}为 0.75V，J_{sc}为 3.8mA/cm^2，FF 为 56%。Y. Liang 等报道了 PBDTTT-E（聚(4,8-双烷氧基苯并(1,2-b：4,5-b′)二噻吩-2,6-二基-alt-(烷基噻吩并(3,4-b)噻吩-2-羧基-ate)-2,6-二基）（如图 5-21 所示）基础上的光伏设备具有高的短路电流和填充因子，但开路电压较低，只有 0.6eV，限制了其应用。后来，他们把器件结构改为 ITO/PEDOT-PSS(聚亚乙基二氧噻吩：聚对苯乙烯磺酸钠)/PBDTTT-E：PC$_{71}$BM/Ca/Al，V_{oc}提高到 0.70V。Chen 和他的同事们合成出 PBDTTT-CF

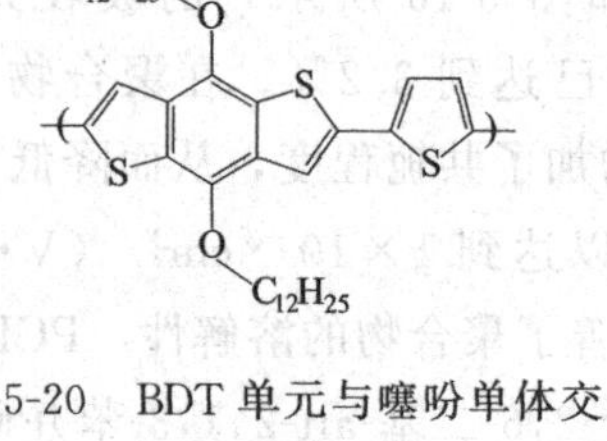

图 5-20 BDT 单元与噻吩单体交替共聚结构图

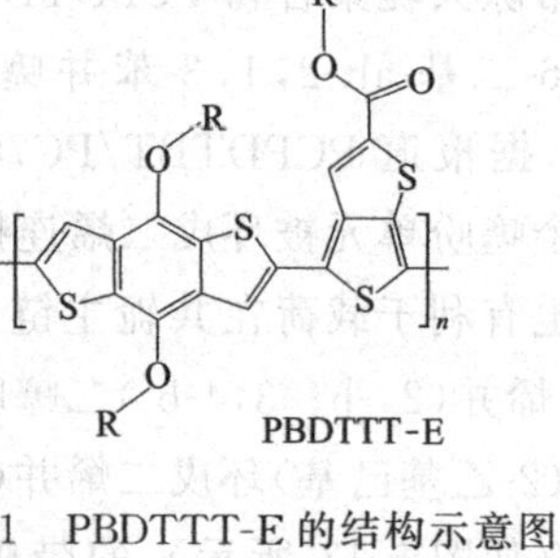

PBDTTT-E

图 5-21 PBDTTT-E 的结构示意图

(聚(4,8-双(2-乙基己氧基)-苯并(1,2-b;4，b-b′)噻吩-2,6-二基-alt-(4-辛酰-5-氟-噻吩并(3,4-b)

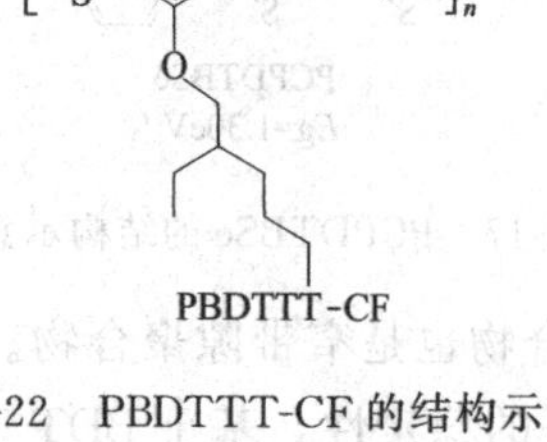

PBDTTT-CF

图 5-22 PBDTTT-CF 的结构示意图

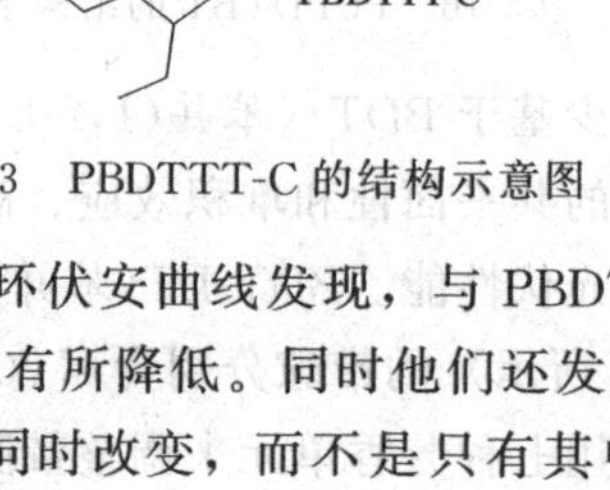

PBDTTT-C

图 5-23 PBDTTT-C 的结构示意图

二噻吩-2-羧基-ate)-2,6-二基))（如图 5-22 所示），通过循环伏安曲线发现，与 PBDTTT-C（如图 5-23 所示）、PBDTTT-E 相比，HOMO 和 LUMO 又有所降低。同时他们还发现在聚合物主链上引入官能团后，往往会引起 HOMO 与 LUMO 同时改变，而不是只有其中一个发生变化，其原因还不清楚。Chen 用 PBDTTT-CF 制作的电池 V_{oc} 为 0.76V，J_{sc} 为 15.2mA/cm²，FF 为 66.9%，PCE 为 7.73%。Huo 用 Suzuki 法合成了 PBDTTBT（聚(4,8-双(2,5-二辛基-2-噻嗯基)-苯并(1,2-b：4,b-b′)二噻吩-alt-(4,7-双(2-噻嗯基)-2,1,3-苯并噻二唑-5,5′-二基))（图 5-24）通过紫外-可见吸收光谱检测，它在有机溶液中的最大吸收峰在 581nm。PBDTTBT 基础的电池 V_{oc} 为 0.92eV，J_{sc} 为 10.70mA/cm²，*FF* 为 57.5%，PCE 为 5.66%。He 等合成了 PBDTV（聚 4,8-双(2-乙基烷氧基)苯并(1,2-b：4,b-b′)二噻吩乙烯）（图 5-25）并研究了其光伏性能。PBDTV 具有高的热稳定性，良好的溶解性，电子传输能力高。用 PBDTV 作为给体，PCBM 作为受体所制的电池 PCE 为 2.63%，在 100mW/cm² 的标准光照射下 V_{oc} 为 0.71V，J_{sc} 为 6.46mA/cm²，*FF* 为 0.57。

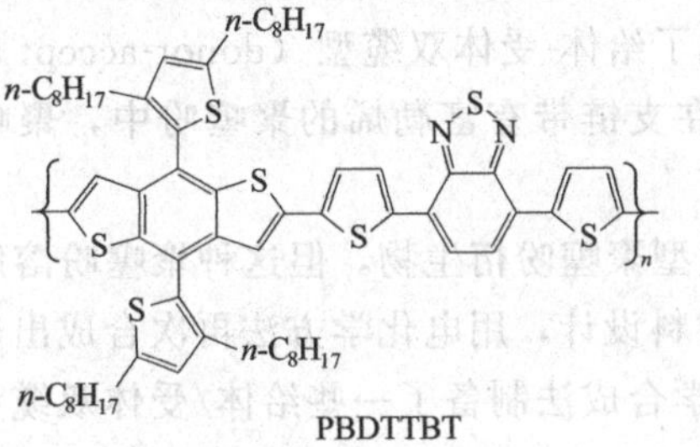

图 5-24　PBDTTBT 的结构示意图

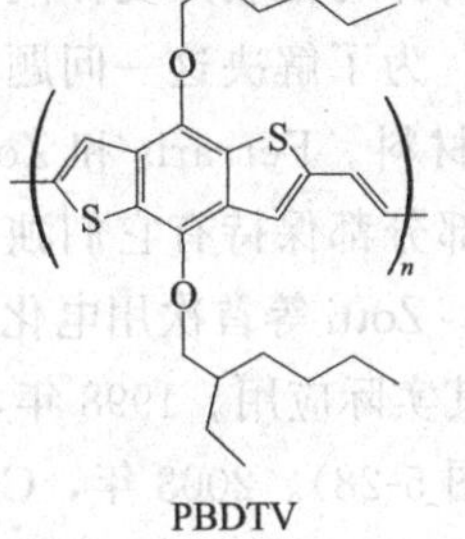

图 5-25　PBDTV 的结构示意图

Hou 等合成了 P3HTV（聚 3-己基噻吩-2,5-乙烯）及其衍生物 biTV-PTVs（如图 5-26 所示）。与 P3HTV 相比，共聚物 biTV-PTVs 的共轭侧链与主链的吸收峰都发生了红移，这表明共轭度增加。由循环伏安曲线分析得出：与 P3HTV 相比，biTV-PTVs 的 LUMO 降低，HOMO 升高，因此聚合物的带隙降低。biTV-PTV_3 薄膜在 380～780nm 有强宽吸收。biTV-PTV_3 与 PCBM 做的聚合物太阳能电池 PCE 达 0.32%，与相同实验条件下的 P3HTV/PCBM 相比，提高了 52%。Li 等合成了 biTV-BTs（一系列含两个侧链噻吩乙烯基的聚噻吩）（如图 5-27 所示），biTV-PTs 薄膜覆盖了 350～650nm 的吸收谱带，共轭侧链在 410nm 有吸收峰，共轭主链在 550nm 有吸收峰。biTV-BT3 的吸收峰尤为强烈，其强度在 350-480nm 范围内超出 P3HT。电池 ITO/PEDOT：PSS/P3：PCBM（1：1，*w*/*w*）/Mg/

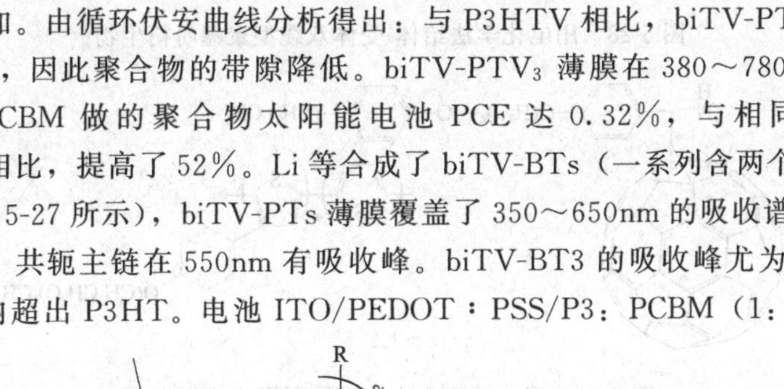

图 5-26　biTV-PTVs 的结构示意图

Al在AM 1.5，100mW/cm^{2}下，PCE为3.18%，比同实验条件下的P3HT（2.41%）提高了38%。

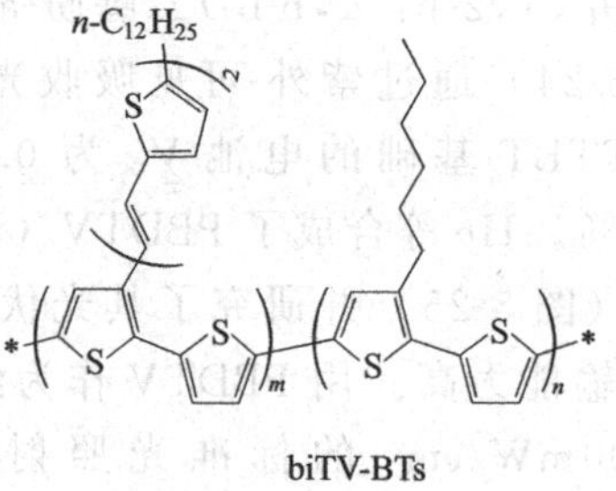

图5-27　biTV-BTs的结构示意图

5.4.3　支链带有富勒烯的聚噻吩

聚合物给体与富勒烯受体间存在着相分离现象，这影响了电荷的分离和传输，从而影响器件的效率，为了解决这一问题，人们设计并合成了给体-受体双缆型（donor-accept double cable）光伏材料。Ferraris和Zotti的研究表明，在支链带有富勒烯的聚噻吩中，聚噻吩部分和富勒烯部分都保持有它们独立的基态特征。

1996年，Zotti等首次用电化学法合成出了双缆型聚噻吩衍生物，但这种聚噻吩溶解性很差，限制了其实际应用。1998年，Ferraris等改进材料设计，用电化学方法再次合成出聚噻吩衍生物（见图5-28）。2003年，Cravino等又通过化学合成法制备了一些给体/受体双缆型聚噻吩衍生物（见图5-29）。Cravino用每10个聚噻吩单元含有一个富勒烯单元的双缆型聚噻吩与

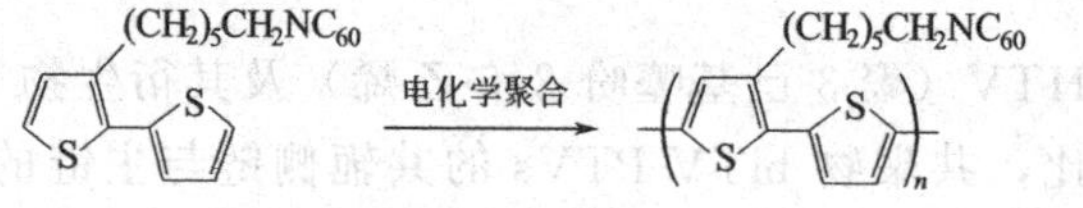

图5-28　用电化学法给体-受体双缆型聚噻吩衍生物

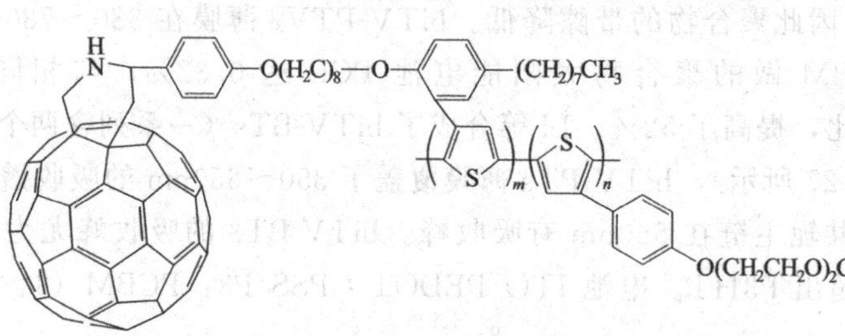

图5-29　用化学法合成的双缆型聚噻吩衍生物

未连有富勒烯的聚噻吩为活性层在同样的条件下制备了结构为ITO/PEDOT-PSS/活性层/Al的器件。在相同的测试条件下，较之未连有富勒烯的聚噻吩，以双缆型聚噻吩为活性层的器件V_{oc}有所降低，I_{sc}有大幅度提高。与大异质结太阳能电池相比，基于双缆型聚合物制得的电池PCE仍然很低，原因是富勒烯溶解性差，在聚合物中含量较低，不能很好地形成给/受体网状结构，限制了电荷的传输。进一步增加聚合物中富勒烯的含量可增加电荷传输，但富勒烯的含量越多，制得的聚合物的溶解性越差。2007年，Tan等突破了这一瓶颈，他设计并合成了一种新型的双缆型聚合物PT-F（见图5-30）。因为聚噻吩具有优良的光伏性能，所以选择噻吩作为分子主链。为了提高共轭度，在侧链上引入亚苯基乙烯，与C_{60}相连的烷基苯则提高了聚合物

的溶解性。在分子主链与 C_{60} 之间的非共轭结构避免了噻吩主链给体与 C_{60} 受体在基态时的相互作用。双缆型聚合物 PT-F 溶液的吸收光谱与 PT-K/PCBM 混合溶液的吸收光谱基本一致，由此可以看出，在双缆型聚合物 PT-F 中，噻吩主链与 C_{60} 并不在一个共轭体系，基态时无相互影响。但在激发态时它们有紧密的关系，这可从器件性能上体现出来。在 ITO/PEDOT：PSS/PT-F/Ca/Al 结构中，标准光 AM1.5，100mW/cm² 照射下，V_{oc} 为 0.75V，比 PT-K/PCBM 高出 0.12V，PCE 为 0.52%，是 PT-K/PCBM 的 5 倍。

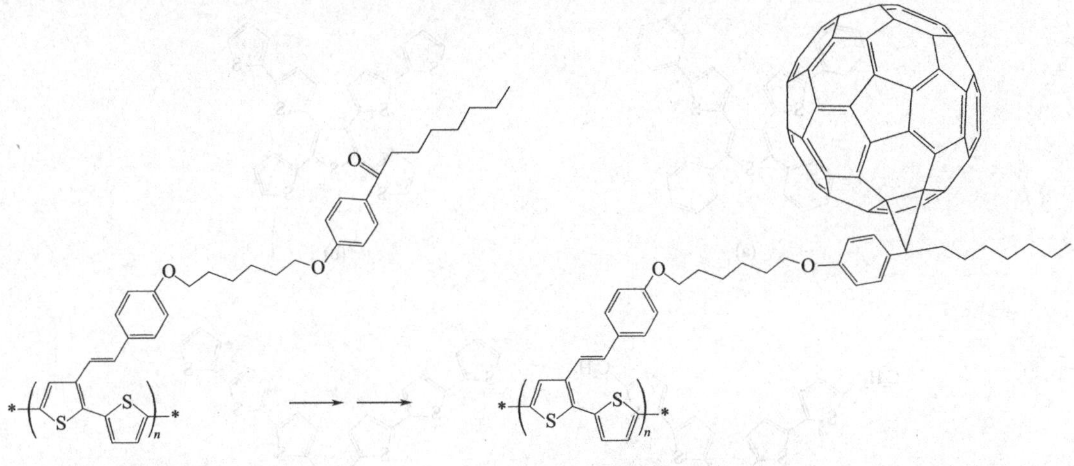

PT-K　　PT-F

图 5-30　PT-F 的合成示意图

5.4.4　低聚噻吩

低聚物又称寡聚物，低聚反应产物，分子量在 1500 以下和分子长度不超过 5nm 的聚合物。低聚物因可溶于有机溶剂、分子不存在缺陷、易结晶等特点在场效应晶体管方面应用广泛。近年来，低聚物在聚合物太阳能电池方面也取得了很大的进步。1995 年，Noma 等人发现了低聚噻吩具有光电转换能力，以八聚噻吩为活性层制备的太能阳电池在 75mW/cm² 模拟光照下的 PCE 为 0.95%。

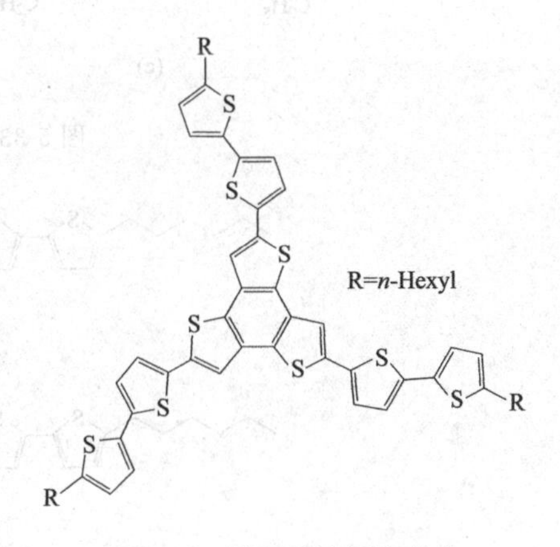

图 5-31　平面星形低聚噻吩

2000 年，Videlo 详细研究了八聚噻吩蒸镀膜的形貌和分子排列情况，发现直链形的低聚噻吩易于在垂直基底的方向上排列。2003 年，Jean 等合成了平面星形的低聚噻吩（见图 5-31），并以此作为给体，以苝的衍生物为受体，通过蒸镀方法制备的双层太阳能电池，在 1.92mW/cm² 白光照射下，PCE 为 1.27%，高于直链形低聚噻吩。一般直链形低聚噻吩由于易结晶，用普通的聚合物/C_{60} 共同蒸发的办法很难成膜。日本的 Jun Sakai 等研究发现过量的 C_{60} 可以阻止六聚噻吩（6T）（见图 5-32）的结晶，通过增加 C_{60} 的含量可以控制膜的形貌。2006 年，Sun 等合成了 4 个三维结构的 X 形低聚噻吩解决了材料的各向异性问题（见图 5-33）。从(a)～(d)随着噻吩环的增加，吸收光谱发生红移，并且变宽。以此作为给体，PCBM 为受体所得器件的 PCE 由 0.008%增加到 0.8%。Jin 合成了 DH5T，又在 DH5T 的第三个噻吩单元上引入苯并噻二唑合成了 DH5TB（见图 5-34）。与 DH5T 相比，DH5TB 不仅带隙

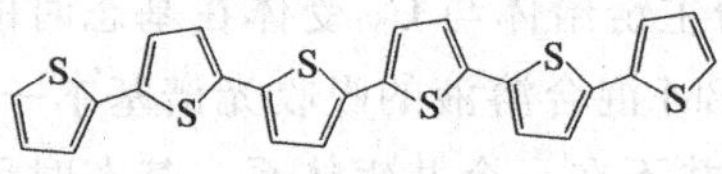

图 5-32 六聚噻吩(6T)的结构示意图

低，而且成膜性得到了很大的改善。研究表明，DH5TB：C_{60}混合的最佳比例为 1：3，在 DH5TB：C_{60}混合膜上涂一层C_{60}后，光伏性能又有进一步的提高。不进行热处理情况下，在标准光 AM1.5（100mW/cm^2）照射下，器件的J_{sc}为 4.75mA/cm^2，V_{oc}为 0.53V，FF为 0.38，PCE为 0.97%。

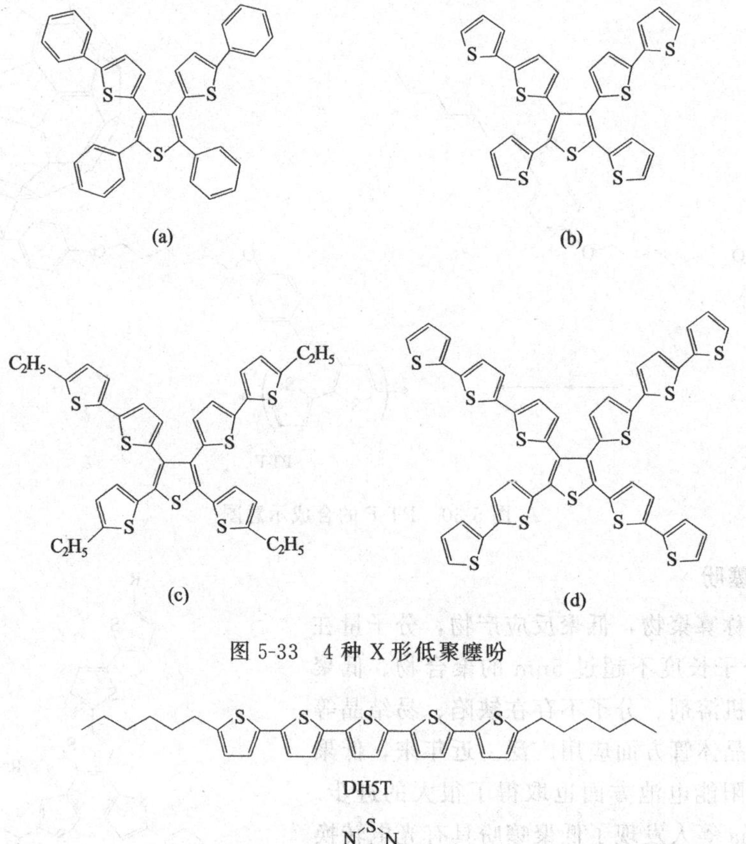

图 5-33 4 种 X 形低聚噻吩

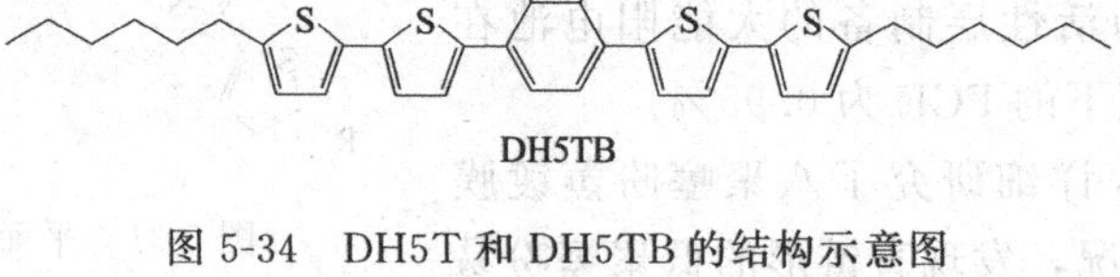

图 5-34 DH5T 和 DH5TB 的结构示意图

5.4.5 PEDOT（聚亚乙基二氧噻吩）电极修饰材料

聚亚乙基二氧噻吩（见图 5-35）用聚 4-苯乙烯掺杂后不仅可以用于抗静电涂料，电容器或光电二极管的电极，还可以在有机发光二极管、聚合物光伏电池中作为空穴传输层。在聚合物太阳能电池中插入 PEDOT（聚乙撑二氧噻吩）：PSS（聚对苯乙烯磺酸钠）（见图 5-36）后，能量转换效率得到显著提高。效率的提高可能是由于提高了 ITO 的功函数，从而提高了正极的敏感度，也可能是由于正电极和敏化层之间的光滑度提高，接触紧密，有利于载流子传输。Youngkyoo Kim 报道了 PEDOT：PSS 的厚度及退火温度对器件的影响，研究表明，PEDOT：PSS 层的功函数、电导率、表面形貌发生了改变。在 60～165nm 范围内，随着厚度的增加，短路电流的密度有轻微的下降。高温热处理使 J_{sc} 提高，但是 *FF* 又有所降低。这可能是由于电导率和 PEDOT：PSS 层的粗糙度发生了变化，随之退火温度的提高，功函数降低。Seung 等在 PEDOT：PSS 层中加入甘油和表面活性剂，不仅改善了 PEDOT：PSS 的表面形貌而且提高了它的电导率，进而提高了电池的 J_{sc} 和 *FF*。

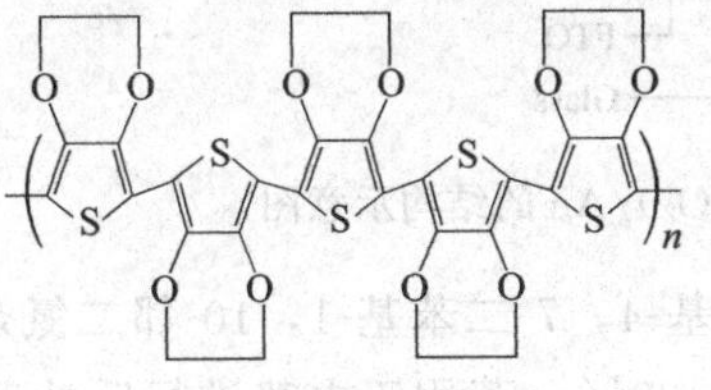

PEDOT

图 5-35　PEDOT 的结构示意图

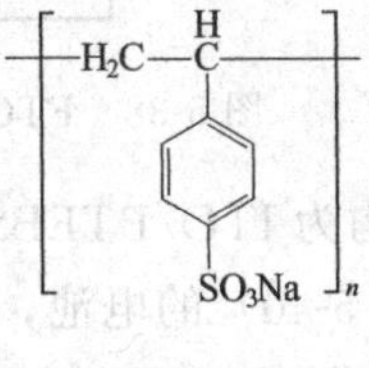

图 5-36　PSS 的结构示意图

Kim 用高度导电的 PEDOT/SiO_x 作阳极制作了不需要 ITO 的聚合物太阳能电池。因为 ITO 脆性大，散热性不好，与有机材料的表面接触不好。PEDOT/SiO_x 具有很大的黏度，PEDOT 与玻璃基体的键接强度也很强。研究表明随着 PEDOT：SiO_x 的电阻减小，V_{oc}、*FF* 增大，因为器件的电阻与阳极的电阻是很相关的。J_{sc} 随着 PEDOT：SiO_x 的厚度的增加而减小。能量转换效率只有 1%，因此，权衡好 PEDOT：SiO_x，的电阻和厚度是很重要的。不用 ITO，不仅节约了开支，而且提高了器件的寿命。

5.4.6　水溶性聚噻吩衍生物在杂化太阳能电池中的应用

聚合物太阳能电池活性层一般使用氯仿或氯苯作溶剂，这些有机溶剂都有一定的毒性，不仅污染了环境，对产品使用者本身也是不利的。近年来，人们用水溶性聚噻吩开发了“纯绿色”无污染的光伏电池。不仅如此，溶剂水的蒸发速率易于控制，可以很好的改善膜的形貌，因此有利于电池性能的提高。

1987 年，加利福尼亚大学的研究者们就报告他们成功制备了能溶于水中并自行掺杂的导电聚合物。这类聚合物是聚噻吩 3 位烷基磺酸取代的钠盐，磺酸基团通过 2～4 个碳的碳链连接在噻吩核的 3 位上。Wudl 等证实这些聚合物氧化后导致自行掺杂，SO_3^- 是以共价键连接在带正电荷的聚合物骨架上。

2005 年，Qiao 等制备了有机无机杂化大异质结太阳能电池 Au/PTEBS（聚 2-(3-噻吩基)-乙氧基-4 磺酸钠）（见图 5-37）：TiO_2/FTO（氟化锡氧化物），在约 300mW/cm^2 的白光照射下，开路电压 V_{oc} 为 0.72V，短路电流密度 J_{sc} 为 0.22mA/cm^2，*FF* 为 0.29，PCE 为 0.015%。随后，James 在分别尝试了 PTEBS：TiO_2 双层，PTEBS：TiO_2 大异质结及 PTEBS：CNT 后发现性能最好的是 PTEBS：TiO_2 双层太阳能电池，V_{oc} 为 0.84V，J_{sc} 为 0.15mA/cm^2，*FF* 为 0.91，*PCE* 为 0.15%。在 PTEBS：TiO_2 大异质结太阳能电池中，由于 PTEBS 黏度低，表面张力大，因此很难形成均一的 PTEBS/TiO_2 混合膜。Qiao 等对 PTEBS：TiO_2 大异质结太阳能电池进行了改进。他们在 FTO 玻璃与 PTEBS：TiO_2 之间加一层 TiO_2 缓冲层（见图 5-38）。实验证明，TiO_2 缓冲层起到很大的作用，与同实验条件下不加 TiO_2 缓冲层相比，电池性能有很大的提高，V_{oc} 由 0.88V 提高到 1V，J_{sc} 由 0.12mA/cm^2 提高到 0.17mA/cm^2，*FF* 由 0.38 提高到 0.8，*PCE* 由 0.04%提高到 0.17%。Yang 等

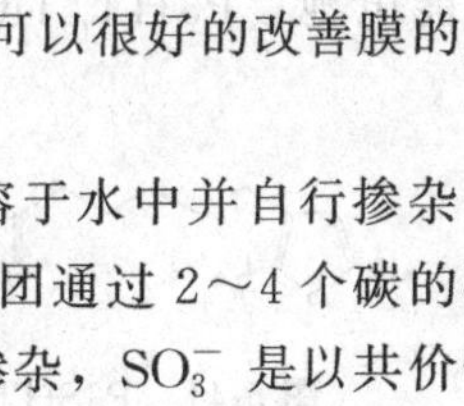

图 5-37　PTEBS 的结构示意图

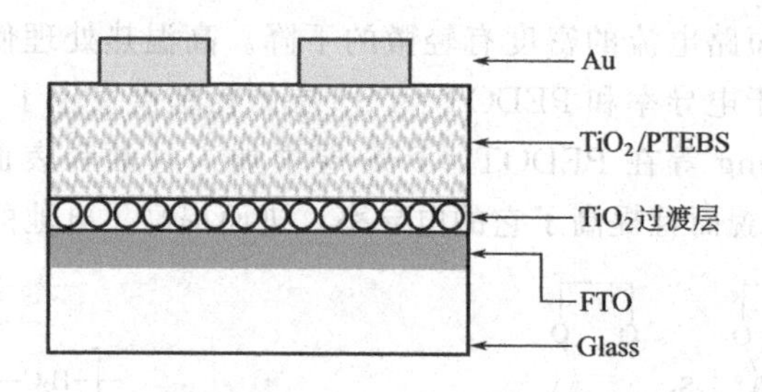

图 5-38 FTO/buffer TiO_2/($PTEBS/TiO_2$)/Au 的结构示意图

报道了器件结构为ITO/PTEBS/C60/BCP(2，9-二甲基-4，7-二苯基-1，10-邻二氮杂菲)/Al（见图 5-39、图 5-40）的电池，V_{oc}为 0.58，*PCE* 为 0.39%，若用正电势进行后处理，J_{sc}和 *FF* 有很小的变化，V_{oc}则提高到 0.67V，PCE 提高到 0.43%。

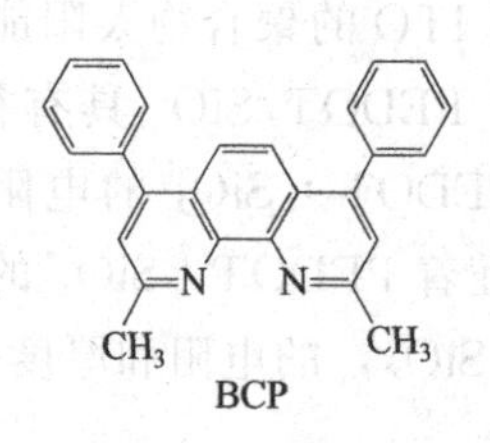

图 5-39 BCP 的结构示意图

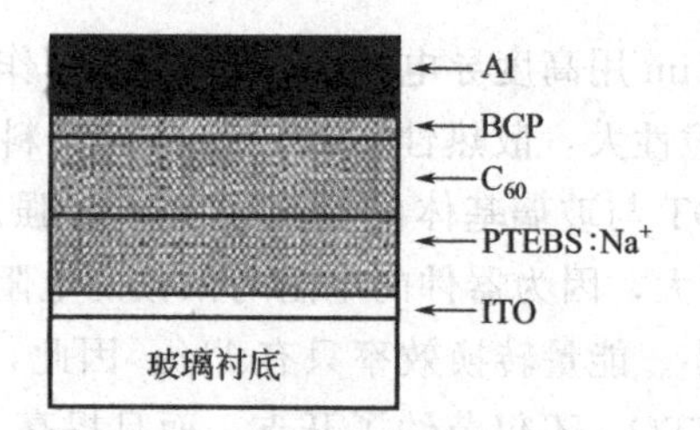

图 5-40 ITO/PTEBS/C_{60}/BCP/Al

Haeldermans 以 P3SHT（聚 3-噻吩己酸钠）（见图 5-41）作为光敏剂，制作了 P3SHT/TiO_2 敏化太阳能电池。为了进一步研究机理，他还在同实验条件下制作了 P3HT/TiO_2 太阳能电池。P3HT/TiO_2 太阳能电池 J_{sc} 为 0.297mA/cm^2，V_{oc} 为 0.434V，*FF* 为 39%，*PCE* 为 0.05%。P3SHT/TiO_2 敏化太阳能电池效率则有大幅度上升，J_{sc}为 1.06mA/cm^2，V_{oc}为 0.568V，*FF* 为 62%，*PCE* 为 0.37%。从紫外可见吸收光谱可以看出混合物 P3HT/TiO_2 的吸收光谱大概等于 P3HT 的吸收光谱与 TiO_2 吸收光谱之和，但 P3SHT 与 TiO_2 混合后的吸收光谱与 P3SHT 相比却发生了蓝移。因为 P3HT 与 TiO_2 未发生相互作用，而 P3SHT 却因与 TiO_2 相互作用导致链段扭曲，共轭长度下降。P3SHT/TiO_2 较之 P3HT/TiO_2 性能大幅度提高是由于羧基的存在使得聚合物与 TiO_2 得以紧密连接。

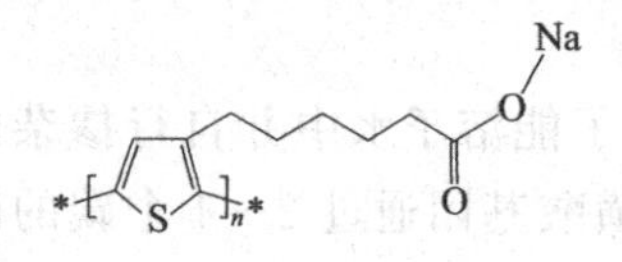

图 5-41 P3SHT

5.4.7 展望

经历了二十多年的发展，有机/高聚物太阳能电池在器件工艺、器件物理等方面都有了长足的进步，能量转换效率也不断提高，但距离实际应用还有很大差距。目前，制约因素主要有：聚合物光伏材料的载流子迁移率低，光吸收与太阳光谱不匹配，器件形貌不可有效调控以及器件稳定性差等问题。在未来的研究中，通过积极开发低带隙、高迁移率的聚合物材料；优化界面能级排列；精确引导和调控器件形貌等一系列办法，相信有机太阳能电池在光伏材料的发展过程中揭开了新的一页，会成为今后人们研究的一个热点。

参 考 文 献

[1] 雷永泉，万群，石定康．新能源材料．天津：天津大学出版社，2000.

[2] 杨金焕．太阳能发电的新时代．中国能源，1994，10：47.
[3] Green M A，Emery K，Hishikawa Y，et al. Prog Photovolt：Res Appl.，2008，16：435.
[4] Koster L J A，Mihailetchi V D，Blom P W M. Appl Phys Lett.，2006，88：093511.
[5] Walzer K，Maennig B，Pfeiffer M，et al. Chem Rev.，2007，107：1233.
[6] Spanggaard H，Krebs F C. Sol Energy Mater Sol Cells.，2004，83：125.
[7] Tang C W. Appl Phys Lett，1986，48：183.
[8] Günes S，Neugebauer H，Sariciftci N S. Chem Rev.，2007，107：1324.
[9] Kim J Y，Lee K，Coates N E，et al. Science，2007，317：222.
[10] 徐志杰，梅群波，汤雅芸，等．科学通报，2010，55：2557.
[11] 邹应萍，霍利军，李永舫．高分子通报，2008，(8)：146.
[12] 王琦，王娜娜，于军胜，等．半导体光电，2010，31：670.
[13] G. Li，V. Shrotriya，J. S. Huang，Y. Yao，T. Moriarty，K. Emery，Y. Yang. Nat. Mater，2005，4：864.
[14] W. Ma，C. Yang，X. Gong，K. Lee，A. J. Heeger. Adv. Funct. Mater，2005，15 (10)：1617.
[15] J. Y. Kim，S. H. Kim，H.-H. Lee，K. Lee，W. Ma，X. Gong，A. J. Heeger. Adv. Mater，2006，18：572.
[16] Jianhui Hou，Hsiang-Yu Chen，Shaoqing Zhang，et al. Am. Chem. Soc.，2009，131 (43)：15586.
[17] R. C. Hiorns，R. de Bettignies，J. Leroy，S. Bailly，etal. Adv. Funct. Mater，2006，16 (17)：2263.
[18] Padinger F，Rittberger R，Sariciftci N S. Adv. Funct. Mater，2003，13 (1)：85.
[19] E. W. Okraku，M. C. Gupta，K. D. Wright. Sol. Energy Mater. Sol. Cells.，2010，94 (12)：2013.
[20] Kenji Kawano，Jun Sakai，Masayuki Yahiro. Sol. Energy Mater. Sol. Cells.，2009，93 (4)：514.
[21] Gruner G. J Mater Chem，2006，16 (35)：3533.
[22] Basudev Pradhan，Sudip K. Batabyal，Amlan J. Pal Appl. Phys. Lett.，2006，88：093106.
[23] S. Berson，R. de Bettignies，Bailly，etal. Adv. Funct. Mater，2007，17 (16)：3363.
[24] Brabec C. J.，Winder C.，Sariciftci N. S.，etal.. Adv. Funct. Mater，2002，12 (10)：709.
[25] A. Dhanabalan，J. K. J. van Duren，P. A. van Hal，et al.. Adv. Funct. Mater，2001，11 (4)：255.
[26] Luis M. Campos，Ana Tontcheva.，Serap Günes，et al.. Chem. Mater，2005，17 (16)：4031.
[27] 张庆辉，杨慕杰，路胜利．高分子材料科学与工程，2005，21 (1)：11.
[28] Wudl F，Kobayashi M. Org. Chem.，1984，49 (18)：3382.
[29] Chandrasekhar P，Masulaitis A M，Gumps R W. Synth. Met.，1990，36 (3)：303.
[30] D. Mühlbacher，M. Scharber，M. Morana，et al. Adv. Mater.，2006，18 (21)：2884.
[31] Peet J.，Kim J Y，Coates N. E.，et al.. Nat. Mater.，2007，6：497.
[32] Zhu Z，Waller D.，Gaudiana R.，et al.. Macromolecules，2007，40 (6)：1981.
[33] Hou J H，Chen T L. J. Phys. Chem. C.，2009，113 (4)：1601.
[34] Hou J H，Park M H，Zhang S Q，et al.. Macromolecules，2008，41 (16)：6012.
[35] Liang Y，Wu Y，Feng D，et al.. Am. Chem. Soc.，2009，131 (22)，7792.
[36] Chen H Y，Hou J H，Zhang S Q，et al.. Nature Photonics，2009，3：649.
[37] Huo L J，Hou J H，Zhang S Q，et al.. Angewandte Chemie.，2010，122 (8)：1542.
[38] He Y J，Zhou Y. J Polym Sci，Part A：Polymer Chemistry，2010，48 (8)：1822.
[39] Hou J H，Tan Z A，He Y J，et al.. Macromolecules，2006，39 (14)：4657.
[40] Hou J H，Tan Z A，Yan Y，et al.. Chem. Soc.，2006，128 (14)：4911.
[41] Ferraris J P，Yassar A，Loveday D C，et al.. Optical Materials，1998，9 (1-4)：34.
[42] Benincori T，Brenna E，Sannicolo F，et al.. Chem. Int. Ed. Engl.，1996，35 (6)：648.
[43] Cravino A，Zerza G，Maggini M，et al.. Monatshefte für Chemie.，2003，134 (4)：519.
[44] Tan Z A，Hou J H，He Y J，et al.. Macromolecules，2007，40 (6)：1868.
[45] Noma N，Tsuzuki T，Shirota Y. Adv. Mater.，1995，7 (7)：647.
[46] Videlot C，El Kassmi A，Fichou D. Sol. Energy Mater. Sol. Cells. .2000，63 (1)：69.
[47] Bettignies R D，Nicolas Y，Blanchard P，et al.. Adv. Mater，2003，15 (22)：1939.
[48] Sakai J，Taima T，Saito K. Organic Electronics，2009，9 (5)：582.

[49] Sun X, Liu Y, Chen S, et al.. Adv Funct Mater, 2006, 16 (7): 917.
[50] Kong Jin A, Lima E, Lee K K, et al.. Sol Energy Mater Sol Cells., 2010, 94 (12): 2057.
[51] Heywang G, Jonas F. Adv Mater, 1992, 4 (2): 116.
[52] Pei Q, Zuccafrello G, Ahlskog M, et al.. Polymer, 1994, 35 (7): 1347.
[53] Garreau S, Louarn G, Lefrant S, et al.. Synth Met., 1999, 101 (1-3): 312.
[54] Groenendaal L, Jonas F, Freitag D, et al.. Adv Mater., 2000, 12 (7): 481..
[55] Kim Y, Ballantyne A M, Nelson J, et al.. Organic Electronics, 2009, 10 (1): 205.
[56] Eom S H, Senthilarasu S, Uthirakumar P, et al.. Organic Electronics, 2009, 10 (3): 536.
[57] Kim Y S, Oh S B, Park J H, et al.. Sol. Energy Mater. Sol. Cells., 2010, 94 (3): 471.
[58] Patil A O, Ikenoue Y, Wudl F, et al.. Am. Chem. Soc., 1987, 109 (6): 1858.
[59] Qiao Q Q, Su L Y, Beck J, et al.. J Appl Phys., 2005, 98: 094906.
[60] McLeskey J T, Qiao Q Q. International Journal of Photoenergy, 2006, 2006: 1.
[61] Qiao Q Q, Xie Y, McLeskey J T. Phys. Chem. C, 2008, 112 (26): 9912.
[62] Yang J H, Garcia A, Nguyen T Q. Appl. Phys. Lett., 2007, 90: 103514.
[63] Haeldermans I, Truijen I, Vandewal K, et al.. Thin Solid Films, 2008, 516 (20): 7245.

第6章 生物医用高分子材料

生命科学是21世纪备受关注的新型学科，而与人类健康休戚相关的医学在生命科学中占有相当重要的地位。医用材料是生物医学的分支之一，是由生物、医学、化学和材料等学科交叉形成的边缘学科。而医用高分子材料则是生物医用材料中的重要组成部分，主要用于人工器官、外科修复、理疗康复、诊断检查、患疾治疗等医疗领域。众所周知，生物体是有机高分子存在的最基本形式，有机高分子是生命的基础。动物体与植物体组成中最重要的物质——蛋白质、肌肉、纤维素、淀粉、生物酶和果胶等都是高分子化合物。因此，可以说，生物界是天然高分子的巨大产地。高分子化合物在生物界的普遍存在，决定了它们在医学领域中的特殊地位。在各种材料中，高分子材料的分子结构、化学组成和理化性质与生物体组织最为接近，因此最有可能用作医用材料。

医用高分子材料发展的动力来自医学领域的客观需求。当人体器官或组织因疾病或外伤受到损坏时，需要器官移植。然而，只有在很少的情况下，人体自身的器官（如少量皮肤）可以满足需要。采用同种异体移植或异种移植，往往具有排异反应，严重时导致移植失败。在此情况下，人们自然设想利用其他材料修复或替代受损器官或组织。

6.1 概述

6.1.1 医用高分子材料的概念及其发展简史

医用高分子材料涉及的范围非常广泛，泛指具有治疗、修复、替代、恢复功能、增强人体组织或器官等功能的高分子材料，主要用于人工器官、外科修复、理疗康复、诊断检查、患疾治疗等医疗领域。医用功能高分子材料主要包括医用高分子材料（以修复、替代为主）、药用高分子材料（以药理疗效为主）。医用功能高分子材料在许多教科书及功能材料专著中被称作医用生物高分子材料。医用功能高分子材料从20世纪60年代兴起，经历了二十年，到80年代开始迅速发展，现今已取得了许多卓越的成就。

众所周知，生物体是有机高分子存在的最基本形式，有机高分子是生命的基础。动物体与植物体组成中最重要的物质——蛋白质、肌肉、纤维素、淀粉、生物酶和果胶等都是高分子化合物。因此，可以说，生物界是天然高分子的巨大产地。高分子化合物在生物界的普遍存在，决定了它们在医学领域中的特殊地位。在各种材料中，高分子材料的分子结构、化学组成和理化性质与生物体组织最为接近，因此最有可能用作医用材料。医用高分子材料发展的动力来自医学领域的客观需求。当人体器官或组织因疾病或外伤受到损坏时，需要器官移植。然而，只有在很少的情况下，人体自身的器官（如少量皮肤）可以满足需要。采用同种异体移植或异种移植，往往具有排异反应，严重时导致移植失败。在此情况下，人们自然设想利用其他材料修复或替代受损器官或组织。

早在公元前3500年，埃及人就用棉花纤维、马鬃缝合伤口，墨西哥印第安人用木片修补受伤的颅骨。公元前500年的中国和埃及墓葬中发现假牙、假鼻、假耳。进入20世纪，高分子科学迅速发展，新的合成高分子材料不断出现，为医学领域提供了更多的选择余地。

1936年发明了有机玻璃后，很快就用于制作假牙和补牙，至今仍在使用。1943年，赛璐珞薄膜开始用于血液透析。1949年，美国首先发表了医用高分子的展望性论文。在文章中，第一次介绍了利用PMMA作为人的头盖骨、关节和股骨，利用聚酰胺纤维作为手术缝合线的临床应用情况。20世纪50年代，有机硅聚合物被用于医学领域，使人工器官的应用范围大大扩大，包括器官替代和整容等许多方面。此后，一大批人工器官在50年代试用于临床。如人工尿道（1950年）、人工血管（1951年）、人工食道（1951年）、人工心脏瓣膜（1952年）、人工心肺（1953年）、人工关节（1954年）、人工肝（1958年）等。进入60年代，医用高分子材料开始进入一个崭新的发展时期。60年代以前，医用高分子材料的选用主要是根据特定需求，从已有的材料中筛选出合适的加以应用。由于这些材料不是专门为生物医学目的设计和合成的，在应用中发现了许多问题，如凝血问题、炎症反应、组织病变问题、补体激活与免疫反应问题等。人们由此意识到必须针对医学应用的特殊需要，设计合成专用的医用高分子材料。美国国立心肺研究所在这方面做了开创性的工作，他们发展了血液相容性高分子材料，以用于与血液接触的人工器官制造，如人工心脏等。从70年代始，高分子科学家和医学家积极开展合作研究，使医用高分子材料快速发展起来。至80年代以来，发达国家的医用高分子材料产业化速度加快，基本形成了一个崭新的生物材料产业。

医用高分子作为一门边缘学科，融合了高分子化学、高分子物理、生物化学、合成材料工艺学、病理学、药理学、解剖学和临床医学等多方面的知识，还涉及许多工程学问题，如各种医疗器械的设计、制造等。上述学科的相互交融、相互渗透，促使医用高分子材料的品种越来越丰富，性能越来越完善，功能越来越齐全。高分子材料虽然不是万能的，不可能指望它解决一切医学问题，但通过分子设计的途径，合成出具有生物医学功能的理想医用高分子材料的前景是十分广阔的。有人预计，在21世纪，医用高分子将进入一个全新的时代。除了大脑之外，人体的所有部位和脏器都可用高分子材料来取代，仿生人也将比想象中更快地来到世上。目前用高分子材料制成的人工器官中，比较成功的有人工血管、人工食道、人工尿道、人工心脏瓣膜、人工关节、人工骨、整形材料等。已取得重大研究成果，但还需不断完善的有人工肾、人工心脏、人工肺、人工胰脏、人工眼球、人造血液等。另有一些功能较为复杂的器官，如人工肝脏、人工胃、人工子宫等，则正处于大力研究开发之中。从应用情况看，人工器官的功能开始从部分取代向完全取代发展，从短时间应用向长时期应用发展，从大型向小型化发展，从体外应用向体内植入发展、人工器官的种类从与生命密切相关的部位向人工感觉器官、人工肢体发展。医用高分子材料研发过程中遇到的一个巨大难题是材料的抗血栓问题，当材料用于人工器官植入体内时必然要与血液接触，由于人体的自然保护性反应将产生排异现象，其中之一即为在材料与肌体接触表面产生凝血，即血栓，结果将造成手术失败，严重的还会引起生命危险。对高分子材料的抗血栓性研制是医用高分子研究中的关键问题，至今尚未完全突破，这将是今后医用高分子材料研究中的首要问题。

6.1.2 医用高分子材料的分类

医用高分子是一门较年轻的学科，发展历史不长，因此医用高分子的定义至今尚不十分明确。另外，由于医用高分子是由多学科参与的交叉学科，根据不同学科领域的习惯出现了不同的分类方式。

目前医用高分子材料随来源、应用目的等可以分为多种类型，各种医用高分子材料的名称也很不统一。

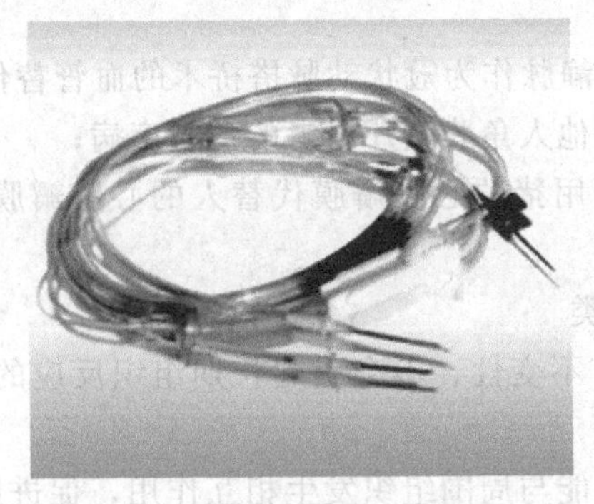
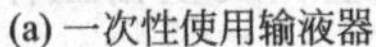
(a) 一次性使用输液器

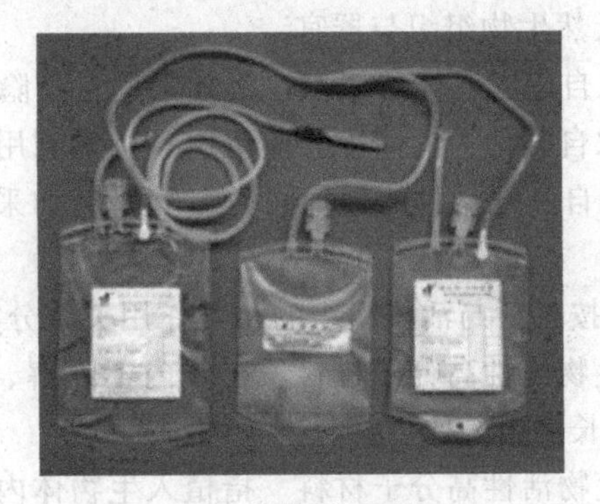
(b) 一次性使用输血袋

图 6-1　高分子医疗器械

6.1.2.1　日本医用高分子分类

日本医用高分子专家樱井靖久将医用高分子分成如下的五大类：

(1) 与生物体组织不直接接触的材料　这类材料用于制造虽在医疗卫生部门使用，但不直接与生物体组织接触的医疗器械和用品。如药剂容器、血浆袋、输血输液用具、注射器、化验室用品、手术室用品等。图 6-1 为此类高分子医疗器械。

(2) 与皮肤、黏膜接触的材料　用这类材料制造的医疗器械和用品，需与人体肌肤与黏膜接触，但不与人体内部组织、血液、体液接触，因此要求无毒、无刺激，有一定的机械强度。用这类材料制造的物品如手术用手套、麻醉用品（吸氧管、口罩、气管插管等)、诊疗用品（洗眼用具、耳镜、压舌片、灌肠用具、肠、胃、食道窥镜导管和探头、腔门镜、导尿管等)、绷带、橡皮膏等。人体整容修复材料，例如假肢、假耳、假眼、假鼻等，也都可归入这一类中。

(3) 与人体组织短期接触的材料　这类材料大多用来制造在手术中暂时使用或暂时替代病变器官的人工脏器，如人造血管、人工心脏、人工肺、人工肾脏渗析膜、人造皮肤等。这类材料在使用中需与肌体组织或血液接触，故一般要求有较好的生物体适应性和抗血栓性。

(4) 长期植入体内的材料　用这类材料制造的人工脏器或医疗器具，一经植入人体内，将伴随人的终生，不再取出。因此要求有非常优异的生物体适应性和抗血栓性，并有较高的机械强度和稳定的化学、物理性质。用这类材料制备的人工脏器包括：脑积水症髓液引流管、人造血管、人工瓣膜、人工气管、人工尿道、人工骨骼、人工关节、手术缝合线、组织黏合剂等。

(5) 药用高分子　这类高分子包括大分子化药物和药物高分子。前者是指将传统的小分子药物大分子化，如聚青霉素；后者则指本身就有药理功能的高分子，如阴离子聚合物型的干扰素诱发剂。

6.1.2.2　常用分类

除了上面的分类之外，还有以下一些常用的分类方法。

(1) 按材料的来源分类

① 天然医用高分子材料　如胶原、明胶、丝蛋白、角质蛋白、纤维素、多糖、甲壳素及其衍生物等。

② 人工合成医用高分子材料　如聚氨酯、硅橡胶、聚酯等。

③ 天然生物组织与器官

a. 取自患者自体的组织，例如采用自身隐静脉作为冠状动脉搭桥术的血管替代物；

b. 取自其他人的同种异体组织，例如利用他人角膜治疗患者的角膜疾病；

c. 来自其他动物的异种同类组织，例如采用猪的心脏瓣膜代替人的心脏瓣膜，治疗心脏病等。

（2）按材料与活体组织的相互作用关系分类

① 生物惰性高分子材料　在体内不降解、不变性、不会引起长期组织反应的高分子材料，适合长期植入体内。

② 生物活性高分子材料　指植入生物体内能与周围组织发生相互作用，促进肌体组织、细胞等生长的材料。

③ 生物吸收高分子材料　这类材料又称生物降解高分子材料。这类材料在体内逐渐降解，其降解产物能被肌体吸收代谢，或通过排泄系统排出体外，对人体健康没有影响。如用聚乳酸制成的体内手术缝合线、体内黏合剂等。

（3）按生物医学用途分类

① 硬组织相容性高分子材料，如骨科、齿科用高分子材料；

② 软组织相容性高分子材料；

③ 血液相容性高分子材料；

④ 高分子药物和药物控释高分子材料。

（4）按与肌体组织接触的关系分类

① 长期植入材料，如人工血管、人工关节、人工晶状体等。

② 短期植入（接触）材料，如透析器、心肺机管路和器件等。

③ 体内体外连通使用的材料，如心脏起搏器的导线、各种插管等。

④ 与体表接触材料及一次性医疗用品材料。

目前在实际应用中，更实用的是仅将医用高分子分为两大类，一类是直接用于治疗人体某一病变组织、替代人体某一部位或某一脏器、修补人体某一缺陷的材料。如用作人工管道（血管、食道、肠道、尿道等）、人造玻璃体（眼球）、人工脏器（心脏、肾脏、肺、胰脏等）、人造皮肤、人造血管，手术缝合用线、组织黏合剂、整容材料（假耳、假眼、假鼻、假肢等）的材料。另一类则是用来制造医疗器械、用品的材料，如注射器、手术钳、血浆袋等。这类材料用来为医疗事业服务，但本身并不具备治疗疾病、替代人体器官的功能，因此不属功能高分子的范畴。国内通常将高分子药物单独列为一类功能性高分子，故不在医用高分子范围内讨论。

本章讨论直接用于治疗人体病变组织，替代人体病变器官、修补人体缺陷的高分子材料。

6.1.3 医用高分子材料的基本要求

生物医学高分子材料是直接用于人体或用于与人体健康密切相关的目的，在使用过程中，常需与生物肌体、血液、体液等接触，有些还须长期植入体内。因此进入临床使用阶段的生物医学高分子材料必须满足某些一般和特殊的要求。不然，用于治病救命的生物医学高分子材料会引起不良后果，所以对生物医用高分子材料性能的要求比较复杂，它随使用的目的、显示的功能、与生物体是否接触、接触时间的长短等因素而异。具体来说，对生物医学高分子材料性能的要求主要有以下几个方面：

(1) 具有化学惰性，不与体液接触而发生反应人体环境对高分子材料主要有以下一些影响：

① 体液引起聚合物的降解、交联和相变化；

② 体内的自由基引起材料的氧化降解反应；

③ 生物酶引起的聚合物分解反应；

④ 在体液作用下材料中添加剂的溶出；

⑤ 血液、体液中的类脂质、类固醇及脂肪等物质渗入高分子材料，使材料增塑，强度下降。

但对医用高分子来说，在某些情况下，“老化”并不一定都是贬义的，有时甚至还有积极的意义。如作为医用黏合剂用于组织黏合，或作为医用手术缝合线时，在发挥了相应的效用后，反倒不希望它们有太好的化学稳定性，而是希望它们尽快地被组织所分解、吸收或迅速排出体外。在这种情况下，对材料的附加要求是：在分解过程中，不应产生对人体有害的副产物。

(2) 对人体组织不会引起炎症或异物反应　有些高分子材料本身对人体有害，不能用作医用材料。而有些高分子材料本身对人体组织并无不良影响，但在合成、加工过程中不可避免地会残留一些单体，或使用一些添加剂。当材料植入人体以后，这些单体和添加剂会慢慢从内部迁移到表面，从而对周围组织发生作用，引起炎症或组织畸变，严重的可引起全身性反应。

(3) 不会致癌　根据现代医学理论认为，人体致癌的原因是由于正常细胞发生了变异。当这些变异细胞以极其迅速的速度增长并扩散时，就形成了癌。而引起细胞变异的因素是多方面的，有化学因素、物理因素，也有病毒引起的原因。当医用高分子材料植入人体后，高分子材料本身的性质，如化学组成、交联度、相对分子质量及其分布、分子链构象、聚集态结构、高分子材料中所含的杂质、残留单体、添加剂都可能与致癌因素有关。但研究表明，在排除了小分子渗出物的影响之外，与其他材料相比，高分子材料本身并没有比其他材料更多的致癌可能性。

(4) 具有良好的血液相容性　当高分子材料用于人工脏器植入人体后，必然要长时间与体内的血液接触。因此，医用高分子对血液的相容性是所有性能中最重要的。

高分子材料的血液相容性问题是一个十分活跃的研究课题，但至今尚未制得一种能完全抗血栓的高分子材料。这一问题的彻底解决，还有待于各国科学家的共同努力。

(5) 长期植入体内不会减小机械强度　许多人工脏器一旦植入体内，将长期存留，有些甚至伴随人们的一生。因此，要求植入体内的高分子材料在极其复杂的人体环境中，不会很快失去原有的机械强度。事实上，在长期的使用过程中，高分子材料受到各种因素的影响，其性能不可能永远保持不变。人们仅希望其变化尽可能少一些，或者说寿命尽可能长一些。一般来说，化学稳定性好的，不含易降解基团的高分子材料，机械稳定也比较好。如聚酰胺的酰胺基团在酸性和碱性条件下都易降解，因此，用作人体各部件时，均会在短期内损失其机械强度，故一般不适宜选作植入材料。而聚四氟乙烯的化学稳定性较好，其在生物体内的稳定性也较好。表6-1是一些高分子以纤维形式植入狗的动脉后其机械强度的损失情况。

(6) 能经受必要的清洁消毒措施而不产生变性　高分子材料在植入体内之前，都要经过严格的灭菌消毒。目前灭菌处理一般有三种方法：蒸汽灭菌、化学灭菌、γ射线灭菌。国内大多采用前两种方法。因此在选择材料时，要考虑能否耐受得了。

表 6-1 高分子材料在狗体内的机械稳定性

材料名称	植入天数	机械强度损失/%
尼龙-6	761	74.6
	1073	80.7
涤纶树脂	780	11.4
聚丙烯酸酯	670	1.0
聚四氟乙烯	677	5.3

（7）易于加工成需要的复杂形状 人工脏器往往具有很复杂的形状，因此，用于人工脏器的高分子材料应具有优良的成型性能。否则，即使各项性能都满足医用高分子的要求，却无法加工成所需的形状，则仍然是无法应用的。此外还要防止在医用高分子材料生产、加工工程中引入对人体有害的物质。应严格控制原料的纯度。加工助剂必须符合医用标准。生产环境应当具有适宜的洁净级别，符合国家有关标准。与其他高分子材料相比，对医用高分子材料的要求是非常严格的。对于不同用途的医用高分子材料，往往又有一些具体要求。在医用高分子材料进入临床应用之前，都必须对材料本身的物理化学性能、机械性能以及材料与生物体及人体的相互适应性进行全面评价，然后经国家管理部门批准才能进入临床使用。

6.2 高分子材料的生物相容性

生物相容性是指材料与生物体之间相互作用后产生的各种生物、物理、化学等反应的。一般地讲，就是材料植入生物体内的材料与肌体之间的适应性或相容程度，也就是说是否会对生物体组织造成毒害作用。对生物体来说，植入的材料不管其结构、性质如何，都是外来异物，出于本能的自我保护，一般都会出现排斥现象。这种排斥反应的严重程度，决定了材料的生物相容性。因此提高应用高分子材料与肌体的生物相容性，是材料和医学科学家们必须面对的课题。由于不同的高分子材料在医学中的应用目的不同，生物相容性又可分为组织相容性和血液相容性两种。组织相容性是指材料与人体组织，如骨骼、牙齿、内部器官、肌肉、肌腱、皮肤等的相互适应性，而血液相容性则是指材料与血液接触是不是会引起凝血、溶血等不良反应。

6.2.1 高分子材料的组织相容性

6.2.1.1 高分子材料植入对组织反应的影响

高分子材料植入人体后，对组织反应的影响因素包括材料本身的结构和性质（如微相结构、亲水性、疏水性、电荷等）、材料中可渗出的化学成分（如残留单体、杂质、低聚物、添加剂等）、降解或代谢产物等。此外，植入材料的几何形状也可能引起组织反应。

（1）材料中渗出的化学成分对生物反应的影响 材料中逐渐渗出的各种化学成分（如添加剂、杂质、单体、低聚物以及降解产物等）会导致不同类型的组织反应，例如炎症反应。组织反应的严重程度与渗出物的毒性、浓度、总量、渗出速率和持续期限等密切相关。一般而言，渗出物毒性越大、渗出量越多，则引起的炎症反应越强。例如，聚氨酯和聚氯乙烯中可能存在的残余单体有较强的毒性，渗出后会引起人体严重的炎症反应。而硅橡胶、聚丙烯、聚四氟乙烯等高分子的毒性渗出物通常较少，植入人体后表现的炎症反应较轻。

如果渗出物的持续渗出时间较长，则可能发展成慢性炎症反应。如某些被人体分解吸收较慢的生物吸收性高分子材料容易引起慢性无菌性炎症。

(2) 高分子材料的生物降解对生物反应的影响 高分子材料生物降解对人体组织反应的影响取决于降解速度、产物的毒性、降解的持续期限等因素。降解速度慢而降解产物毒性小，一般不会引起明显的组织反应。但若降解速度快而降解产物毒性大，可能导致严重的急性或慢性炎症反应。如有报道采用聚酯材料作为人工喉管修补材料出现慢性炎症的情况。

(3) 材料物理形态等因素对组织反应的影响 高分子材料的物理形态如大小、形状、孔度、表面平滑度等因素也会影响组织反应。另外，试验动物的种属差异、材料植入生物体的位置等生物学因素以及植入技术等人为因素也是不容忽视的。

一般来说，植入体内材料的体积越大、表面越平滑，造成的组织反应越严重。植入材料与生物组织之间的相对运动，也会引发较严重的组织反应。曾对不同形状的材料植入小白鼠体内出现肿瘤的情况进行过统计，发现当植入材料为大体积薄片时，出现肿瘤的可能性比在薄片上穿大孔时高出一倍左右。而海绵状、纤维状和粉末状材料几乎不会引起肿瘤（见表6-2）。

表6-2 不同形状的材料对产生肿瘤的影响①（%）

材料	薄片	大孔薄片	海绵状	纤维状	粉末状
玻璃	33.3	18	0	0	0
赛璐珞	23	19	0	0	0
涤纶树脂	18	8	0	0	0
尼龙	42	7	1	0	0
聚四氟乙烯	20	5	0	0	0
聚苯乙烯	28	10	0	1	0
聚氨酯	33	11	1	1	0
聚氯乙烯	24	0	2	0	0
硅橡胶	41	16	0	0	0

① 试验周期为两年。

原因可能是由于材料的植入使周围的细胞代谢受到障碍，营养和氧的供应不充分以及长期受到异物刺激而使细胞异常分化、产生变异所致。而当植入材料为海绵状、纤维状和粉末状时，组织细胞可围绕材料生长，因此不会由于营养和氧的不足而变异，因此致癌危险性较小。

6.2.1.2 高分子材料在体内的表面钙化

观察发现，高分子材料在植入人体内后，再经过一段时间的试用后，会出现钙化合物在材料表面沉积的现象，即钙化现象。钙化现象往往是导致高分子材料在人体内应用失效的原因之一。试验结果证明，钙化现象不仅是胶原生物材料的特征，一些高分子水溶胶，如聚甲基丙烯酸羟乙酯在大鼠、仓鼠、荷兰猪的皮下也发现有钙化现象。用等离子体发射光谱法分析钙化沉积层的元素组成，发现钙化层中以钙、磷两种元素为主，钙磷比为1.61～1.69，平均值1.66，与羟基磷灰石中的钙磷比1.67几乎相同，此外还含有少量的锌和镁。这表明，钙化现象是高分子材料植入动物体内后，对肌体组织造成刺激，促使肌体的新陈代谢加速的结果。

影响高分子材料表面钙化的因素很多，包括生物因素（如物种、年龄、激素水平、血清磷酸盐水平、脂质、蛋白质吸附、局部血流动力学、凝血等）和材料因素（亲水性、疏水性、表面缺陷）等。一般而言，材料植入时，被植个体越年青，材料表面越可能发生钙化。多孔材料的钙化情况比无孔材料要严重。

6.2.1.3 高分子材料的致癌性

虽然目前尚无足够的证据说明高分子材料的植入会引起人体内的癌症。但是，许多试验动物研究表明，当高分子材料植入鼠体内时，只要植入的材料是固体材料，而且面积大于 $1cm^2$，无论材料的种类（高分子、金属或陶瓷）、形状（膜、片状或板状）以及材料本身是否具有化学致癌性，均有可能导致癌症的发生。这种现象称为固体致癌性或异物致癌性。

根据癌症的发生率和潜伏期，高分子材料对大鼠的致癌性可分为三类。

① 能释放出小分子致癌物的高分子材料，具有高发生率，潜伏期短的特征。

② 本身具有癌症原性的高分子材料，发生率较高，潜伏期不定；

③ 只是作为简单异物的高分子材料，发生率较低，潜伏期长。

显然只有第三类高分子材料才有可能进行临床应用。研究发现，异物致癌性与慢性炎症反应、纤维化特别是纤维包膜厚度密切相关。例如当在大鼠体内植入高分子材料后，如果前3～12个月内形成的纤维包膜厚度大于0.2mm，经过一定的潜伏期后通常会出现癌症。而低于此值，癌症很少发生。因此0.2mm可能是诱发鼠体癌症的临界纤维包膜厚度。

6.2.2 高分子材料的血液相容性

6.2.2.1 高分子材料的凝血作用

（1）血栓的形成　通常，当人体的表皮受到损伤时，流出的血液会自动凝固，称为血栓。实际上，血液在受到下列因素影响时，都可能发生血栓：①血管壁特性与状态发生变化；②血液的性质发生变化；③血液的流动状态发生变化。根据现代医学的观点，对血液的循环，人体内存在两个对立系统，即促使血小板生成和血液凝固的凝血系统和由肝素、抗凝血酶以及促使纤维蛋白凝胶降解的溶纤酶等组成的抗凝血系统。当材料植入体内与血液接触时，血液的流动状态和血管壁状态都将发生变化，凝血系统开始发挥作用，从而发生血栓。血栓的形成机理是十分复杂的。一般认为，异物与血液接触时，首先将吸附血浆内蛋白质，然后黏附血小板，继而血小板崩坏，放出血小板因子，在异物表面凝血，产生血栓。此外，红细胞黏附引起溶血；凝血致活酶的活化，也都是形成血栓的原因（见图6-2）。

（2）影响血小板在材料表面黏附的因素

① 血小板的黏附与材料表面能有关　实验发现，血小板难黏附于表面能较低的有机硅聚合物，而易黏附于尼龙、玻璃等高能表面上。此外，在聚甲基丙烯酸-*β*-羟乙酯、接枝聚乙烯醇、主链和侧链中含有聚乙二醇结构的亲水性材料表面上，血小板的黏附量都比较少。这可能是由于容易被水介质润湿而具有较小的表面能。因此，有理由认为，低表面能材料具有较好的抗血栓性。也有观点认为，血小板的黏附与两相界面自由能有更为直接的关系。界面自由能越小，材料表面越不活泼，则与血液接触时，与血液中各成分的相互作用力也越小，故造成血栓的可能性就较小。大量实验事实表明，除聚四氟乙烯外，临界表面张力小的材料，血小板都不易黏附（见表6-3）。

② 血小板的黏附与材料的含水率有关　有些高分子材料与水接触后能形成高含水状态（20%～90%）的水胶。在水凝胶中，由于含水量增加而使高分子的实质部分减少，因此，植入人体后，与血液的接触机会也减少，相应的血小板黏附数减少。实验表明，丙烯酰胺、

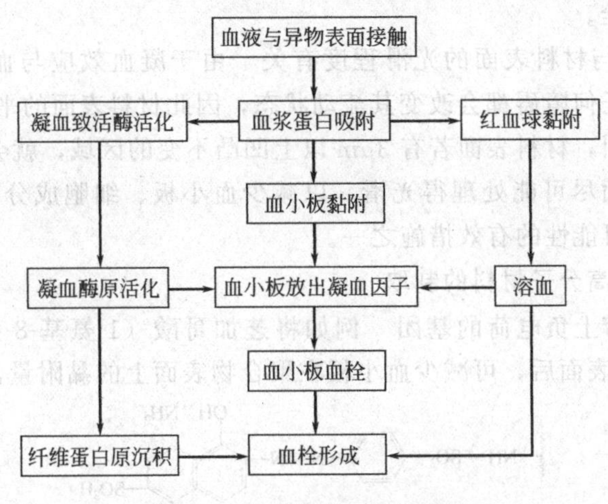

图 6-2 血栓形成过程示意图

甲基丙烯酸-β-羟乙酯和带有聚乙二醇侧基的甲基丙烯酸酯与其他单体共聚或接枝共聚的水凝胶，都具有较好的抗血栓性。一般认为，水凝胶与血液的相容性，与其交联密度、亲水性基团数量等因素有关。含亲水基团太多的聚合物，往往抗血栓性反而不好。因为水凝胶表面不仅对血小板黏附能力小，而且对蛋白质和其他细胞的吸附能力均较弱。在流动的血液中，聚合物的亲水基团会不断地由于被吸附的成分被“冲走”而重新暴露出来，形成永不惰化的活性表面，使血液中血小板不断受到损坏。研究认为，抗血栓性较好的水凝胶，其含水率应维持在 65%～75%。

表 6-3 材料表面张力与血小板黏附量的关系

材料	临界表面张力/Pa	血小板黏附量/%	
		①	②
尼龙-66	11.6	56	37
聚四氟乙烯	2.9	30	5.4
聚二甲基硅氧烷	2.2	7.3	4.5
聚氨酯	2.0	1.8	0.2

① 人血浸渍 3min。

② 狗血循环 1min。

③ 血小板的黏附与材料表面疏水-亲水平衡有关 综合上述讨论不难看出，无论是疏水性聚合物还是亲水性聚合物，都可在一定程度上具有抗血栓性。进一步的研究表明，材料的抗血栓性，并不简单决定于其是疏水性的还是亲水性的，而是决定于它们的平衡值。一个亲水-疏水性调节得较合适的聚合物，往往有足够的吸附力吸附蛋白质，形成一层惰性层，从而减少血小板在其上层的黏附。例如，甲基丙烯酸-β-羟乙酯/甲基丙烯酸乙酯共聚物比单纯的聚甲基丙烯酸-β-羟乙酯对血液的破坏性要小；甲基丙烯酸乙酯/甲基丙烯酸共聚物也比单纯的聚甲基丙烯酸对血液的破坏性要小。用作人工心脏材料的聚醚型聚氨酯，具有微相分离的结构，也是为达到这一目的而设计的。

④ 血小板的黏附与材料表面的电荷性质有关 人体中正常血管的内壁是带负电荷的，而血小板、血球等的表面也是带负电荷的，由于同性相斥的原因，血液在血管中不会凝固。因此，对带适当负电荷的材料表面，血小板难于黏附，有利于材料的抗血栓性。但也有实验事实表明，血小板中的凝血因子在负电荷表面容易活化。因此，若电荷密度太大，容易损伤

血小板，反而造成血栓。

⑤ 血小板的黏附与材料表面的光滑程度有关 由于凝血效应与血液的流动状态有关，血液流经的表面上有任何障碍都会改变其流动状态，因此材料表面的平整度将严重影响材料的抗血栓性。研究表明，材料表面若有 3μm 以上凹凸不变的区域，就会在该区域形成血栓。由此可见，将材料表面尽可能处理得光滑，以减少血小板、细胞成分在表面上的黏附和聚集，是减少血栓形成可能性的有效措施之一。

6.2.2.2 血液相容性高分子材料的制取

（1）使材料表面带上负电荷的基团 例如将芝加哥酸（1-氨基-8-萘酚-2，4-二磺酸萘）（见下式）引入聚合物表面后，可减少血小板在聚合物表面上的黏附量，抗凝血性提高。

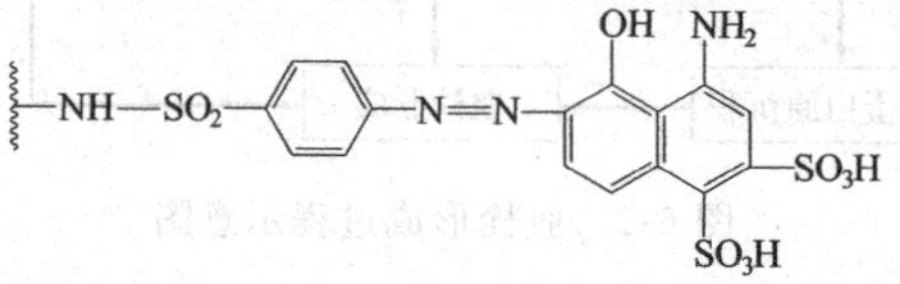

（2）高分子材料的表面接枝改性 采用化学法（如偶联法、臭氧化法等）和物理法（等离子体法、高能辐射法、紫外光法等）将具有抗凝血性的天然和化学合成的化合物，如肝素、聚氧化乙烯接枝到高分子材料表面上。研究表明，血小板不能黏附于用聚氧化乙烯处理过的玻璃上。添加聚氧化乙烯（分子量为6000）于凝血酶溶液中，可防止凝血酶对玻璃的吸附。因此，在血液相容性高分子材料的研究中，聚氧化乙烯是十分重要的抗凝血材料。

通过接枝改性调节高分子材料表面分子结构中的亲水基团与疏水基团的比例，使其达到一个最佳值，也是改善材料血液相容性的有效方法。

（3）制备具有微相分离结构的材料 研究发现，具有微相分离结构的高分子材料对血液相容性有十分重要的作用，而它们基本上是嵌段共聚物和接枝共聚物。其中研究得较多的是聚氨酯嵌段共聚物，即由软段和硬段组成的多嵌段共聚物，其中软段一般为聚醚、聚丁二烯、聚二甲基硅氧烷等，形成连续相；硬段包含脲基和氨基甲酸酯基，形成分散相。在这类嵌段共聚物血液相容性的研究中发现，软段聚醚对材料的抗凝血性的贡献较大，而其分子量对血液相容性和血浆蛋白质的吸附均有显著影响。同样，具有微相分离结构的接枝共聚物、亲水/疏水型嵌段共聚物等都有一定的抗凝血性。

（4）高分子材料的肝素化 肝素是一种硫酸多糖类物质（见下式），是最早被认识的天然抗凝血产物之一。

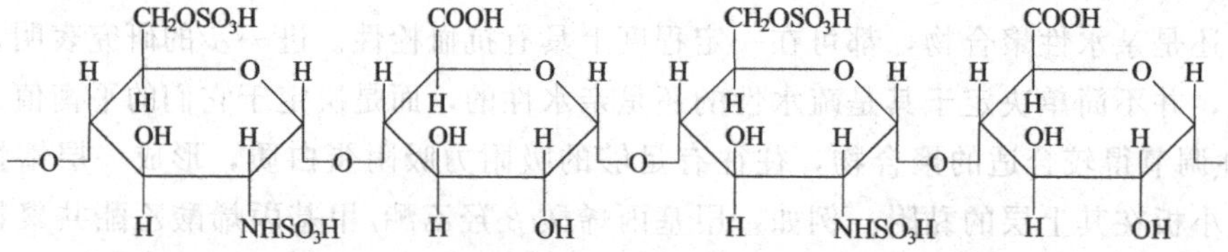

肝素的作用机理是催化和增强抗凝血酶与凝血酶的结合而防止凝血。将肝素通过接枝方法固定在高分子材料表面上以提高其抗凝血性，是使材料的抗凝血性改变的重要途径。在高分子材料结构中引入肝素后，在使用过程中，肝素慢慢地释放，能明显提高抗血栓性。

（5）材料表面伪内膜化 人们发现，大部分高分子材料的表面容易沉淀血纤蛋白而凝血。如果有意将某些高分子的表面制成纤维林立状态，当血液流过这种粗糙的表面时，迅速形成稳定的凝固血栓膜，但不扩展成血栓，然后诱导出血管内皮细胞。这样就相当于在材料表面上覆盖了一层光滑的生物层——伪内膜。这种伪内膜与人体心脏和血管一样，具有光滑的表面，从而达到永久性的抗血栓。

6.3 生物吸收性高分子材料

许多高分子材料植入人体内后只是起到暂时替代作用，例如高分子手术缝合线用于缝合体内组织时，当肌体组织痊愈后，缝合线的作用即告结束，这时希望用作缝合线的高分子材料能尽快地分解并被人体吸收，以最大限度地减少高分子材料对肌体的长期影响。由于生物吸收性材料容易在生物体内分解，参与代谢，并最终排出体外，对人体无害，因而越来越受到人们的重视。

6.3.1 生物吸收性高分子材料的设计原理

生物高分子材料的设计和选择要遵循两个原则，即生物安全性原则和生物功能性原则。生物安全性原则，即消除生物材料对人体器官的破坏性，比如细胞毒性和致癌性。生物学评价：生物材料对于宿主是异物。在体内必定会产生某种应答或出现排异现象。生物材料如果要成功，至少要使发生的反应被宿主接受，不产生有害作用。因此要对生物材料进行生物安全性评价，即生物学评价。生物功能性原则，即在生物材料特殊应用中“能够激发宿主恰当地应答”的能力。不仅要对生物材料的毒副作用要进行评价，还要进一步评价生物材料对生物功能的影响。

6.3.1.1 生物降解性和生物吸收性

生物吸收性高分子材料在体液的作用下完成两个步骤，即降解和吸收。前者往往涉及高分子主链的断裂，使分子量降低。作为医用高分子要求降解产物（单体、低聚体或碎片）无毒，并且对人体无副作用。高分子材料在体内最常见的降解反应为水解反应，包括酶催化水解和非酶催化水解。能够通过酶专一性反应降解的高分子称为酶催化降解高分子；而通过与水或体液接触发生水解的高分子称为非酶催化降解高分子。

从严格意义上讲，只有酶催化降解才称得上生物降解，但在实际应用中将这两种降解统称为生物降解。

吸收过程是生物体为了摄取营养或通过肾脏、汗腺或消化道排泄废物所进行的正常生理过程。高分子材料一旦在体内降解以后，即进入生物体的代谢循环。这就要求生物吸收性高分子应当是正常代谢物或其衍生物通过可水解键连接起来的。在一般情况下，由C—C键形成的聚烯烃材料在体内难以降解。只有某些具有特殊结构的高分子材料才能够被某些酶所降解。

6.3.1.2 生物吸收性高分子材料的分解吸收速度

用于人体组织治疗的生物吸收性高分子材料，其分解和吸收速度必须与组织愈合速度同步。人体中不同组织不同器官的愈合速度是不同的，例如表皮愈合一般需要3～10天，膜组织的痊愈要需15～30天，内脏器官的恢复需要1～2个月，而硬组织如骨骼的痊愈则需要2～3个月。因此，对植入人体内的生物吸收性高分子材料在组织或器官完全愈合之前，必须保持适当的机械性能和功能。而在肌体组织痊愈之后，植入的高分子材料应尽快降解并被吸收，以减少材料长期存在所产生的副作用。影响生物吸收性高分子材料吸收速度的因素有高分子主链和侧链的化学结构、分子量、凝聚态结构、疏水/亲水平衡、结晶度、表面积、物理形状等。其中主链结构和聚集态结构对降解吸收速度的影响较大。

酶催化降解和非酶催化降解的结构-降解速度关系不同。对非酶催化降解高分子而言，降解速度主要由主链结构（键型）决定。主链上含有易水解基团如酸酐、酯基、碳酸酯的高分子，通常有较快的降解速度。对于酶催化降解高分子，如聚酰胺、聚酯、糖苷等，降解速度主要与酶和待裂解键的亲和性有关。酶与待裂解键的亲和性越好，则降解越容易发生，而与化学键类型关系不大。此外，由于低分子量聚合物的溶解或溶胀性能优于高分子量聚合物，因此对于同种高分子材料，分子量越大，降解速度越慢。亲水性强的高分子能够吸收水、催化剂或酶，一般有较快的降解速度。含有羟基、羧基的生物吸收性高分子，不仅因为其有较强的亲水性，而且由于其本身的自催化作用，所以比较容易降解。相反，在主链或侧链含有疏水长链烷基或芳基的高分子，降解性能往往较差。在固态下高分子链的聚集态可分为结晶态、玻璃态、橡胶态。如果高分子材料的化学结构相同，那么不同聚集态的降解速度有如下顺序：

橡胶态＞玻璃态＞结晶态

显然，聚集态结构越有序，分子链之间排列越紧密，降解速度越低。

6.3.2 生物吸收性天然高分子材料

已经在临床医学获得应用的生物吸收性天然高分子材料包括蛋白质和多糖两类生物高分子。这些生物高分子主要在酶的作用下降解，生成的降解产物如氨基酸、糖等化合物，可参与体内代谢，并作为营养物质被肌体吸收。因此这类材料应当是最理想的生物吸收性高分子材料。白蛋白、葡聚糖和羟乙基淀粉在水中是可溶的，临床用作血容量扩充剂或人工血浆的增稠剂。胶原、壳聚糖等在生理条件下是不溶性的，因此可作为植入材料在临床应用。下面对一些重要的生物吸收性天然高分子材料作简单介绍。

6.3.2.1 胶原

胶原蛋白（也称胶原）是细胞外基质的一种结构蛋白质。已至少发现了 30 余种胶原蛋白链的编码基因，可以形成 16 种以上的胶原蛋白，其种类及其在组织中的分布如表6-4所示。

其中Ⅰ～Ⅲ、Ⅴ和Ⅺ型胶原为成纤维胶原。Ⅰ型胶原在动物体内含量最多，已被广泛应用于生物医用材料和生化试剂，牛和猪的肌腱、生皮、骨骼是生产胶原的主要原料。各种物种和肌体组织制备的胶原差异很小，最基本的胶原结构为由三条分子量大约为 1×10^5 的肽链组成的三股螺旋绳状结构，直径为 1～1.5nm，长约 300nm，每条肽链都具有左手螺旋二级结构。

胶原分子的两端存在两个小的短链肽，称为端肽，不参与三股螺旋绳状结构。研究证明，端肽是免疫原性识别点，可通过酶解将其除去。除去端肽的胶原称为不全胶原，可用作生物医学材料。胶原可以用于制造止血海绵、创伤辅料、人工皮肤、手术缝合线、组织工程基质等。胶原在应用时必须交联，以控制其物理性质和生物可吸收性。戊二醛和环氧化合物是常用的交联剂。残留的戊二醛会引起生理毒性反应，因此必须注意使交联反应完全。胶原交联以后，酶降解速度显著下降。

表6-4 胶原蛋白种类及其在组织中的分布

胶原类型	三股肽链组成	组织分布	其他主要特征
Ⅰ	$[\alpha_1(\mathrm{I})]_2\alpha_2(\mathrm{I})$	真皮、腱、骨、牙	是复杂机体中量最大的结构蛋白两种α链均不含半胱氨酸，侧链含糖量约1%
	$[\alpha_1(\mathrm{I})]_3$	胎儿、发炎及肿瘤组织	
Ⅱ	$[\alpha_1(\mathrm{II})]_3$	透明软骨、玻璃体、胚胎角膜、神经视网膜	羟赖氨酸的羟基几乎全和糖结合，含糖量约10%，通常为直径较小的带状纤维
Ⅲ	$[\alpha_1(\mathrm{III})]_3$	胚胎真皮、心血管、胃肠道、真皮、网状纤维	侧链含糖量少，含半胱氨酸及—S—S—交联，组氨酸亦多，活体呈强嗜银性
Ⅳ	$[\alpha_1(\mathrm{IV})]_3$	基膜极板、晶状体囊、血管球基膜	羟赖氨酸特多，含糖量高，羟脯氨酸的羟基除4位者外还有3位的
	$[\alpha_1(\mathrm{IV})]_2\alpha_2(\mathrm{IV})$		
	$[\alpha_2(\mathrm{IV})]_3$		
Ⅴ	$\alpha_1(\mathrm{V})[\alpha_2(\mathrm{IV})]_2$	胚胎绒毛膜、羊膜、肌、鞘、神经膜细胞	富含羟赖氨酸，又称V122
	$[\alpha_1(\mathrm{V})]_2\alpha_2(\mathrm{V})$	人烧伤后的颗粒组织	
	$\alpha_1(\mathrm{V})\alpha_2(\mathrm{V})\alpha_3(\mathrm{V})$	培养肺泡上皮细胞分泌	又称V123
Ⅵ	$\alpha_1(\mathrm{VI})\alpha_2(\mathrm{VI})\alpha_3(\mathrm{VI})$	人胎盘组织	又称内膜胶原
Ⅶ	$[\alpha_1(\mathrm{VII})]_3$	人胚胎绒毛膜和羊膜、复层扁平上皮基膜和锚原纤维	又称长链胶原或LC胶原。含3条相同α链，约90%的氨基酸成分呈三股螺旋
Ⅷ	$[\alpha_1(\mathrm{VIII})]_3$		短链胶原与内皮细胞层相连
Ⅸ	$\alpha_1(\mathrm{IX})\alpha_2(\mathrm{IX})\alpha_3(\mathrm{IX})$	鸡透明软骨、胚胎鸡角膜	沿软骨胶原原纤维表面分布，短臂插入间质中
Ⅹ	$[\alpha_1(\mathrm{X})]_3$	软骨内成骨的软骨	是已经肥大的软骨细胞的特殊产物
Ⅺ	$\alpha_1(\mathrm{XI})\alpha_2(\mathrm{XI})\alpha_3(\mathrm{XI})$	透明软骨	量小，起调节胶原纤维直径的作用
Ⅻ	$[\alpha_1(\mathrm{XII})]_3$		阻隔式的三股螺旋结构，与Ⅰ型胶原连接
XIII	$[\alpha_1(\mathrm{XIII})]_3$	量小分布广	因被切割的方式不同，形成多种形式
XIV	$[\alpha_1(\mathrm{XIV})]_3$	与纤丝相连的胶原	阻隔式的三股螺旋结构
XV	$[\alpha_1(\mathrm{XV})]_3$	在成纤维细胞和平滑肌细胞的表达	呈多处阻隔式的三股螺旋结构
XVI	$[\alpha_1(\mathrm{XVI})]_3$	滑肌细胞的表达	
XVII	$[\alpha_1(\mathrm{XVII})]_3$	抗原、在真皮与表皮连接处表达	
XVIII	$[\alpha_1(\mathrm{XVIII})]_3$	在高度血管化的组织中表达	
XIX	$[\alpha_1(\mathrm{XIX})]_3$	人横纹肌肉瘤细胞	
XX	$[\alpha_1(\mathrm{XX})]_3$	肌腱、胚胎及胸软骨	
XXI	$[\alpha_1(\mathrm{XXI})]_3$	血管壁细胞	
小胶原	$\alpha_1\alpha_2\alpha_3$	人软骨、鸡软骨	分子量小

6.3.2.2 明胶

明胶是经高温加热变性的胶原，通常由动物的骨骼或皮肤经过蒸煮、过滤、蒸发干燥后获得。明胶在冷水中溶胀而不溶解，但可溶于热水中形成黏稠溶液，冷却后冻成凝胶状态。纯化的医用级明胶比胶原成本低，在机械强度要求较低时可以替代胶原用于生物医学领域。明胶可以制成多种医用制品，如膜、管等。由于明胶溶于热水，在60～80℃水浴中可以制备浓度为5%～20%的溶液，如果要得到25%～35%的浓溶液，则需要加热至90～100℃。为了使制品具有适当的机械性能，可加入甘油或山梨糖醇作为增塑剂。用戊二醛和环氧化合物作交联剂可以延长降解吸收时间。

6.3.2.3 纤维蛋白

纤维蛋白是纤维蛋白原的聚合产物。纤维蛋白原是一种血浆蛋白质，存在于动物体的血液中。人和牛的纤维蛋白原分子量在330000～340000之间，二者之间的氨基酸组成差别很小。纤维蛋白原由三对肽链构成，每条肽链的分子量在47000～63500之间。除了氨基酸之外，纤维蛋白原还含有糖基。纤维蛋白原在人体内的主要功能是参与凝血过程。纤维蛋白具有良好的生物相容性，具有止血、促进组织愈合等功能，在医学领域有着重要用途。

纤维蛋白的降解包括酶降解和细胞吞噬两种过程，降解产物可以被肌体完全吸收。降解速度随产品不同从几天到几个月不等。通过交联和改变其聚集状态是控制其降解速度的重要手段。目前，人的纤维蛋白或经热处理后的牛纤维蛋白已用于临床。纤维蛋白粉可用作止血粉、创伤辅料、骨填充剂（修补因疾病或手术造成的骨缺损）等。纤维蛋白飞沫由于比表面大，适于用作止血材料和手术填充材料。纤维蛋白膜在外科手术中用作硬脑膜置换、神经套管等。

6.3.2.4 甲壳素与壳聚糖

甲壳素是由*β*-(1，4)-2-乙酰氨基-2-脱氧-D-葡萄糖(*N*-乙酰-D-葡萄糖胺)组成的线形多糖。昆虫壳皮、虾蟹壳中均含有丰富的甲壳素。壳聚糖为甲壳素的脱乙酰衍生物，由甲壳素在40%～50%浓度的氢氧化钠水溶液中110～120℃下水解2～4h得到。甲壳素在甲磺酸、甲酸、六氟丙醇、六氟丙酮以及含有5%氯化锂的二甲基乙酰胺中是可溶的，壳聚糖能在有机酸如甲酸和乙酸的稀溶液中溶解。从溶解的甲壳素或壳聚糖，可以制备膜、纤维和凝胶等各种生物制品。甲壳素能为肌体组织中的溶菌酶所分解，已用于制造吸收型手术缝合线。其抗拉强度优于其他类型的手术缝合线。在兔体内试验观察，甲壳素手术缝合线4个月可以完全吸收。甲壳素还具有促进伤口愈合的功能，可用作伤口包扎材料。当甲壳素膜用于覆盖外伤或新鲜烧伤的皮肤创伤面时，具有减轻疼痛和促进表皮形成的作用，因此是一种良好的人造皮肤材料。

6.3.3 生物吸收性合成高分子材料

虽然生物吸收性天然高分子材料具有良好的生物相容性和生物活性，但毕竟来源有限，远远不能适应快速发展的现代医疗事业的需求。因此，人工合成的生物吸收性高分子材料有了快速发展的时间和空间。

生物吸收合成高分子材料多数属于能够在温和生理条件下发生水解的生物吸收性高分子，降解过程一般不需要酶的参与。

6.3.3.1 聚*α*-羟基酸酯及其改性产物

聚酯主链上的酯键在酸性或者碱性条件下均容易水解，产物为相应的单体或短链段，可参与生物组织的代谢。聚酯的降解速度可通过聚合单体的选择调节。例如随着单体中碳/氧比增加，聚酯的疏水性增大，酯键的水解性降低。脂肪族聚酯有通过混缩聚和均缩聚制备的两类产品。在混缩聚聚酯中，由含4～6个碳原子的单体合成的聚酯在生物体系环境中可以水解。例如由己二酸和乙二醇缩聚制备的聚己二酸乙二醇酯，当其分子量小于20000时，有可能发生酶催化水解。但若分子量大于20000，则酶催化水解较困难，水解速度变得非常缓慢。此外，混缩聚聚酯的内聚能较低，结晶性差，难以制备高强度材料。由2～5个碳原子的ω-羟基酸聚合得到的均缩聚聚酯能够以较快的速度水解，与人体组织的愈合速度相近。同时，这些聚酯结晶性高，具有较高的强度和模量，因此，适合于加工成不同的形状，以满足不同的医用目的。

单组分聚酯中最典型的代表是聚α-羟基酸及其衍生物。乙醇酸和乳酸是典型的α-羟基酸，其缩聚产物即为聚α-羟基酸酯，即聚乙醇酸（PGA）和聚乳酸（PLA）。乳酸中的α-碳是不对称的，因此有D-乳酸和L-乳酸两种光学异构体。由单纯的D-乳酸或L-乳酸制备的聚乳酸是光学活性的，分别称为聚D-乳酸（PDLA）和聚L-乳酸（PLLA）。

$$\left[\overset{\overset{\displaystyle O}{\|}}{C} - CH_2 - O \right]_n \qquad \left[\overset{\overset{\displaystyle O}{\|}}{C} - \underset{}{\overset{\overset{\displaystyle CH_3}{|}}{CH}} - O \right]_n$$

聚乙醇酸　　　　聚乳酸

由两种异构体乳酸的混合物消旋乳酸制备的聚乳酸称为聚DL-乳酸（PLA），无光学活性。PDLA和PLLA的物理化学性质基本上相同，而PLA的性质与两种光学活性聚乳酸有很大差别。

在自然界存在的乳酸都是L乳酸，故用其制备的PLLA的生物相容性最好。聚α-羟基酸酯可通过如下两种直接方法合成。①羟基酸在脱水剂（如氧化锌）的存在下热缩合；②卤代酸脱卤化氢而聚合。但是用这些方法合成的聚α-羟基酸酯的分子量往往只有几千，很难超过20000。而通常只有分子量大于25000的聚α-羟基酸酯才具有较好的机械性能。因此，直接聚合得到的聚α-羟基酸酯一般只能用于药物释放体系，而不能用于制备手术缝合线、骨夹板等需要较高机械性能的产品。

为了制备高分子量的聚α-羟基酸酯，目前采用环状内酯开环反应的技术路线。根据聚合机理，环状内酯的开环聚合有三种类型，即阴离子开环聚合、阳离子开环聚合和配位开环聚合。

目前，商品聚α-羟基酸酯一般采用阳离子开环聚合制备。由于医用高分子材料对生物毒性要求十分严格，因此要求催化剂是非毒性的。目前最常用的催化剂是二辛酸锡，其安全性是可靠的。由乙交酯或丙交酯开环聚合得到的聚酯PGA或PLA的反应式如下式所示。

$$\text{乙交酯(R=H) / 丙交酯(R=CH}_3\text{)} \xrightarrow{\text{催化剂}} \left[O\underset{\underset{\displaystyle R}{|}}{CH}CO \right]_n \ \text{PGA(R=H) / PLA(R=CH}_3\text{)}$$

乙交酯(R=H)
丙交酯(R=CH_3)

PGA(R=H)
PLA(R=CH_3)

由乙交酯或丙交酯开环聚合得到的PGA或PLA也称为聚乙交酯或聚丙交酯。PGA在室温下为结晶态，PLA在室温下为无定形体。当其组成（摩尔比）在25：75～75：25之间时，由两种交酯共聚得到的共聚产物为无定形玻璃态高分子，性能接近于PLA，玻璃转化温度在50～60℃。组成为90：10的聚乙丙交酯的性质接近于PGA，但柔顺性改善，可作为生物吸收材料在临床上应用。表6-5为PGA、PLA及其共聚物的物理性质。由表中可见，这些聚合物的熔点（T_m）和热分解(T_d)都非常相近，因此必须严格控制加工温度。

PGA和PLLA结晶性很高，其纤维的强度和模量几乎可以和芳香族聚酰胺液晶纤维

（如 Kevlar）及超高分子量聚乙烯纤维（如 Dynema）媲美。PLA 基本上不结晶，低聚合度时在室温下是黏稠液体，基本上没有应用价值。但目前已经能够合成出平均分子量接近 100 万的 PLA，为 PLA 用于制备高强度植入体（例如骨夹板、体内手术缝合线等）奠定了基础。PGA、PLA 及其共聚物的物理性质如表 6-5 所列。

表 6-5　PGA、PLA 及其共聚物的物理性质

名称	结晶度	T_m/℃	T_g/℃	T_{de}/℃	拉伸强度/MPa	模量/GPa	伸长率/%
PGA	高	230	36	260	890	8.4	30
PLA	不结晶		57				
PLLA	高	170	56	240	900	8.5	25
P-910	高	200	40	250	850	8.6	24

通过改变其结晶度和亲水性可改变或控制聚 α-羟基酸酯的降解性和生物吸收性。例如将丙交酯与己内酯共聚，得到的共聚物比 PLLA 具有更好的柔顺性。将乙交酯与 1,4-二氧环庚-2-酮共聚，产物的抗辐射能力增强，容易进行辐射消毒。如果将乙交酯与 1,3-二氧环己-2-酮共聚，则可得到柔顺性较好的聚（乙交酯-碳酸酯），用于制造单纤维手术缝合线。

6.3.3.2　聚酯醚及其相似聚合物

PGA 和 PLLA 为高结晶性高分子，质地较脆而柔顺性不够。因此人们设计开发了一类具有较好柔顺性生物吸收性高分子——聚醚酯，以弥补 PGA 和 PLLA 的不足。聚醚酯可通过含醚键的内酯为单体通过开环聚合得到。如由二氧六环开环聚合制备的聚二氧六环可用作单纤维手术缝合线。将乙交酯或丙交酯与聚醚二醇共聚，可得到聚醚聚酯嵌段共聚物。例如由乙交酯或丙交酯与聚乙二醇或聚丙二醇共聚，可得到聚乙醇酸-聚醚嵌段共聚物和聚乳酸-聚醚嵌段共聚物。在这些共聚物中，硬段和软段是相分离的，结果其机械性能和亲水性均得以改善。据报道，由 PGA 和聚乙二醇组成的低聚物可用作骨形成基体。

6.3.3.3　其他生物吸收性合成高分子

除了上述 α-羟基酸酯类的高分子材料外，对其他类型的生物吸收高分子材料也进行了研究。将吗啉-2，5-二酮衍生物进行开环聚合，可得到聚酰胺酯。由于酰胺键的存在，这些聚合物具有一定的免疫原性。而且它们能够通过酶和非酶催化降解，有可能在医学领域得到应用。聚酸酐、聚磷酸酯和脂肪族聚碳酸酯等高分子也有大量的研究报道，主要尝试用于药物释放体系的载体。由于这些聚合物目前尚难以得到高分子量的产物，机械性能较差，故还不适于在医学领域作为植入体使用。

聚 α-氰基丙烯酸酯也是一种生物可降解的高分子，该聚合物已作为医用黏合剂用于外科手术中。

6.4　高分子材料在医学领域的应用

6.4.1　高分子人工脏器及部件的应用现状

高分子材料作为人工脏器、人工血管、人工骨骼、人工关节等的医用材料，正在越来越广泛地得到运用。人工脏器的应用正从大型向小型化发展，从体外使用向内植型发展，从单一功能向综合功能型发展。为了满足材料的医用功能性、生物相容性和血液相容性的严峻要求，医用高分子材料也由通用型逐步向专用型发展，并研究出许多有生物活性的高分子材料，例如将生物酶和生物细胞等固定在高分子材料分子中，以克服高分子材料与生物肌体相容性差的缺点。开发混合型人工脏器的工作也正在取得可喜的成绩。表 6-6 列举了在制作人工脏器所涉及的高分子材料。根据人工脏器和部件的作用及目前研究进展，可将它们分成五大类。

表6-6 用于人工脏器的部分高分子材料

人工脏器	高分子材料
心脏	嵌段聚醚氨酯弹性体、硅橡胶
肾脏	铜氨法再生纤维素，醋酸纤维素，聚甲基丙烯酸甲酯，聚丙烯腈，聚砜，乙烯-乙烯醇共聚物(EVA)，聚氨酯，聚丙烯，聚碳酸酯，聚甲基丙烯酸-β-羟乙酯
肝脏	赛璐玢(cellophane)，聚甲基丙烯酸-β-羟乙酯
胰脏	共聚丙烯酸酯中空纤维
肺	硅橡胶，聚丙烯中空纤维，聚烷砜
关节、骨	超高分子量聚乙烯，高密度聚乙烯，聚甲基丙烯酸甲酯，尼龙，聚酯
皮肤	硝基纤维素，聚硅酮-尼龙复合物，聚酯，甲壳素
角膜	聚甲基丙烯酸甲酯，聚甲基丙烯酸-β-羟乙酯，硅橡胶
玻璃体	硅油，聚甲基丙烯酸-β-羟乙酯
鼻、耳	硅橡胶，聚乙烯
乳房	聚硅酮
血管	聚酯纤维，聚四氟乙烯，嵌段聚醚氨酯
人工红细胞	全氟烃
人工血浆	羟乙基淀粉，聚乙烯基吡咯烷酮
胆管	硅橡胶
鼓膜	硅橡胶
食道	聚硅酮
喉头	聚四氟乙烯，聚硅酮，聚乙烯
气管	聚乙烯，聚四氟乙烯，聚硅酮，聚酯纤维
腹膜	聚硅酮，聚乙烯，聚酯纤维
尿道	硅橡胶，聚酯纤维

第一类：能永久性地植入人体，完全替代原来脏器或部位的功能，成为人体组织的一部分。属于这一类的有人工血管、人工心脏瓣膜、人工食道、人工气管、人工胆道、人工尿道、人工骨骼、人工关节等。

第二类：在体外使用的较为大型的人工脏器装置、主要作用是在手术过程中暂时替代原有器官的功能。例如人工肾脏、人工心脏、人工肺等。这类装置的发展方向是小型化和内植化，最终能植入体内完全替代原有脏器的功能。据报道，能够内植的人工心脏已获得相当年份的考验，在不远的将来可正式投入临床应用。

第三类：功能比较单一，只能部分替代人体脏器的功能，例如人工肝脏等。这类人工脏器的研究方向是多功能化，使其能完全替代人体原有的较为复杂的脏器功能。

第四类：正在进行探索的人工脏器。这是指那些功能特别复杂的脏器，如人工胃、人工子宫等。这类人工脏器的研究成功，将使现代医学水平有一重大飞跃。

第五类：整容性修复材料，如人工耳朵、人工鼻子、人工乳房、假肢等。这些部件一般不具备特殊的生理功能，但能修复人体的残缺部分，使患者重新获得端正的仪表。从社会学和心理学的角度来看，也是具有重大意义的。

要制成一个完整的人工脏器，必须有能源、传动装置、自动控制系统及辅助装置或多方面的配合。然而，不言而喻，其中高分子材料乃是目前制造人工脏器的关键材料。

6.4.2 医用高分子材料的应用

6.4.2.1 血液相容性材料与人工心脏

许多医用高分子在应用中需长期与肌体接触，必须有良好的生物相容性，其中血液相容性是最重要的性能。人工心脏、人工肾脏、人工肝脏、人工血管等脏器和部件长期与血液接触，因此要求材料必须具有优良的抗血栓性能。近年来，在对高分子材料抗血栓性研究中，发现具有微相分离结构的聚合物往往具有优良的血液相容性，因而引起人们极大的兴趣。例如在聚苯乙烯、聚甲基丙烯酸甲酯的结构中接枝上亲水性的甲基丙烯酸-β-羟乙酯，当接枝共聚物的微区尺寸在20～30nm范围内时，就有优良的抗血栓性。在微相分离高分子材料中，国内外研究得最活跃的是聚醚型聚氨酯，或称聚醚氨酯。聚醚氨酯是一类线形多嵌段共聚物，宏观上表现为热塑性弹性体，具有优良的生物相容性和力学性能，因而引起人们广泛的重视。作为医用高分子材料的嵌段聚醚氨酯（segmented polyether urethane，SPEU）的一般结构式如下：

$$\left[\overset{\overset{O}{\|}}{C}-NH-R\left[NH-\overset{\overset{O}{\|}}{C}-O\left(R'-O\right)_x\overset{\overset{O}{\|}}{C}-NH-R\right]_y NH-\overset{\overset{O}{\|}}{C}-NH-R''-NH\right]_n$$

$$\left[\overset{\overset{O}{\|}}{C}-NH-R\left[NH-\overset{\overset{O}{\|}}{C}-O\left(R'-O\right)_x\overset{\overset{O}{\|}}{C}-NH-R\right]_y NH-\overset{\overset{O}{\|}}{C}-O-R''-O\right]_n$$

美国Ethicon公司推荐的四种医用聚醚氨酯：Biomer，Pellethane，Tecoflex和Cardiothane基本上都属于这一类聚合物。这类聚合物的共同特点是分子结构都是由软链段和硬链段两部分组成的，分子间有较强的氢键和范德华力。聚醚软段聚集形成连续相，而由聚氨酯和聚脲组成的硬链段聚集而成的分散相微区则分散在连续相中，因此具有足够的强度和理想的弹性。同时分子链中的聚醚链段和聚氨酯、聚脲链段分别提供了材料的水、疏水平衡。研究表明，嵌段聚醚氨酯与血小板、细胞的相互作用，与聚醚软段的分子量、微相分离的程度、微区的大小、表面化学组成、表面结构等因素密切相关。从图6-3可以看出，由醇链段制备的聚醚氨酯抗血栓性较好。

聚离子络合物（polyion complex）是另一类具有抗血栓性的高分子材料。它们是由带有相反电荷的两种水溶性聚电解质制成的。例如美国Amicon公司研制的离子型水凝胶Ioplex 101是由聚乙烯基苄基三甲基铵氯化物与聚苯乙烯磺酸钠通过离子键结合得到的。这种聚合物水凝胶的含水量与正常血管相似，并可调节这两种聚电解质的比例，制得中性的、阳离子型的或阴离子型的产品。其中负离子型的材料可以排斥带负电荷的血小板，更有利于抗凝血。类似的产品还有聚对乙基苯乙烯三乙基铵溴化物与聚苯乙烯硝酸钠制得的产物，也是一种优良的人工心脏、人工血管的制作材料。

6.4.2.2 人造皮肤材料

治疗大面积皮肤创伤的病人，需要将病人的正常皮肤移植在创伤部位上。但在移植之前，创伤面需要清洗，被移植皮肤需要养护，因此需要一定时间。在这段时间内，许多病人

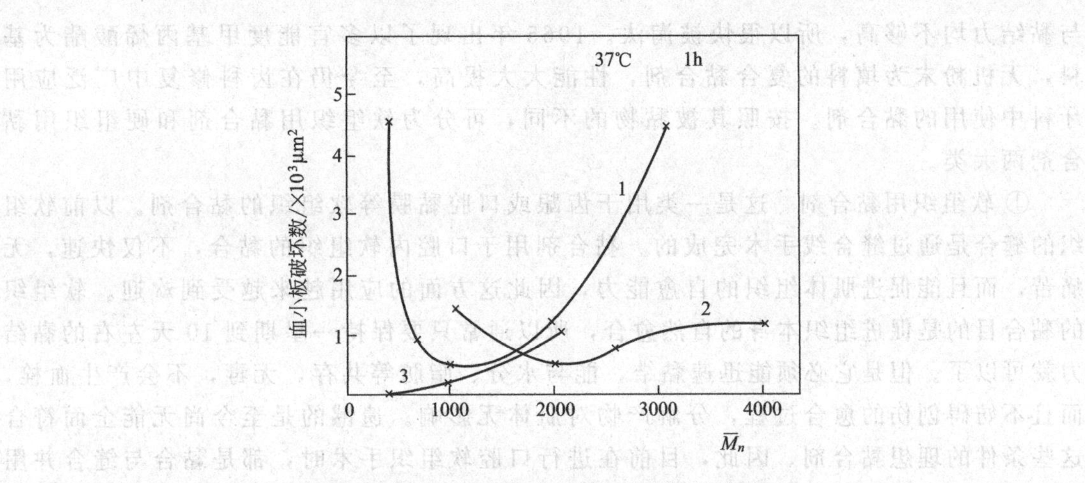

图 6-3 分子量、聚醚亲水性与抗血栓性的关系

1—聚丙二醇软段；2—聚四亚甲基醚软段；3—聚乙二醇软段

由于体液的大量损耗以及蛋白质与盐分的丢失而丧失生命。因此，人们用高亲水性的高分子材料作为人造皮肤，暂时覆盖在深度创伤的创面上，以减少体液的损耗和盐分的丢失，从而达到保护创面的目的。聚乙烯醇微孔薄膜和硅橡胶多孔海绵是制作人造皮肤的两种重要材料。这两种人造皮肤使用时手术简便，抗排异性好，移植成活率高，已应用于临床。高吸水性树脂用于制作人造皮肤方面的研究，亦已取得很多成果。此外，聚氨基酸、骨胶原、角蛋白衍生物等天然改性聚合物也都是人造皮肤的良好材料。据报道，日本市场上近年出现一种高效人造皮肤，对严重烧伤的患者十分有效。这种人造皮肤的原料是甲壳质材料，从螃蟹壳、虾壳等物质中萃取出来，经过抽制成丝，再进行编织。这种人造皮肤具有生理活性，可代替正常皮肤进行移植，因此可减少患者再次取皮的痛苦。临床试验表明，这种皮肤的移植成活率达 90%以上。将人体的表皮细胞在高分子材料上黏附、增殖，从而制备有生理活性的人工皮肤，是近年来的又一研究动向，并已取得相当的成就。例如将由骨胶原和葡糖胺聚糖组成的多孔层与有机硅材料复合形成双层膜。将少量取自患者皮肤的表面细胞置于多孔层中，覆在创伤面上。不久表皮细胞即在多孔层中增殖而形成皮肤。然后将有机硅膜剥下，多孔层则分解，被人体所吸收。

6.4.2.3 医用黏合剂

黏合剂作为高分子材料中的一大类别，近年来已扩展到医疗卫生部门，并且其适用范围正随着黏合剂性能的提高、使用趋于简便而不断扩大。医用黏合剂在医学临床中有十分重要的作用。在外科手术中，医用黏合剂用于某些器官和组织的局部黏合和修补；手术后缝合处微血管渗血的制止；骨科手术中骨骼、关节的结合与定位；齿科手术中用于牙齿的修补等。

从医用黏合剂的使用对象和性能要求来区分，可分成两大类，一类是齿科用黏合剂，另一类则是外科用（或体内用）黏合剂。由于口腔环境与体内环境完全不同，对黏合剂的要求也不相同。此外，齿科黏合剂用于修补牙齿后，通常需要长期保留，因此，要求具有优良的耐久性能。而外科用黏合剂在用于黏合手术创伤后，一旦组织愈合，其作用亦告结束，此时要求其能迅速分解，并排出体外或被人体所吸收。

(1) 齿科用黏合剂　齿科用黏合剂的历史可追溯到半个世纪以前。1940 年，首次用于齿科修补手术的高分子材料是聚甲基丙烯酸甲酯。它是将聚甲基丙烯酸甲酯乳液与甲基丙烯酸甲酯单体混合，然后在修补过程中聚合固化。这种黏合剂的硬度与黏结力均不够高，所以很快被淘汰。1965年出现了以多官能度甲基丙烯酸酯为基料，无机粉末为填料的复合黏合剂，性能大大提高，至今仍在齿科修复中广泛应用牙科中使用的黏合剂。按照其被黏物的不同，可分为软组织用黏合剂和硬组织用黏合剂两大类。

① 软组织用黏合剂　这是一类用于齿龈或口腔黏膜等软组织的黏合剂。以前软组织的缝合是通过缝合线手术完成的。黏合剂用于口腔内软组织的黏合，不仅快速，无痛苦，而且能促进肌体组织的自愈能力，因此这方面的应用越来越受到欢迎。软组织的黏合目的是促进组织本身的自然愈合，所以通常只要保持一星期到10天左右的黏结力就可以了。但是它必须能迅速黏结，能与水分、脂肪等共存，无毒，不会产生血栓，而且不妨碍创伤的愈合过程，分解产物对肌体无影响。遗憾的是至今尚无能全面符合这些条件的理想黏合剂。因此，目前在进行口腔软组织手术时，都是黏合与缝合并用的。最早用于齿科软组织黏合的黏合剂是*α*-氰基丙烯酸烷基酯。但这种黏合剂在有大量水分存在的口腔中黏结比较困难，所以现在已不再使用。取而代之的是称为EDH的组织黏合剂。EDH组织黏合剂的组成是*α*-氰基丙烯酸甲酯、丁腈橡胶和聚异氰酸酯按100：100：(10～20)（质量比）的比例配制而成，再制成6%～7%的硝基甲烷溶液。这种黏合剂具有较好的屈挠性和活体组织黏结性，最早是用作预防脑动脉瘤破裂的涂层的，后来发现对齿科软组织的黏合也有很好的效果。如用作齿槽脓漏症手术创面的黏合、牙根切除手术中牙根断端部分的包覆等。

② 牙齿硬组织用黏合剂　牙齿的主要组成物为牙釉质、牙骨质、牙本质和齿髓。牙釉质和牙骨质构成齿冠的外层，最硬，莫氏硬度为6～7，主要成分为羟基磷灰石。牙本质稍软，莫氏硬度为4～5，含较多的有机质和水分。牙齿中心部位的齿髓则含有丰富的血管和神经活组织。牙釉质、牙本质和齿髓的材性差别很大，故黏结比较困难。虽经人们经过长期的努力，但至今尚无十分理想的黏合剂。

目前常用的齿科黏合剂主要有以下品种：a. 磷酸锌黏固剂；b. 羧基化黏固剂；c. 玻璃离子键聚合物黏固剂；d. 聚甲基丙烯酸酯黏合剂。

目前最重要的齿科黏合剂是双酚A-双(3-甲基丙烯酰氧基-2-羟丙基)醚，简称Bis-GMA。它的分子中同时具有亲水基和疏水基，因此，黏结性能优良，可用作补牙用复合充填树脂。它是一种双官能团单体，聚合时放热少，体积收缩小，聚合后成体形结构，耐磨，膨胀系数小。用紫外光照射或用过氧化苯甲酰-*N*，*N*-双(*β*-羟乙基)对甲苯胺引发体系引发，可在室温下快速聚合。

Bis-GMA的化学结构式如下：

$$\left[CH_2{=}\overset{\overset{CH_3}{|}}{C}\text{—}COOCH_2\underset{\underset{OH}{|}}{CH}CH_2\text{—}O\text{—}C_6H_4\right]_2\overset{\overset{CH_3}{|}}{\underset{\underset{CH_3}{|}}{C}}$$

Bis-GAM

(2) 外科用黏合剂　外科用黏合剂的应用范围很广，如胃、肠道、胆囊等消化器官的吻合；血管、气管、食道、尿道的修补和连接；皮肤、腹膜的黏合；神经的黏合；肝、肾、胰脏切除手术后的黏合；肝、肾、胰、肺等器官的止血；缺损组织的修复；骨骼的黏合等。其中大部分是对软组织的黏合（见表6-7）。

表 6-7　外用黏合剂的使用目的与部位

使用目的	应用部位
吻合	食道、胃、肠道、胆管、血管(动脉、静脉)、气管、支气管等的吻合
封闭	胃、肠、气管、支气管、角膜穿孔的封闭;瘘管的封闭;创口开裂的封闭等
移植	代用血管、皮肤、神经的移植
黏结连接	皮肤,腹膜、筋膜、尿道、输尿管、膀胱等的黏结;肺气肿患者肺的黏结;肝、肾、胰等切开部分的黏结;神经的连接等
防止出血、漏液	防止肾、肝、脾、肠、脑等的出血;防止腹膜、骨盘、消化器官的出血;防止脑脊髓液、淋巴液的渗出
其他	痔疮手术,肾位移固定;中耳再造等

外科用黏合剂经过 50 多年的发展，至今已有几十种品种。但根据使用要求，仍以较早开发的 α-氰基丙烯酸酯最为合适。α-氰基丙烯酸酯是一类瞬时黏合剂，单组分无溶剂，黏结时无需加压，可常温固化，黏结后无需特殊处理。由于其黏度低，铺展性好，固化后无色透明，有一定的耐热性和耐溶剂性。尤其可贵的是 α-氰基丙烯酸酯能与比较潮湿的人体组织强烈结合，因而被选作理想的外科用黏合剂，而且是迄今为止唯一用于临床手术的黏合剂。

α-氰基丙烯酸酯类黏合剂在使用时以 α-氰基丙烯酸烷基酯为主要成分，加入少量高级多元醇酯（如癸二酸二辛酯等）作增塑剂，可溶性聚合物（如聚甲基丙烯酸酯）作增黏剂，氢醌和二氧化硫作稳定剂组成的。α-氰基丙烯酸烷基酯是丙烯酸酯中 α 位置上的氢原子被氰基取代的产物，其结构通式如下。

$$CH_2{=}C(CN)(COOR)$$

其中的烷基可以从甲基到辛基变化。临床应用中主要是甲基、乙基和丁基。实验室中还对其他直链烷基和带有侧链的以及氟代的烷基进行过研究。由于 α 位置上的氰基是一个吸电子性很强的基团，可使 β 碳原子呈现很强的正电性，因此有很大的聚合倾向。当 α-氰基丙烯酸酯在空气中暴露或与潮湿表面接触时，OH^- 迅速引发其聚合。这就是它能作为瞬间黏合剂的原因。此外 α-氰基丙烯酸酯在光、热、自由基引发剂作用下亦很容易进行自由基聚合反应。

α-氰基丙烯酸酯的聚合速度和对人体组织的影响与烷基的种类关系很大。α-氰基丙烯酸甲酯的聚合速度最快，但对人体组织的刺激性最大。随着烷基的长度和侧链碳原子数的增加，聚合速度降低，刺激性也减小。在水、生理盐水、葡萄糖水溶液、人尿等中甲酯、乙酯和丙酯的黏合速度较快，而在乳汁、血清、淋巴液等含有氨基酸的物质中，则以丁酯和辛酯的黏合速度较快。α-氰基丙烯酸酯聚合物在人体内会分解成甲醛和氰基醋酸烷基酯，分解速度随烷基碳原子数增多而降低，水解物对人体的毒性也随烷基碳原子数增多而减小。甲酯聚合物在人体内约 4 周左右开始分解，15 周左右可全部水解完。而丁酯聚合物则在 16 个月后仍有残存聚合物，分解后的产物大部分被排泄，少量被吸收。通过对其致癌性和组织反应性等的深入跟踪观察，均未发现对人体有不良的影响。

6.5 医用高分子的发展方向

医用高分子的发展已有50多年的历史，其应用领域已渗透到整个医学领域，取得的成果是十分显赫的，但距离随心所欲地使用高分子材料及其人工脏器来植换人体的病变脏器尚很远。因此尚需作深入的研究探索。就目前来说，医用高分子将在以下几个方面进行深入的研究。

（1）人工脏器的生物功能化、小型化、体植化　目前使用的人工脏器，大多数只有“效应器”的功能，即人工脏器必须与有功能缺陷的生物体共同协作，才能保持体内平衡。研究的方向是使人工脏器永久性地植入体内，完全取代病变的脏器。这就要求高分子材料本身具有生物功能。

（2）高抗血栓性材料的研制　前面曾介绍过，至今为止，尚无一种医用高分子材料具有完全抗血栓的性能。许多人工脏器的植换手术就是因为无法解决凝血问题而归于失败。因此，尽快解决医用高分子材料的抗血栓性问题，已成为医用高分子材料发展的一个关键性问题，受到各国科学家的重视。

（3）发展新型医用高分子材料　至今为止，医用高分子所涉及的材料大部分限于已工业化的高分子材料，这显然不能适应和满足十分复杂的人体各器官的功能。因此发展适合医学领域特殊要求的新型、专用高分子材料，已成为广大化学家和医学专家的共识。目前研究开发混合型人工脏器，即将生物酶和生物细胞固定在合成高分子材料上，制取有生物活性的人工脏器的工作，已经取得了相当大的成就。

（4）推广医用高分子的临床应用　高分子材料在医学领域的应用虽已取得了很大的成就，但很多尚处于试验阶段。如何将已取得的成果迅速推广到临床医学应用，以拯救更多患者的生命，需要高分子材料界与医学界的通力协作。

参 考 文 献

[1] 严志云，谢鹏程，丁玉梅，等．橡塑技术与装备，2010，(12)：25.
[2] 杨飞，王身国．．新材料产业，2010，(07)：42.
[3] 高长有，顾忠伟．中国科学．化学，2010，(03)：195.
[4] 刘潇，李彦锋，崔彦君，等．化学通报，2010 (3)：220.
[5]《中国组织工程研究与临床康复》杂志社学术部．中国组织工程研究与临床康复，2010 (8)：1408.
[6] 李执芬，李学芬，陈传福．化工进展，1985，(04)：32.
[7] 赵文元，王亦军．功能高分子材料．北京：化学工业出版社，2008.
[8] 陈明亮．化工新型材料，1997，(9)：11.
[9] 曹宗顺，卢凤琦．化学通报，1994，(7)：15.
[10] 曹明京，周成飞，乐以伦．生物医学工程学杂志，1990，7 (1)：59.
[11] 计剑，邱永兴，俞小洁，等．功能高分子学报，1995，18 (2)：225.
[12] 郝葆青，尹光福，余利民，等．生物医学工程学杂志，2002，19 (1)：140.
[13] 徐志飞，秦雄，赵学维等．中华胸口心血管外科杂志，2002，18 (5)：301.
[14] 周志彬，黄开勋，陈泽宪等．中国药学杂志，2001，36 (2)：76.
[15] 苑文英，田呈祥．化工新型材料，2000，28 (8)：29.
[16] 邓先模，李孝红．高分子通报，1999，(5)：95.
[17] 柳君，杨会然．河北化工，1998，(4) 15.

[18] 茹炳根．全国首届海洋生命生物与天然物学术讨论会论文集，1996，11：69.
[19] 朱梅湘，穆畅道，林炜，等．化学世界，2003，(3)：161.
[20] Reich G. Das Leder，1995，46 (8)：192.
[21] Ohya Y，Kobayashi H，Ouchi T. React. Polym.，1991，(15)：153.
[22] Hayashi K. Biorheology，1982，(19)：425.

第7章　高分子药物控制释放载体

随着高分子材料科学和现代医药学的相互渗透，高分子材料作为药物控制释放载体已成为最热门的研究方向之一。通常药物都是通过口服或注射进入人体，然而这种给药方式有多方面的缺点。一方面，在进药后的短时间内，血液中药剂的浓度远远超过治疗所需的浓度，过高的浓度可能使人中毒、过敏等（如图7-1A）；另一方面，它们在生物体内新陈代谢速度快，半衰期短，易排泄，药物对病变目标缺乏选择性。故随着时间的推延，药剂的浓度很快降低而影响疗效，药物效率仅为40%～60%。在这种情况下，高分子药物控制释放体系在医学上的研究和应用日益受到科研人员的重视。高分子药物控制释放体系，就是利用天然或合成的高分子化合物作为药物载体或介质，制成一定的剂型，然后置于释放的环境中，控制药物在人体内的释放速度，使药物按设计的剂量，在要求的时间范围内，以一定的速度，通过扩散或其他途径在体内缓慢释放到特定的环境中，从而达到治疗疾病的目的（如图7-1B）。

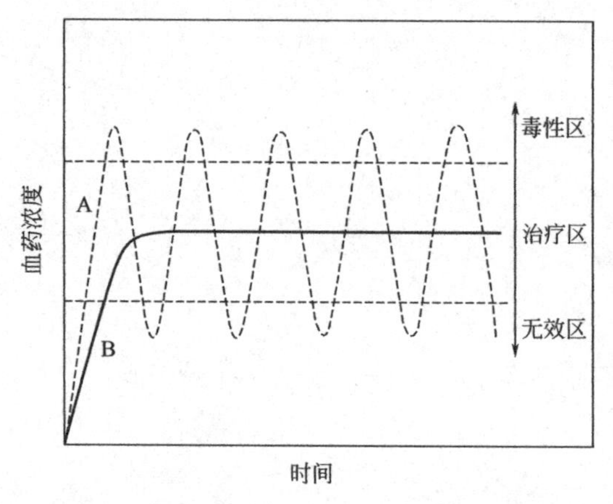

图7-1　不同给药方式的比较

（A：传统的连续多次给药方式；B：控制释放给药方式）

高分子药物控制释放与常规释放相比有无可比拟的优点：①药物释放到环境中的浓度比较稳定。常规药物投药后，药物浓度迅速上升至最大值，然后由于代谢、排泄及降解作用，又迅速降低，要将药物浓度控制在最小有效浓度和最大安全浓度之间很困难。②能十分有效地利用药物。由于控制释放能较长时间控制药物浓度恒定在有效范围内药物利用率可达80%～90%。③能够让药物的释放部位尽可能接近病源，提高了药效，避免发生全身性的副作用。④可以减少用药次数。不存在由多次服药而产生的药物浓度高峰，因此对患者更为安全。一般来说，用于药物控制的高分子材料可分为生物降解型和非生物降解型。脂肪族聚酯类是应用较为广泛的生物降解型高分子材料；典型的非生物降解型体系采用的高分子材料有硅橡胶、乙烯与醋酸乙烯共聚物、聚氨酯弹性体等。

本章详细介绍了高分子药物释放体系的种类，高分子药物载体的分子设计、制备方法和主要应用领域，重点介绍了几种特殊的高分子药物载体，最后指出了高分子药物载体的发展方向。

7.1 高分子药物控制释放体系的主要种类

高分子药物控制释放体系，根据药物控制释放的机理可分为四种。即：扩散药物控制体系、化学控制体系、溶剂活化体系和磁控制体系。本节就以上四种控制释放体系分别进行论述。

7.1.1 扩散控制药物释放体系

该种体系是目前采用的最为广泛的一种形式，一般分为储藏型（reservoir devices）和基质型（matrix devices）两种。在储藏型中，药物被聚合物包埋，通过在聚合物中的扩散释放到环境中。在该型中，高分子材料通常被制成平面、球形、圆筒等形式，药物位于其中，随时间变化成恒速释放。储藏型又可以细分为微孔膜型和致密膜型。前者是经过膜中的微孔进行扩散，并释放到环境中，其扩散符合Fickian第一定理；后者的释放包括药物在分散相/膜内侧的分配、在膜中的扩散和膜外侧/环境界面的分配。在基质型中，药物是以溶解或分散的形式和聚合物结合在一起的。对于非生物降解型高分子材料，药物在聚合物中的溶解性是其释放状态的控制因子。对于生物降解型高分子材料，药物释放的状态既可受其在聚合物中溶解性的控制，也可受到降解速度控制。如果降解速度大大低于扩散速度，扩散成为释放的控制因素；反之，如果药物在聚合物中难以移动，则降解成为释放的控制因素。因此，在不同的条件下，采用不同的控制方法能达到最佳的释放目的。目前，应用于扩散控制药物释放载体的高分子材料主要有四大类，如表7-1所示。

表7-1　扩散型药物控制释放载体的四种类型及其应用高分子材料主要四大类

类　型	释放过的典型药物	释放时间
聚硅氧烷类	18-甲基炔诺酮	180d(体外释放)
乙基、羟丙基及其衍生物类	吲哚美辛	24h(小白鼠体内释放)
交联的水凝胶聚合物类	博莱霉素	23h以上(人体内释放)
乙烯-醋酸乙烯酯(EVA)共聚物	毛果芸香碱	一星期以上(人体内释放)

7.1.2 化学控制释放体系

化学过程控制有两种形式：①可生物降解性聚合基质（matrix）体系，其中药物溶解或分散于聚合物中；②聚合物-药物结合（polymeric-drug）体系，药物分子以共价键连接在聚合物主链或侧链上。

在可生物降解性聚合物基质体系中，溶解或分散在聚合物相内的药物向外扩散的速率很小，必须依赖于聚合物基质的分解作用才能释放出来。当聚合物经水解或酶解等化学作用后，发生一系列降解反应，聚合物的骨架瓦解或链段松弛药物分子从其中释放出来。

聚合物基质的降解有两种机制：一种是均相降解机制，即降解反应随机地发生在聚合物基质的任何部位；另一种是非均相降解机制，降解作用仅发生在聚合物基质的表面（表面溶蚀），由外表逐渐向内部发展，已发生降解部位的药物才能扩散出来。当药物在基质内的扩散作用可忽略时，药物释放速率受溶蚀过程控制，可按恒速释放药物。但当药物的扩散作用不能忽略时，释放动力学介于零级和一级之间。这两种降解机制发生的概率取决于聚合物的疏水性和敏感化学键的类型，疏水性增加，敏感化学键活泼，则倾向于发生非均相降解，如聚酸酐。

在聚合物-药物结合体系中，药物分子以共价键连接在聚合物的主链或侧链上，不能释放出来，只有通过敏感化学键的水解或酶解作用，释放出自由的活性药物。敏感化学键的水解或酶解速率是释药的控制步骤，另外，水渗透进入载体内部以及已断裂的药物扩散出来都会影响药物的释放速率。对于侧链结合方式，药物往往通过间隔基与聚合物主链相连，断裂点包括药物与间隔基之间的化学键以及间隔基与主链之间的化学键，因此，引入间隔基可为控制释放速率提供有效的方法。

在聚合物-药物结合体系中，靶向性高分子药物是其中最引人注目的，它把活性药物连接在对特定病区具有识别功能的分子上（如抗体），将药物带入病区再释放出来，达到特殊的治疗效果。

7.1.3 溶剂活化控制药物释放体系

在溶剂活化体系中，聚合物作为药物载体通过渗透和溶胀机理控制药物释放。前者运用半透膜的渗透原理工作，药物释放受到药物溶解度的影响，而与药物的其他性质无关；后者是运用溶胀现象来释放药物，药物通常被溶解或分散在聚合物当中，开始时并无药物扩散，当溶剂扩散到聚合物中，聚合物开始溶胀，温度降低，高分子链松弛，药物才被扩散出去。因此，在这种控制中，需要可以溶胀高分子材料为药物载体。如：EVA，PVA，甲基丙烯酸-2-羟基己酯（HAMA）等。

7.1.4 磁性药物控制释放体系

磁性药物控制释放系统由分散于高分子载体骨架中的药物和磁粒组成，药物释放速率由外界震动磁场控制。在外磁场的作用下，磁粒在高分子载体骨架内移动，同时带动磁粒附近的药物一起移动，从而使药物得到释放，其中高分子载体骨架和外磁场是影响该体系药物释放的主导因素，如果将大分子药物和磁微粒分散于 EVA 中，可利用外部磁场来大大提高药物的释放速率。

7.2 高分子药物控制释放载体的设计、制备与应用

为了得到有效的药物控制释放体系，对高分子载体的结构设计是首要解决的问题；其次，运用物理化学的方法合成出相应的高分子载体材料也是非常关键的环节；最后，如何实现高分子载体在生物医药领域的应用是需要解决的根本问题。本节就以上几个方面逐一进行阐述。

7.2.1 高分子药物控制释放载体分子结构的降解设计

高分子载体材料的降解设计主要有两种：本体降解材料的设计和表面降解材料的设计。本体降解模式的特征为内外同时，随机进行，降解速率与体积有关，分子量变化大，失重、水渗透快；影响因素为分子量、环境（pH 值和温度等），释药动力学为一级。国内外不少科学家通过调节共聚物中单体的配比，以达到控制本体降解速率的目的。Kathryn 用开环聚合法制得 α-羟基酸 LA、GA 的均聚物 PLA（$\mathrm{+OCH(CH_3)CO+_n}$）、PGA（$\mathrm{+OCH_2CO+_n}$）及其共聚物 P(PL-co-GA)。Dusica 等通过改变共聚物 PL-GA 主链上两个单体的比例，使

PL-GA 的降解时间可从 1 个月延长至 1 年。Jin 等将 GA 与芳香羟基酸共聚，引入强度高、加工性好的芳香酯段，使 PGA 的良好降解性、生物相容性既得以保持，其加工性、力学强度又得以改进。以表面降解材料作为载体的药物控制释放系统，其释药行为是高分子载体降解溶蚀与药物释放同步进行，直至整个系统消耗殆尽的过程；因此，只要改变载体的降解速率，就能实现预期的释药行为。最早，Heller 等人设计并合成了既含有易于断裂的化学键又有强疏水性的各种聚原酸酯，这种聚原酸酯是水解只在聚合物-水界面上发生且最终降解产物为小分子的表面降解材料。朱康杰等人用开环聚合法合成了聚（1，3-三亚甲基碳酸酯）(PTMC）并发现在酶存在下，PTMC 具有表面降解性。几年后，Cai 等又将 LA 和 GA 与 TMC 共聚，得到降解速率较 PTMC 大为提高的共聚物。此外，不少研究人员通过共聚方法合成具有亲水或疏水基团的聚合物，来调节药物控制释放过程中表面降解速率。Murat 等人用二乙基锌/乙二醇催化二氧化碳和环氧乙烷共聚，制得高分子量、表面降解的聚亚乙基碳酸酯 PEC，研究了单体配比对降解速率的影响。Gao 等用单体二（对羧苯氧基）甲烷（CPM)、二（对羧苯氧基）丙烷（CPP）和二（对羧苯氧基）己烷（CPH）合成了一系列聚[二(对羧苯氧基)烷酐]（PCPY）（$\lbrack$CO—C_6H_5—O—$(CH_2)_x$—O—C_6H_5—COO$\rbrack_n$，$x=1,3,6$），并研究发现随着主链上亚甲基数增加，PCPY 的疏水性增大，降解速率明显下降。Justin 等人为了增强聚酸酐的免疫刺激性，将疫苗辅助剂酪氨酸直接引入聚酸酐主链，选用单体 CPP（长效释放）、SA（提高溶解度和加工性）和 TMA-Tyr（辅助功能）合成了适合于疫苗控释的聚酰亚胺酸酐载体，它在室温为稳定的固体，而改变单体配比可调节聚合物降解和药物释放的速率。

7.2.2　主要医药高分子载体的制备及应用

7.2.2.1　天然高分子载体

天然高分子一般具有较好的生物相容性和细胞亲和性，因此被用做高分子药物载体材料。目前，作为药物载体的天然生物降解性高分子主要有：壳聚糖、海藻酸、琼脂、纤维蛋白和胶原蛋白等。舒晓正等采用乳化法制备了可注射用壳聚糖-海藻酸钠微囊，他们用牛血清白蛋白作为模型药物，其在微囊中的包埋率可超过 50%。通过壳聚糖在海藻酸钠微囊表面的复合，牛血清白蛋白从微囊中的持续释放时间从几个小时延长到半个月以上。琼脂主要是由琼脂糖（agarose）和琼脂果胶（agardpection）组成，而琼脂糖是由D-半乳糖交替组成的直链多糖，是理想的实验材料和高分子药物载体材料。张幼珠等以丝素蛋白作为药物载体，消炎痛（吲哚美辛）和利福平作为模型药物，采用溶剂蒸发法和冷冻干燥法制备含药物的丝素膜（下称药膜）；采用体外释放法将药膜置于一定 pH 值的溶液中释放，用紫外及可见分光光度法测定释放液中的药物含量，以研究药膜中药物的释放性能。试验结果表明，丝素蛋白膜对药物具有良好的控制释放作用。Ruszczak 等报道，由于胶原具有良好的生物相溶性和无毒性，它已被用于和其他高分子共聚作为多种药物控制释放载体。

7.2.2.2　合成高分子载体

由于天然高分子材料的来源、处理方法等不同，常会造成产品性能难以重现，而且其力学性能、加工性能也较差，常难以符合医学应用的要求。合成高分子材料由于正好可以弥补天然材料所存在的缺点，因此已成为当前药物释放体系的主要药物载体材料。合成高分子载体的主要种类及其优越性见表 7-2。

表 7-2 合成高分子载体的主要类型及其作为药物控制释放载体的优越性

主要种类	作为药物控制释放载体的优越性
聚磷酸酯类	具有良好的生物相容性,并且生理性能优异
聚氨酯类	具有像蛋白质一样的酰胺基团,可以完全生物降解
聚酸酐类	不仅有良好的生物相容性,而且能有效地控制药物按零级动力学释放

张杰等以双长链烷基磷酸酯为脂质体膜材，聚季铵化合物为“网袋”材料，利用离子间亲和复配作用，通过逆相蒸发法制备网络化脂质体。他们利用偏光显微镜观察并拍摄了脂质体形态，研究了脂质体对抗肿瘤药物 5-氟尿嘧啶的包封率及释药性能。结果表明，所合成的膜材制成载药脂质体后在 60h 内有较好的缓释效果。范昌烈等采用溶液聚合方法，以酪氨酸酯和磷酸酯为结构单元，设计合成一类聚磷酸酯药物载体，并以氨甲蝶呤（MTX）为药物模型，研究了包裹 MTX 微胶囊和植入片的制备和释药性能。实验表明随着酪氨酸烷基酯中碳链的增长，聚合物疏水性增强，释药速率也随之减慢。陈启琪等用聚 L-谷氨酸（PG，分子量约 1.5 万）和炔诺酮肟（NETO）在乙腈和二甲基甲酰胺混合溶剂中用二环己基碳碳二亚胺（DCC）脱水，即生成 L-谷氨酸-炔诺酮肟酯（PGN）共价复合体，以它为避孕药载体，效果可达 99.75%。朱惠光等报道了聚乳酸-聚氨基酸衍生物共聚物和通过亲-疏水性设计的众多聚乳酸-聚氧化乙烯（PLA-PEO）共聚物，凭借其良好的生物降解性、生物相容性和可加工性，可用于药物控制释放体系的载体材料。聚天冬氨酸是一种带有羧酸侧链的聚氨基酸，既能生物降解，又具有螯合和分散等功能，因而在药物控制释放体系中有良好的应用前景。Kataaoka 等制备了聚天冬氨酸和聚乙二醇嵌段共聚物，利用这种共聚物进行了其载药性、水中稳定性、电负性的研究；卓仁禧等研究了聚天冬氨酸衍生物作为顺铂的高分子载体，可提高顺铂的水溶性，降低其毒副作用，提高其选择性的治疗效果。周志彬等采用高真空熔融缩聚法，以植物油脂深加工得到的重要中间体二聚酸（DA）与癸二酸（SA）为单体，合成了系列不同单体配比的聚酸酐-聚（二聚酸-癸二酸）（P（DA-SA）），将盐酸环丙沙星与聚酸酐混合，发现聚合物对药物的释放速度随疏水性单体二聚酸（DA）在聚合物中比例的提高而变慢，药物在释放过程中无突释效应。

表 7-3 亲水凝胶包埋药物的主要方式及其应用

主要包药方式	主要应用
1. 将药物与凝胶直接混合	1. 大分子药物(如胰岛素、酶)
2. 预先将药物与单体混合,然后通过交联剂交联	2. 不溶于水的药物(如类固醇)
3. 预先制备好凝胶,再浸入药物溶液中,待吸附饱和后真空干燥	3. 疫苗抗原的控制释放

在合成型高分子药物载体中，由于水凝胶与生命联系极为密切，以其为载体的药物释放体系有其独特的物理、化学和生物学性质，因此已成为当前药物释放体系研究的热点之一。亲水凝胶（hydrogel）为电中性或离子性高分子材料，其中含有亲水基—OH、—COOH、—$CONH_2$、—SO_3H，在生理条件下凝胶可吸水膨胀 10%～98%，并在骨架中保留相当一部分水分，因此具有优良的理化性质和生物学性质。亲水凝胶包埋药物的主要方式及其应用见表 7-3。Machida 研究发现，将抗肿瘤药物博莱霉素（bleomycin）混入用羟丙基纤维素（HPC）、并交联聚丙烯酸和粉状聚乙醚（PEO）制成的片剂，在人体内持续释放

时间可达23h以上。赵三平等以聚乙二醇为中心嵌段，经ε-己内酯开环扩链，进而用丙烯酸酯封端合成了大分子单体，其水溶液在光引发剂存在下，能被紫外光（UV）引发聚合形成水凝胶，此类水凝胶可望作为蛋白质、多肽等大分子药物的控释载体，也可望作为伤口愈合不留伤疤的医用敷料。近几年来，温敏型水凝胶（thermally sensitive hgdrogel）凭借其高于低临界溶解温度（LCST）时发生收缩，低于LCST时又可以再度膨胀的特性，已被广泛应用于药物控制释放载体。Nohaoka等突破传统使交联剂的方法，通过辐射引发单体水凝胶聚合并交联成温敏水凝胶。Kim等以共聚的PNIPA为载体，对肝素进行控制释放以防止血栓。Zentner等以聚丙交酯（PLA）和聚己交酯（PGA）与聚乙二醇（PEG）的三元嵌段共聚物作为温敏水凝胶，利用其容胀性研究了释药行为。

最近，科研人员利用一些聚合物主链上含有的功能基团（如亲水性、亲油性等），制备出了一系列具有优异释药行为的新型高分子载体。Konar等用四元酰胺和和烷基丙烯酸盐共聚合成新型水溶性聚合物，将其与阴离子磺胺噻唑（sulfathiazole）药物混合，发现药物的释放速率随着共聚物中四元酰胺含量的提高而加快。Bari等用乙烯基二甲胺异丁烯酸盐（dimethylaminoethyl methacrylate，DMAEM）和异丁烯酸（methacrylic acid，MAA）合成一种新型双亲性电解高聚物，用它作为口服药物载体，可使药物零级释放。

7.3　几种特殊的高分子药物控制释放载体

近年来，一些具有包合功能和环境响应功能的高分子载体引起了科研人员的广泛关注，并逐步被应用到控制释放领域。本节以几种特殊的高分子载体为例，如：环糊精高分子，超支化高分子以及环境响应性高分子，介绍了其设计思想、合成制备方法，以及在药物控制释放领域的应用。

7.3.1　环糊精高分子载体

7.3.1.1　环糊精及环糊精高分子简介

环糊精分子结构呈“锥筒”状，中间有一个直径为0.7～1.0nm的空心洞穴，其内壁具有疏水性，外壁具有亲水性（如图7-2）。由于其空腔的疏水亲酯作用以及空间体积匹配效应，可与具有适当大小、形状和疏水性的分子通过非共价键的相互作用，形成稳定的主-客体包合物。

虽然小分子环糊精作为药剂添加剂已得到广泛的应用，但环糊精高分子既具有环糊精对药物小分子的包合功能又具有大分子多重形态及相结构特性，因而能有效地对药物进行包合及控制释放，是近代生物制药及剂型研究的重要功能材料之一。高聚物能改变药物的释放是众所周知的，其释放机理普遍认为是：溶解、扩散和溶蚀过程。环糊精与高聚物结合后，能够更加有效地控制药物的释放，它们的结合形式可以是物理混合，也可以是化学键结合。Bibby等总结了环糊精在高聚物基体中改变药物释放的机理，促使药物释放是通过：①提高药物的溶解性；②作为增溶剂促使基体溶蚀；③作为致孔剂；④增加可扩散物种的浓度（在基体中存在固体药物并且游离药物和包合物药物可以扩散的情况下）。延缓药物释放是通过：①与药物形成包合物后增加药物的分子量，从而降低药物的扩散速率（在药物不过量的情况下）；②通过与药物形成难溶性包合物来降低药物的扩散速率；③环糊精与药物形成包合物同时固载到高聚物上从而减小可扩散药物的浓

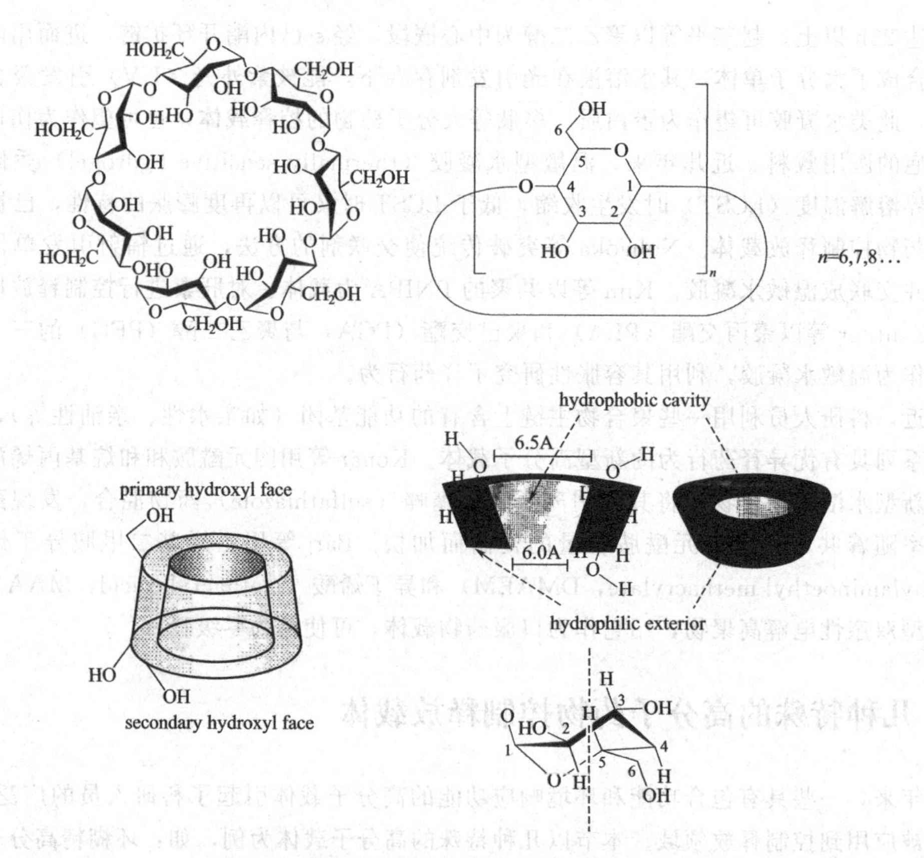

图 7-2 环糊精的分子结构和三维立体结构示意图

度；④作为交联剂减小聚合物网眼的尺寸。

7.3.1.2 环糊精与高分子以物理形式结合作为药物载体

通常水溶性的赋形剂可增大释放速度，而水不溶性的则减小释放速度。为了研究各种赋形剂对释放机理的影响，Song C X 等考察了 U-86983 从双层生物降解介质聚（乳酸-co-乙二醇酸）（PLGA）中的释放，各种添加物如，L-酒石酸二甲酯（DMT），Pluronic F127，2-羟丙基-β-CD 和甲基-β-CD 蜂蜡（wax）对释放机理的影响。高分子量水溶性添加物 Pluronic F127 呈零级动力学释放，水溶性的 2-羟丙基-β-CD 在所有介质中的给出最高的释放速度，亲酯性的蜂蜡（wax）呈缓慢释放。然而药物的释放速度与载体基质的性质、药物的溶解度和药物的载药量有关。Tahara K 等讨论了药物溶解度对药物从羟丙基甲基纤维素中的释放动力学和机理。他们指出药物的溶解度和药物的载药量之比是决定药物释放的动力学因素。一些实验表明，亲水性环糊精如 HP-β-CD、DM-β-CD 和 SB-β-CD 等衍生物与药物形成包合物后通过提高药物的溶解性促进药物的扩散，达到难溶药物释放的目的。Sreenivasan K 研究了亲水性甲基-β-CD（MCD）对亲酯性聚氨酯（PU）释放亲酯性药物氢化可的松的影响。实验表明，24h 后氢化可的松从 PU 扩散到水里的量是 0.69mg，而从含有 MCD 的 PUCD 中扩散的量是 1.23mg，几乎增加了一倍，其原因是，MCD 通过与药物形成包合物增大了其溶解度，促使药物从亲酯性介质中的释放。但释放速率取决于环糊精的浓度与载药量的比值（[CD]/A）。这一结论从 Rao V M 对亲水性磺基丁基-β-环糊精

[$(SBE)_7M$-β-CD]从亲水性羟丙基甲基纤维素介质中控制和完全释放水不溶性药物脱氢皮质甾醇（prednisolone）的研究中得到证实。当药物的溶解度 S 小于载药量 A 时（$S<A$），高聚物的溶蚀起主要作用，当溶解度大于载药量时（$S>A$），则释放速率取决于 S/A 的比值。

$$S=S_0+\frac{KS_0}{1+KS_0}[CD] \tag{7-1}$$

$$\frac{S}{A}=\frac{S_0}{A}+\frac{KS_0}{1+KS_0}\left(\frac{[CD]}{A}\right) \tag{7-2}$$

其中，S 是在环糊精存在时药物的溶解度；A 是载药量；S_0 是在环糊精不存在时药物的饱和溶解度。对于水不溶性药物，S_0 很小，S_0/A 可以忽略，所以释放速率取决于[CD]/A 的比值，而不是[CD]的绝对值。若亲酯性药物的载药量较高时水溶性环糊精的包合作用就会减小，如 Filipović-Grčić J 用喷雾干燥法制备壳聚糖微囊（含 HP-β-CD 与氢化可的松物理混合和包合物）释放氢化可的松，两种形式的微囊对药物的释放行为相差不大。只是物理混合在开始时有突释现象，而包合物呈持续释放。原因可能为：包合物形式的微囊呈持续释放药物时，缓慢溶解的药物在溶解时形成一层界面，使微囊的表面亲酯性增强，而减小药物的溶解速度，说明在亲酯性药物的载药量较高时，环糊精的包合作用起着很小的作用。但前两者均比纯药物的释放快，可见环糊精在此起到的是溶蚀剂或致孔剂的作用。

高聚物载体尤其是亲水性的在释放药物时存在着“突释”问题，Pongpaibul Y 等在分析“突释”问题时指出，药物在释放介质中的溶解度、扩散系数以及该药物在聚合物载体中的初始分配等因素影响药物的释放，高的溶胀率和分解率也会促使“突释”发生。环糊精以不同的方式与高聚物结合后，可以有效地抑制这一现象的发生。药物与环糊精形成包合物后，由于分子量增大，包合物不能扩散，使药物的扩散率降低，药物释放减慢。Ouaglia F 等以 1，3，5-三苯甲酰氯为交联剂制备了聚乙二醇水凝胶，考察其对药物 nicardipine(NIC)的释放行为，实验显示：如果只有药物时则释放动力学与溶胀动力学相符，若 β-CD 存在时则随 β-CD 与药物摩尔比的增大释放减慢，CD 的存在能减少 NIC 的有效扩散。这一点可进一步从 Sreenivasan K 制备的包含环糊精的用戊二醛交联聚乙烯醇凝胶水杨酸的释放中得到证实，当水杨酸从纯聚乙烯醇中释放时，10h 后药物累计释放达 60%，而聚乙烯醇∶β-CD＝2.5∶1 在同样情况下只有 20%，尽管两者的溶胀率相差不大，而且在含 β-CD 的聚乙烯醇中没有发现 β-CD 释放出。

环糊精在高聚物基质中对药物释放的影响同时受着制剂的剂型的影响，因微囊化的作用即使是用亲水性的 HP-β-CD，药物释放仍然减慢。Filipović-GrčićJ 等用戊二醛作交联剂，制得壳聚糖微囊，考察了难溶性药物 nifedipine 在包含水溶性的 HP-β-CD 交联的聚氨基葡糖微球中的释放，发现尽管环糊精与药物形成包合物后使药物的溶解度增大了两倍（从 5×10^{-6}mol/L 到 9.8×10^{-6}mol/L），但药物的释放速度还是减慢了，其原因是：药物 nifedipine 首先从环糊精微囊中释出，然后渗出珠体。后一步是被介质的渗透力控制着，在环糊精存在的体系中因在亲酯的药物周围形成了更多的亲水的壳聚糖/环糊精介质层致使游离环糊精的浓度增大，结果形成水溶性更好的聚氨基葡糖-环糊精基体，造成药物的渗透性降低，药物释放减慢。

7.3.1.3　环糊精与高分子以共价键形式结合作为药物载体

将环糊精固载到聚合物基体上能够改变药物的释放，因为环糊精在这样的基体中的运动受阻，所以与药物形成包合物后，药物的释放也会受阻。β-CD-2-OTS 与壳聚糖在 DMF 中反应，放射性$^{131}I_2$的释放，由于形成稳定的包合物呈现缓慢的释放。Paradossi G 等通过氧化的（多醛）β-CD 和脱乙酰壳多糖反应生成一个交联的水凝胶，在此环糊精本身在高聚物基体中作为交联剂，^{1}H NMR 研究表明，在交联网络中水的运动减慢，证实形成了坚固的网络。Garc¡äa-Gonza¡älez N 等研究了 Metoclopramide 从聚丙烯酸与 β-CD 交联基体中的释放，考察 β-CD 的浓度（交联剂）对药物释放的影响，环糊精浓度的增加减少了水凝胶的溶胀率，从而降低了药物的释放，这是因为交联剂(环糊精)的增加，减小了交联网眼的尺寸。另外，环糊精作为交联剂可能因空阻效应减弱了环糊精的包合能力，从而失去对药物的控释效果。

为了保证环糊精在键入高聚物后仍具有包合能力，Tojimaa T 等合成了具有包合能力的多孔珠体，并初步实验了柱色谱的吸附能力和控制释放能力，先将壳聚糖与 1,6-亚己基二异氰酸酯在 DMF 中进行交联反应，制备壳聚糖交联珠体，再通过希夫碱（Schiff's base）的生成将 2-*O*-甲酰甲基 β-CD 接到壳聚糖交联珠体上，该聚合物用于对硝基苯酚的释放研究，结果表明，由于环糊精的包合吸附作用，对硝基苯酚呈缓慢地持续释放。然而，在大多数情况下，由于环糊精聚合物结构的复杂性，药物的释放受多种因素的影响，其中的环糊精也会因微环境的不同发挥着不同的作用。Pariot N 等设计了一种双层微囊用于减缓水溶性模型药物甲基蓝的释放。双层微囊分别由邻苯二甲酰四氯交联 β-CD 微囊和邻苯二甲酰四氯交联血清蛋白（HAS）构成，β-CD 微囊通过半透膜调节药物的释放速度。纯环糊精作为水化剂，能够促使水扩散到微囊中，而 β-CD 微囊在交联时，由于引入了大量的亲酯性基团，就不能促使水扩散到微囊中，因此通过调节 β-CD 微囊的量能控制药物的释放速度。

7.3.2 超支化高分子载体

7.3.2.1 超支化高分子简介

超支化聚合物和树枝状聚合物都属于高度支化聚合物，二者具有相似的结构、独特性能和潜在的应用前景，已经成为近二十年来高分子领域的研究热点之一。树枝状大分子具有高度完善规整的支化结构，分子呈球形或者接近球形；而超支化聚合物的支化结构不完善且难以控制，分子一般呈椭球形；二者分子结构示意图见图 7-3。超支化大分子结构虽然不如树枝状聚合物规整，但其化学性质和物理性质却与树枝状聚合物十分相近；此外树枝状聚合物

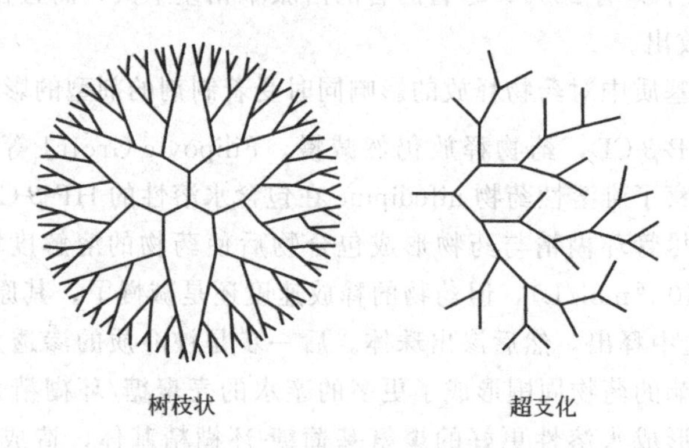

图 7-3 聚合物大分子结构示意图

一般须经繁琐的多步合成来制备，而超支化聚合物往往可以通过 AB_x （$x \geqslant 2$）型单体的直接聚合一步制得，因此超支化聚合物比树枝状聚合物更有可能实现大规模工业化生产，可以

在大部分情况下代替树枝状聚合物，因此更具有工业化应用潜力。

相对于线形聚合物，超支化聚合物具有以下特点：①由于其没有长分子链链间的缠绕，所以在有机溶剂中溶解性较好且其熔体黏度较低，见图7-4；②其分子表面具有大量的活性官能团，反应活性高，便于进一步反应或接枝改性；③其部分物理性质（如玻璃化转变温度 T_g）不受分子结构的影响并且可以通过对分子表面的功能化改性进行控制和调整；④超支化聚合物大分子内存在大量的空腔结构还赋予超支化大分子对小分子客体优异的包合性能，因此还有望在主客体化学方面得到应用，如有望作为药物控制释放载体。

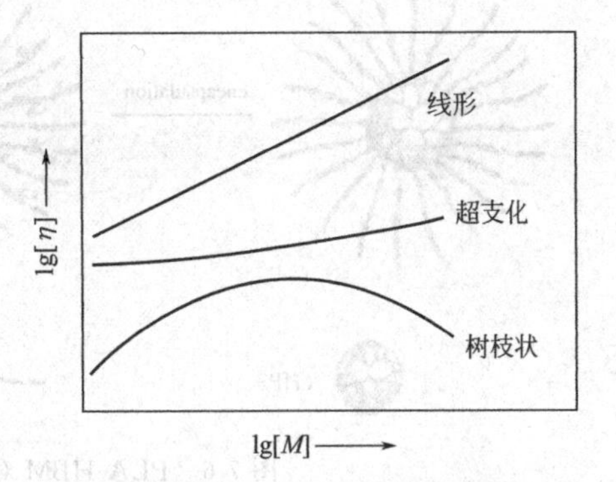

图7-4　树枝状、超支化和线形聚合物的黏度与其分子量的关系曲线

7.3.2.2　超支化高分子在药物控制释放领域中的应用

根据药物在超支化聚合物中释放方式的不同，将其在药物释放领域的应用归纳为以下几点：

(1) 非控制释放型　非控制释放型指不采取任何外界方式控制药物从超支化聚合物载体中的释放速率或过程；而主要通过其自身的特殊结构（如两亲性结构）或与药物的相互作用来影响药物的释放行为。国内外研究人员通过大量试验证实：由两亲性超支化形成的胶束结构可有效地延缓药物的释放。Arlt 等报道药物在油溶性的超支化聚酯中的释放速率慢于其在水溶性超支化中的释放速率。Kannan 等研究发现，超支化多元醇中的羟基可与发生包络，并影响其释放速率。

(2) 控制释放型　控制释放型指通过破坏聚合物结构、调节聚合物结构参数、改变外界条件、生物降解、细胞内释放等方式控制药物的释放速率和释放方式。Satoh 课题组研究了两亲性超支化聚糖作为核-壳结构单分子胶束对刚果红、甲基蓝等客体分子的释放性能，发现壳层链段的断裂可加速客体分子的释放（如图7-5）。

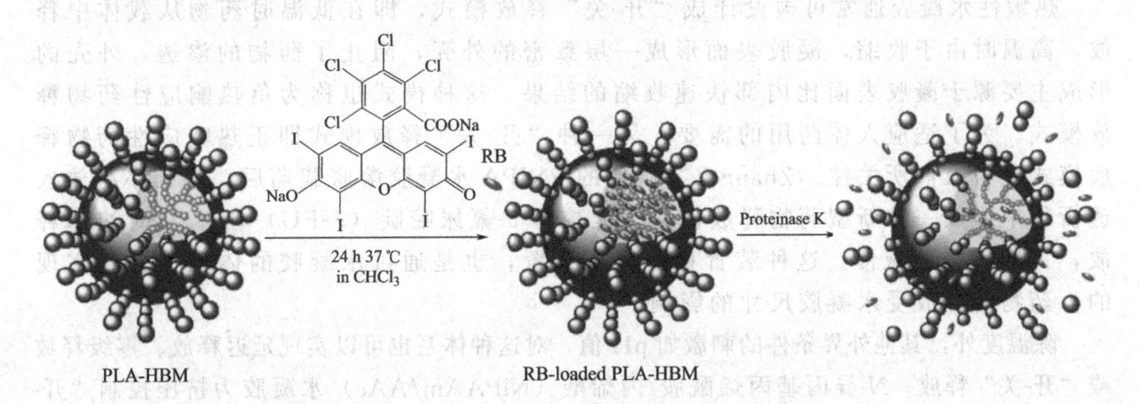

图7-5　PLA-HBM 对染料分子的包载与释放示意图

通过调节超支化聚合物的分子量或支化度可有效地控制药物的释放速率。Wan 等研究发现随着支化度的增加，释放速率逐渐降低。释放体系的改变，如释放液中盐浓度的改变、pH 值的改变都可控制药物的释放速率。Jiang 等研究发现阿司匹林在合成体液中释放周期

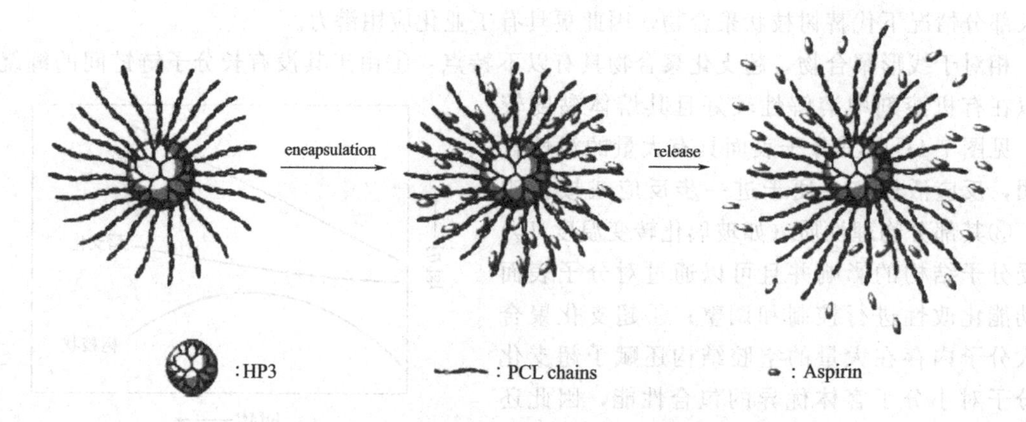

图 7-6　PLA-HBM 对阿司匹林的包载与释放示意图

随着 pH 值的改变而改变（如图 7-6）。此外，施文芳研究小组报道了通过脂肪酶的降解作用可控制大豆苷元在两亲性超支化纳米粒子中的释放周期。Kannan 等报道键合有药物的超支化聚甘油在甲醇中 72h 几乎不释放，而在细胞中则快速释放。

7.3.3　环境响应性高分子载体

7.3.3.1　环境响应性高分子简介

环境响应性高分子即智能高分子材料能响应外部刺激（热、气、电、磁、力学能量等物理刺激和 pH 值、盐浓度、化学物质等化学刺激），使其分子结构和物理性能发生变化，并涉及其与环境间物质、能量、信息的交换和变换。由于它在化学转换器、记忆元件开关、传感器、药物的控制释放体系和高效率的物质分离材料等方面的潜在应用，因而吸引了国内外研究者对这一领域的兴趣。

7.3.3.2　环境响应性高分子在药物控制释放领域中的应用

近年来在高分子药物控制释放材料研究中，环境敏感聚合物得到了广泛的研究和应用，利用其环境响应性特点设计并开发各类药物释放系统，以实现药物的控释及定向释放，达到充分发挥药物疗效的目的。

热敏性水凝胶通常可被设计成“开-关”释放模式，即在低温时药物从载体中释放，高温时由于收缩，凝胶表面形成一层致密的外壳，阻止了药物的渗透，外壳的形成主要源于凝胶表面比内部快速收缩的结果，这种模式也称为负热响应性药物释放模式。为了适应人体药用的需要，另一种“开-关”释放模式即正热响应性药物释放模式更为人们所关注。Zhang X Z 制备的 PNIPA 水凝胶溶胀载药后，将其小心放入透析袋中形成一种新型药物释放体系，能控释 5-氟尿嘧啶（5-FU）在 37℃时快速释放，10℃时释放减慢。这种装置称作挤压装置，也是通过水凝胶的体积相转变实现的，药物的释放受水凝胶尺寸的影响。

除温度外，其他外界条件的刺激如 pH 值，对这种体系也可以实现延迟释放、零级释放或“开-关”释放。*N*-异丙基丙烯酰胺/丙烯酸（NiPAAm/AAc）水凝胶为挤压控制“开-关”释放，在 35℃和 40℃变化。*N*-异丙基丙烯酰胺/甲基丙烯酸丁酯/甲基丙烯酸二乙氨基乙酯（NiPAAm/BMA/DEAEMA）水凝胶在 37℃时敏感性较强，为 pH 值和温度（*T*）协同控制释放，在 pH＝2 时为延迟释放，pH＝7.4 时为零级释放。

聚甲基丙烯酸-*N*,*N*-二甲氨基乙酯的 pH 值敏感性常用于葡萄糖响应控释体系。Yuk S

H合成的聚甲基丙烯酸-*N*,*N*-二甲氨基乙酯(DMAEMA)-co-丙烯酰胺(AAm)，聚甲基丙烯酸-*N*,*N*-二甲氨基乙酯(DMAEMA)-co-乙基丙烯酰胺(EAAm)两种共聚物，它们都具有pH值、温度双重敏感性。将Poly(DMAEMA-co-EAAm)体系应用于响应葡萄糖控释胰岛素的研究中，利用葡萄糖氧化酶产生的葡萄糖酸可以使Poly(DMAEMA-co-EAAm)质子化，导致LCST增高，从而促使胰岛素释放。

作为生物医用材料之一的药物控制释放载体材料，要求它有优良的生物相容性，壳聚糖是一类重要的生物高分子化合物，以壳聚糖和合成高分子为原料，可以制成环境响应性水凝胶。它是一种亲水性但不溶于水的高分子交联网络，具有感知环境（如pH值、离子强度、温度、光场、电场等）细微变化的能力，并通过体积的溶胀和收缩来响应这些来自外界的刺激。尹玉姬等以戊二醛交联壳聚糖/明胶形成聚合网络，载甲腈咪胍微球呈pH值敏感药物脉冲释放特性，其原因是由于网络中壳聚糖上氨基在酸性介质中质子化，使相关氢键解离，而静电斥力使网络有致密状态转变为伸展状态，水凝胶溶胀导致药物释放。

利用壳聚糖具有独特的聚阳离子特性，壳聚糖在温和条件下可与阴离子结合形成凝胶，Mi F L等以三聚磷酸盐和聚磷酸与壳聚糖形成了复合球珠状凝胶，用于抗癌药物6-巯基嘌呤（6-MP）的释放研究表明，由于三聚磷酸盐及聚磷酸与壳聚糖的静电作用机理不同，球珠状凝胶在不同介质中的溶胀行为不同，从而表现出不同的释放机制。结果表明，在释放6-MP的模拟实验中，壳聚糖/聚磷酸比壳聚糖/三聚磷酸盐具有更好的持续释放能力。壳聚糖还可以与聚阴离子如海藻酸钠等通过静电相互作用，在海藻酸钠微囊表面复合一层聚电解质半透膜，研究结果表明，在pH＝1.4的缓冲液中缓释作用明显大于pH＝7.2的缓冲液，可用于对胃刺激性大的药物的剂型设计。另外也有直接利用壳聚糖和药物间的相互作用来控制其中的药物释放，Sakiyama T对右旋糖苷硫酸盐和壳聚糖（DS/CH）形成的复合水凝胶进行了研究，当壳聚糖的量大于右旋糖苷硫酸盐时，在pH＝7左右凝胶收缩，对右旋糖苷的释放试验表明，当凝胶收缩时有助于促使右旋糖苷的释放，所以，在pH＝8时右旋糖苷的释放比pH＝2时更快。

此外，更多的具有环境响应性的生物高分子也正在逐渐被人们认识和利用。多肽水凝胶聚L-谷氨酸（PLG）和聚乙二醇（PEG）交联水凝胶（PLG-PEG），是一个pH值敏感和可生物降解的水凝胶，实验表明，快速去溶胀是释放包埋的蛋白质溶解酵素（lysozyme）有效的方法。

7.4　高分子药物控制释放载体的发展趋势

随着高分子药物载体的发展，单一的高分子体系已无法满足集智能型、分子包合性以及可控释放于一体的发展需求。因此，设计并合成出复合型或多功能型高分子载体已成为研究人员所关注的发展方向。另一方面，复合药物释放体系的发展也要求高分子载体能够同时包载多种药物分子并使其根据需要按顺序释放。在高分子药物控制释放载体研究领域中，目前对单客体分子的包载和释放机理已有较为清晰的认识，而对多客体分子的包载和释放机理，特别是选择性包载和顺序释放机理的认识还很模糊。因此，设计具有多客体选择性包载和顺序释放功能的高分子载体对于多客体分子的释放机理的认识以及在复合药物释放体系领域中的应用都具有重要的意义，并有望成为高分子药物控制释放载体发展的新方向。

鉴于超支化聚合物与环糊精分子都存在空腔结构（详见 7.3 节），田威等将两者结合起来可构筑出了一系列含有两种不同疏水空腔的且具有特异功能的高分子载体体系，并将其应用于高分子药物包合及控释领域。这些体系包括：①以油溶性超支化聚合物为核，水溶性环境响应高分子为壳，最后再将环糊精分子固载到壳层链段上[三维大分子模型如图 7-7(a)所示]；②以含多官能团的β-环糊精为核，改性的β-环糊精为单体，通过核一步法合成出超支化聚（β-环糊精），再将水溶性环境响应高分子接枝到聚合物外端［三维大分子模型如图 7-7(b)所示］。

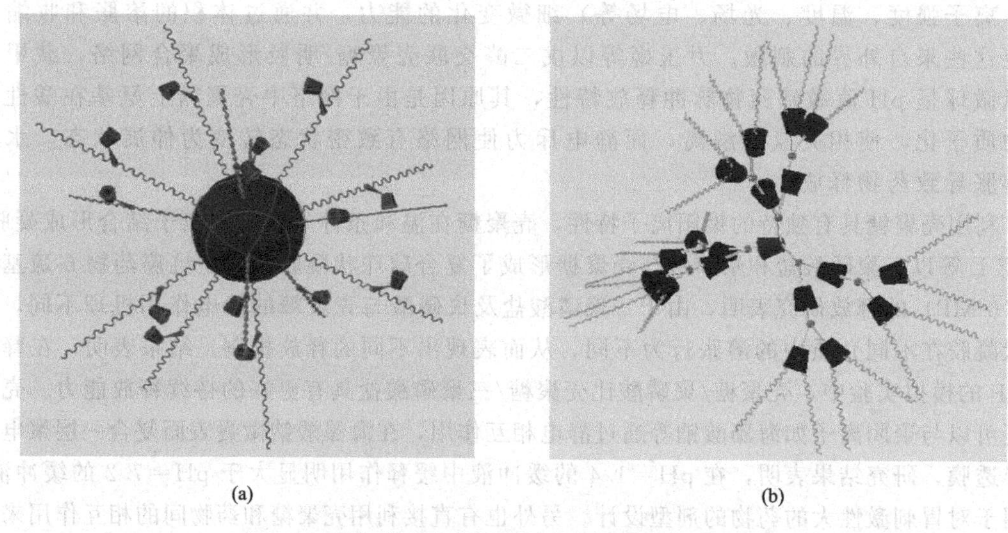

图 7-7 环糊精-超支化高分子载体的三维大分子模型

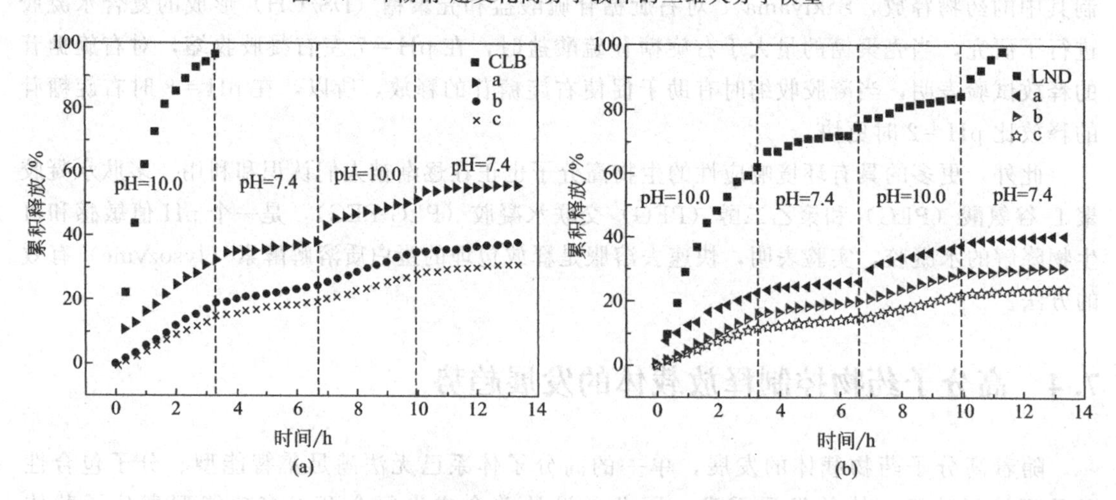

图 7-8 环糊精-超支化高分子载体对苯丁酸氮芥

(a) 和氯尼达明 (b) 的控制释放

其中，第一种体系［图 7-7(a)］可分别与水溶性染料分子酚酞、甲基橙，有机小分子对硝基苯酚等三种客体分子发生单客体包合效应，而且其包合能力强于单一的环糊精或两亲性超支化聚合物，同时还具有双重分子识别和包合能力。如果将其应用于药物控制释放体系，可同时实现对两种抗癌药物苯丁酸氮芥和氯尼达明的控制释放（图 7-8）。第二种体系［图 7-7(b)］将β-环糊精的疏水空腔和超支化聚合物的拓扑结构空腔结合到同一核层结构中，可实现对双客体分子的选择性包载和顺序释放（图7-9）。

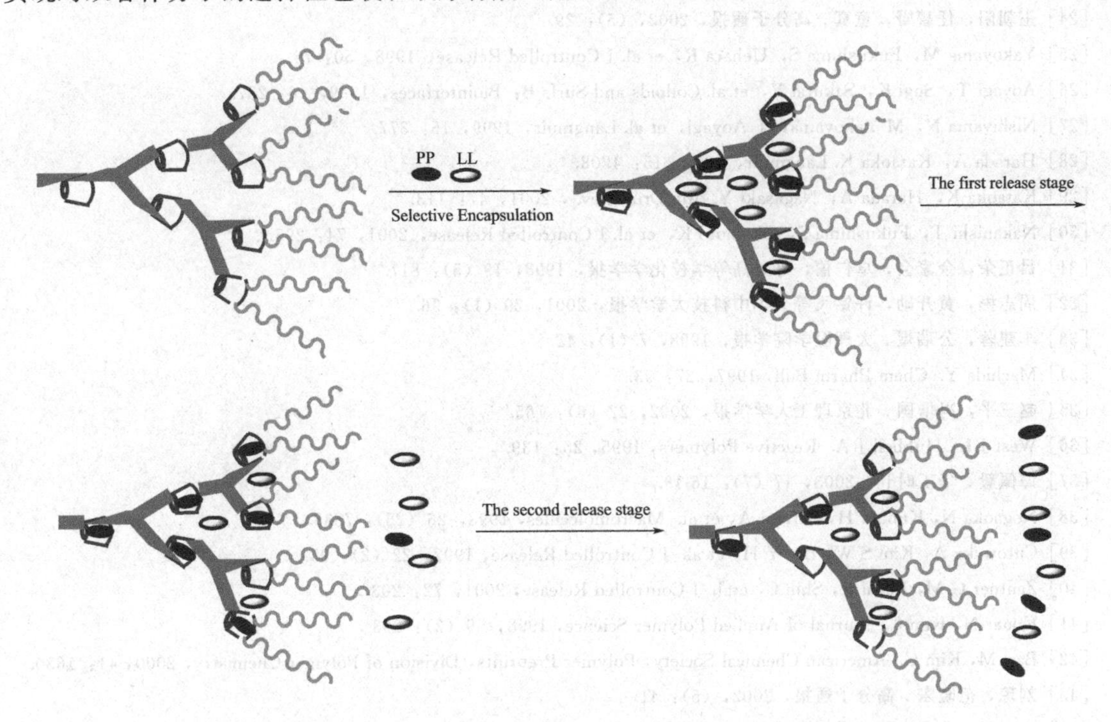

图7-9 环糊精-超支化高分子载体对双客体分子的选择性包载和顺序释放

参 考 文 献

[1] 杨亚楠，尹静波，刘芳．吉林工学院学报，2001，22（3）：38.
[2] 邓先模，李孝红．高分子通报，1999，（3）：94.
[3] 郑巧东，高春燕，陈欢林．浙江化工，2003，34（5）：26.
[4] 张春雪，盛京，马季涛．应用化学，2002，16（6）：597.
[5] 萧聪明，朱康杰．高分子材料科学与工程，2000，16（6）：176.
[6] Jin X M，Cosimo C，Luigi N，et al. Macromolecules，1995，28：4785.
[7] Heller J. Biomaterials，1990，11：659.
[8] Heller J，Ng S Y，Fritzinger B K. Macromolecules，1992，25：3362.
[9] Zhu K J，Hendren R W，Jensen K，et al. Macromolecules，1991，24：1736.
[10] Cai J，Zhu K J，Yang S. Polymer International，1996，41：369
[11] Cai J，Zhu K J，Yang S. Polymer International，1997，42：373.
[12] Murat A，Fritz N，Siegfried B，et al. J Controlled Release，1997，49：263.
[13] Gao J M，Niklason L，Zhao X M，et al. J Pharm Science，1998，87（2）：246.
[14] Justin H，Masatoshi C，Robert L. Macromolecules，1996，29：5279.
[15] 王身国，蔡晴，吕泽等．中国修复重建外科杂志，2001，15（5）：280.
[16] 舒晓正，朱康杰．功能高分子学报，1999，12（4）：423.
[17] 陈鸿琪，袁兆岭．临沂师范学院学报，2000，22（6）：33.
[18] 张幼珠，王朝霞，丁悦，等．蚕业科学，1999，25（3）：181.
[19] Ruszczak Z，Friess W. Advanced Drug Delivery Reviews，2003，55（28）：1679.
[20] 张杰，刘振华，范昌烈，等．武汉大学学报（自然科学版），1997，43（4）：453.
[21] 范昌烈，胡斌，卓仁禧．高等学校化学学报，1995，16（11）：1802.
[22] 陈启琪，单达先，陈华春．功能高分子学报，1994，7（1）：66.

[23] 朱惠光，计剑，高长有等．功能高分子学报，2001，14（4）：488.
[24] 王朝阳，任碧野，童真．高分子通报，2002，（5）：29.
[25] Yakoyama M，Fukushima S，Uehara R，et al. J Controlled Release，1998，50：79.
[26] Aoyagi T，Sugi K，Sakurai Y，et al. Colloids and Surfs B：Biointerfaces，1999，16：237.
[27] Nishiyama N，M Yakoyama，T Aoyagi，et al. Langmuir，1999，15：377.
[28] Harada A，Kataoka K. Langmuir，1999，15：4208.
[29] Kataoka K，Harada A，Nagasaki Y. Adv Drug Rev.，2001，47：113.
[30] Nakanishi T，Fukushima S，Okamoto K，et al. J Controlled Release，2001，74：295.
[31] 吕正荣，余家会，卓仁禧，等．高等学校化学学报，1998，19（5）：817.
[32] 周志彬，黄开勋，许铭飞等．华中科技大学学报，2001，29（1）：96.
[33] 李建蓉，公瑞煜．大理医学院学报，1998，7（1）：42.
[34] Machida Y. Chem Pharm Bull，1997，27：93.
[35] 赵三平，冯增国．北京理工大学学报，2002，22（6）：765.
[36] West J L，Hubbell J A. Reactive Polymers，1995，25：139.
[37] 谭佩毅．华工时刊，2003，17（7）：16-19.
[38] Nogaoka N，Kubota H，Safrani A，et al. Macromolecules，1993，26（26）：7836.
[39] Cutowska A，Kim S W，Bse Y H，et al. J Controlled Release，1992，22（2）：95.
[40] Zentner G M，Rathi R，Shih C，etal. J Controlled Release，2001，72：203 .
[41] Konar N，Kim C. Journal of Applied Polymer Science，1998，69（2）：263 .
[42] Bari M，Kim C. American Chemical Society，Polymer Preprints，Division of Polymer Chemistry，2000，41：1630.
[43] 刘琼，范晓东．高分子通报，2002，（5）：41.
[44] 庄玉贵，翁家宝，郑瑛．福建师范大学学报（自然科学版），1998，14（3）：58.
[45] 马晨，周重光，吴波等．有机硅材料及应用，1997，（2）：5.
[46] Crini G，Torri G，Guerrrini M，et al. Eur Polym J.，1997，33（7）：1143.
[47] Crini G，Janus L，Morcellet M，et al.. J Appl Polym Sci.，1998，69：1419.
[48] Crini G，Janus L，Morcellet M，et al.. J Appl Polym Sci.，1999，69：2903.
[49] Tojima T，Sakairi N. J Polym Sci：Part A：Polym Chem.，1998，36：1965.
[50] Tanida F，Tojima T，Khamada，et al. Polymer，1998，39（21）：5261.
[51] Tojima T，Katsura H，Nishiki M，et al. Carbohydr Polym.，1999，40：17.
[52] 余艺华，孙彦，李振华等．离子交换与吸附，1999，15（6）：531.
[53] Ohno K，Tsujii Y，Fukuda T. J Polym Sci，Part A：Polym Chem.，1998，36：2473.
[54] Chong B Y K，Le T P T，Moad G et al. Macromolecules，1999，32：2071.
[55] 杨启彪，杨自善．高分子材料科学与工程，1994，（3）：134.
[56] Li X W，Xiao J，Deng X M. Journal of Applied Polymer Science，1997，66：583.
[57] Rafati H，Coombers A G A. Journal of Controlled Release，1997，43：89.
[58] 魏涣郁，施文芳．高等学校化学学报，2001，22：338.
[59] Gao C，Yan D Y. Prog. Polym. Sci.，2004，29：183.
[60] David C B，Nigel M D，Ian G T. Int. J. Pharm.，2000，197：1.
[61] Hobson L J，Harrison R M. Current Opinion in Solid State & Materials Science，1997，2：683.
[62] Jikei M. Kakimoto，M. Prog. Polym. Sci.，2001，26：1233.
[63] Hirao A，Sugiyama K，Matsuo A，et al. Polym. Int.，2008，57：554.
[64] Kolhe P，Misra E，Kannana R，et al. Int. J. Pharm.，2003，259：143.
[65] Suttiruengwong S，Rolker J，Smirnova I，et al. P. J. Pharm Develop Technol.，2006，11：55.
[66] Kainthan K R，Mugabe C，Burt H M，et al. Biomacromolecules，2008，9：886.
[67] Jiang M，Wu Y，He Y，et al. Polym. Int.，2009，58：31.
[68] Wan A J，Kou Y X. J. Nanopart Res.，2008，10：437.
[69] Kainthan K R，Brooks D E. Bioconjugate Chem.，2008，19：2231.

[70] Tziveleka L, Kontoyianni C, Sideratou Z, et al. Macromol. Biosci., 2006, 6: 161.
[71] Xia W, Jiang G H, Chen W X. J. Appl. Polym. Sci., 2008, 109: 2089.
[72] Gao C, Xu Y M, Yan D Y, Chen, W, et al. Biomacromolecules, 2003, 4: 704.
[73] Zou J H, Shi W F, Wang J, et al. Macromol. Biosci., 2005, 5: 662.
[74] Kolhe P, Khandare J, Pillai O, et al. Pharm. Res., 2004, 21: 476.
[75] Matjek P, Zednk J, Uelov K, et al.. Macromolecules, 2009, 42: 4829.
[76] Burakowska E, Zimmerman S C, Haag R. Small, 2009, 59: 2199.
[77] Salmaso S, Semenzato A, Bersani S, et al.. Int. J. Pharm., 2007, 345: 42.
[78] Chen H Y, Zhao Y, Song Y L, et al.. Am. Chem. Soc., 2008, 130: 7800.
[79] Song C X, Labhasetwar V, Levy R J. Journal of Controlled Release, 1997, 45: 177.
[80] Tahara K, Yamamoto K, Nishihata T. J Controlled Release, 1995, 35: 59.
[81] Sreenivasan K. Journal of Applied Polymer Science, 2001, 81: 520.
[82] Rao V M, Haslam J L, Stellai V J. Journal of Pharmaceutical Sciences, 2001, 90: 807.
[83] Filipović-Grčić J, Voinovich D, Moneghini M, et al.. European Journal Pharmaceutical Sciences, 2000, 9: 373.
[84] Okimoto K, Rajewski R A, Stella V J. Journal of Controlled Release, 1999, 58: 29.
[85] Okimoto K, Ohike A, Ibuki R, et al.. Journal of Controlled Release, 1999, 60: 311.
[86] Pongpaibul Y, Maruyama K, Iwatsuru M. J Pharm Pharmacol, 1988, 40: 530.
[87] Quaglia F, Varricchio G, Miro A, et al.. Journal of Controlled Release, 2001, 71: 329.
[88] Sreenivasan K. J Appl Polym Sci., 1997, 65: 1829.
[89] Quaglia F, Vignola M C, Rosa G D, et al.. Journal of Controlled Release, 2002, 83: 263
[90] Filipović-Grčić J, Bećirević-La ćan M, S kalko N, et al.. International Journal of Pharmaceutics, 1996, 135: 183.
[91] Chen S P, Wang Y T. J Appl Polym Sci., 2001, 82: 2414.
[92] Paradossi G, Cavalieri, Crescenzi V. Carbohydr Res., 1997, 300: 77.
[93] Garc¡äa-Gonza¡älez N, Kellaway I W, Blanco-Fuente H. Pharm., 1993, 100: 25.
[94] Bibby D C, Davies N M, Tucker I G. International Journal of Pharmaceutics, 1999, 187: 243.
[95] Tojimaa T, Katsuraa H, Nishikia M, et al.. Carbohydrate Polymers, 1999, 40: 17.
[96] Pariot N, Edwards-Lévy F, Andry M C, et al.. International Journal of Pharmaceutics, 2002, 232: 175.
[97] Bae Y H, Okano T, Kim S W. Pharm. Res., 1991, 8: 531.
[98] Gutowska A, Bae Y H, Feijen J, et al.. J Controlled Release, 1992, 22: 95.
[99] Zhang X Z, Zhuo R X, Cui J Z, et al.. International Journal of Pharmaceutics, 2002, 235: 43.
[100] Ichikawa H, Fukumori Y. J Controlled Release, 2000, 63: 107.
[101] Gutowska A, Bark J S, Kwon I C, et al.. J controlled release, 1997, 48: 141.
[102] Yuk S H, Sun Hang Cho S H, Lee S H. Macromolecules, 1997, 30: 6856.
[103] 尹玉姬，许美萱，陈秀兰，等．科学通报，1995，40 (24)：2241.
[104] Mi F L, Shyu S S, Kuan C Y, et al.. Journal of Applied Polymer Science, 1999, 74: 1868.
[105] Mi F L, Shyu S S, Wong T B, et al.. Journal of Applied Polymer Science, 1999, 74: 1093.
[106] 卢凤琦，曹宗顺，赵焰．中国医药工业杂志，1996，27 (6)：247.
[107] Sakiyama T, Takata H, Toga T, et al.. J Appl Polym Sci., 2001. 81: 667.
[108] Markland P, Zhang Y H, Amidon G L, et al.. Biomed Mater Res., 1999, 47: 595.